概率论与数理统计

房彦兵　魏立力　包振华　编著

科学出版社

北　京

内 容 简 介

本书定位于应用型本科人才培养的概率论与数理统计课程教材,注重交叉学科人才培养的特点,以必需、够用为度,兼顾学生考研需求.本书精心设计应用性例题,并利用常用的 Excel 和 R 软件实现,锻炼学生的实际动手能力;通过相关数学历史文化知识的介绍,拓宽学生的知识面和视野.

本书内容分为初等概率论、基本统计方法、Excel 在概率统计中的应用以及附录四个部分,共 10 章.初等概率论部分包括随机事件及其概率、随机变量及其分布、多维随机变量及其分布、随机变量的数字特征、大数定律与中心极限定理;基本统计方法部分包括数理统计的基本概念、参数估计、假设检验、方差分析与回归分析;Excel 在概率统计中的应用包括利用Excel 实现常见概率分布的计算、假设检验和方差分析与回归分析;附录包括习题参考答案和历年研究生入学考试试题精选与解析.前九章后配有本章小结、总练习题和数学家简介.

本书可作为高等院校本科生概率论与数理统计课程的教材,也可作为相关专业技术人员的参考用书.

图书在版编目(CIP)数据

概率论与数理统计/房彦兵,魏立力,包振华编著. —北京:科学出版社,2023.10
 ISBN 978-7-03-076293-1

Ⅰ.①概… Ⅱ.①房… ②魏… ③包… Ⅲ.①概率论–高等学校–教材②数理统计–高等学校–教材 Ⅳ.①O21

中国国家版本馆 CIP 数据核字(2023)第 169577 号

责任编辑:王胡权 / 责任校对:杨聪敏
责任印制:赵 博 / 封面设计:陈 敬

科学出版社 出版
北京东黄城根北街 16 号
邮政编码:100717
http://www.sciencep.com
北京华宇信诺印刷有限公司印刷
科学出版社发行 各地新华书店经销
*
2023 年 10 月第 一 版 开本:720×1000 1/16
2024 年 12 月第四次印刷 印张:17 1/2
字数:353 000
定价:**59.00 元**
(如有印装质量问题,我社负责调换)

前　　言

概率论与数理统计是研究随机现象统计规律性的课程, 是继高等数学之后一门重要的公共基础课, 在现代科学、工程、技术、社会生活的方方面面都发挥了重要的作用.

自然界的现象是复杂多样的, 其本质和内在规律的揭示单靠一门学科往往难以做到, 必须通过跨学科的研究, 采取多视角和交叉思维的方式才可能形成正确完整的认识. 概率论与数理统计和其他学科相结合产生了若干新型交叉学科和边缘学科, 如计量经济学、计算物理、计量化学等, 概率论与数理统计已成为当代科学技术领域最重要、最有活力的学科之一.

新工科、新医科、新农科、新文科背景下, 概率论与数理统计教材建设如何面对新形势、抓住新机遇、迎接新挑战? 我们有以下四点思考: 一是应根据概率论与数理统计自身的课程特点, 正确理解和准确把握其基本思想与基本方法, 避免利用各类统计软件误用或滥用概率统计知识; 二是顺利完成从概率论与数理统计到计量经济学等数据分析课程的过渡, 构建满足应用的 "好" 的统计学教育; 三是面对低年级文理不分科的新学情, 应通过多种途径培养学生, 尤其是人文社科学生的数学素养和数学思维, 为学生提供综合性的跨学科学习, 促进多学科交叉与深度融合, 适应 "四新" 建设, 从学科导向转向需求导向, 从专业分割转向交叉融合, 从适应服务转向支撑引领的时代需求; 四是深入挖掘概率论与数理统计的科学价值、强化批判性思维培养, 与思政育人同向同行.

基于以上思考, 本书主要有以下几个特点.

一、本书基于 "四新" 建设的时代背景, 注重应用性、理论性和计算机辅助软件的有机统一, 考虑到 R 软件的开放性和专业性, 书中模拟、计算型例题采用 R 软件求解; 为便于各种层次的应用, 书中附有 Excel 的计算函数和操作过程.

二、本书积极对接高中新课改, 抓住培养学生核心素养的关键, 以必要的知识、真实任务驱动、多元化例题习题为背景, 围绕专业知识中的概率统计、生活中的概率统计, 介绍随机变量、条件概率、独立事件和贝叶斯公式等概念, 深入浅出地阐明概率统计的基本概念和原理.

三、本书通过各章的名人警句与数学家故事, 渗透数学文化, 提炼数学课程的育人价值, 让学生体会人类对知识和真理的不懈追求与探索未知的强烈愿望, 提升学生的学习兴趣; 将概率统计的育人价值融入课程教学的全过程, 努力做到视之无痕、品之有味.

四、本书注重学生批判性思维的培养, 遵循 "问题先行、理论紧随、应用落地" 的原则, 以问题为导向, 以案例为载体, 通过案例教学提高学生的思辨、分析、表达、判断、创新、决策等核心能力, 通过建模和分析, 教会学生如何透过现象抓住本质, 提升学生分析问题和解决问题的能力.

五、鉴于研究生入学试题的权威性和导向性, 书中附有历年研究生入学考试试题精选与解析, 与教材中的例题习题构成完整的体系, 以期实现目标导向的学习. 另外, 为夯实学生阅读英文文献的基础、开拓学术视野, 书中基本的专业术语配有中英文对照.

本书内容分为四个部分, 包括初等概率论 (第 1~5 章)、基本统计方法 (第 6~9 章)、Excel 在概率统计中的应用 (第 10 章), 以及附录 (习题参考答案、历年研究生入学考试试题精选与解析), 例题习题尽量照顾到不同专业背景, 兼顾应用的广泛性和典型性.

本书全部内容经房彦兵、魏立力、包振华集体讨论、反复推敲、不断修改形成初稿, 最后由房彦兵、魏立力统稿而成. 前沿交叉学院青年教师李晓慧负责历年研究生入学考试试题精选与解析, 黎海燕负责编写数学家简介并验证了 Excel 计算, 研究生王婷、吴嘉慧多次参与校对工作.

本书是教育部首批新文科研究与改革实践项目 "西部应用型数智化新商科专业建设改革与实践"(项目编号: 2021140127) 的成果之一, 得到宁夏大学 "双一流" 建设经费资助, 特此致谢.

虽然编者竭尽全力, 但仍感不尽如人意. 由于水平所限, 若有疏漏或不当之处, 祈望读者不吝赐教, 欢迎批评指正!

谨以此书献给宁夏大学建校 65 周年!

编　者

2023 年 4 月

目　录

第 1 章　随机事件及其概率

生活中最重要的问题, 绝大多数实质上是概率问题.

——拉普拉斯

概率论是数学的一个重要分支, 它研究的是随机现象的数量规律, 是数理统计的基础. 本章通过对现实世界中随机现象的抽象描述, 建立概率论的基础性概念——概率空间, 并研究概率的一般性质 (包括加法公式、乘法公式、全概率公式、贝叶斯公式等) 以及概率的两种赋值方法——古典概率和几何概率. 本章内容是概率论的基础.

1.1　随机现象与随机事件

1.1.1　随机现象

在自然界里, 生产实践和科学实验中有许多现象, 完全可以预言它们在一定条件下是否会出现; 或者根据它过去的状态, 在相同条件下完全可以预言其将来的发展. 这一类现象称为确定性现象或必然现象. 例如, 同性电荷相互排斥; 在标准大气压下水加热到 100°C 时会沸腾; 在射击时弹道完全由射击的初始条件决定 (假定空气阻力等可以忽略).

还有许多现象, 它们在一定条件下可能出现也可能不出现; 或者知道它过去的状态, 在相同的条件下, 未来的发展却事先不能完全肯定. 这类现象称为偶然性现象或随机现象. 例如, 抛掷一枚硬币, 结果可能是正面向上, 或背面向上; 远距离射击较小的目标, 可能击中, 也可能击不中; 明年某地七月间的平均温度事前不能肯定; 当空气阻力等不能忽略时, 弹道不能根据初始条件完全确定.

虽然随机现象具有不确定性, 但在大量重复观察时, 通常表现出某种规律性. 这种客观规律性是在大量现象中发现的, 称为统计规律性.

例 1.1　抛掷质地均匀而对称的硬币, 在相同条件下抛掷多次, 正面和背面出现的次数之比总是近似为 1 : 1, 而且抛掷次数越多, 越接近这个比值. 历史上, 很多学者都做过试验: 德摩根 (De Morgan) 掷过 2048 次, 得到 1061 次正面; 布丰 (Buffon) 掷过 4040 次, 得到 2048 次正面; 皮尔逊 (Pearson) 掷过 24000 次, 得到 12012 次正面.

例 **1.2**　　在研究气体时我们知道, 气体是由数目众多的分子构成的, 这些分子以很快的速度做剧烈运动且相互碰撞而改变其动量大小和方向, 每个分子的运动状态是随机现象. 而大量的分子运动呈现出的总体现象——体积和压强在一定条件下却符合玻意耳 (Boyle) 定律.

概率论正是为研究随机现象中的数量关系一个数学分支, 它在自然科学、社会科学以及工程技术中发挥着重要作用, 使其成为当今世界发展最为迅速的学科之一.

1.1.2　随机试验和样本空间

我们将对自然现象的一次观察或进行一次科学实验统称为试验 (experiment), 记为 E. 如果一个试验满足下述三个条件, 则称为随机试验 (random experiment).

(1) 试验可以在相同的条件下重复进行;

(2) 试验的所有可能结果是明确可知的, 并且不止一个;

(3) 每次试验总是恰好出现这些结果中的一个, 但试验之前却不能肯定会出现哪个结果.

以后我们所说的试验都指随机试验. 试验的每一个可能结果称为随机事件 (random event), 简称为事件 (event), 一般用字母 $A, B, C, \cdots$ 表示. 其中不能或不必再分的事件称为基本事件 (elementary event).

一个随机试验 E 的所有不同的可能结果构成的集合称为该试验的样本空间 (sample space), 记为 Ω. 样本空间的元素, 也就是试验的每个可能结果, 称为样本点 (sample point). 随机事件就是样本空间的子集, 基本事件就是一个样本点组成的单点集.

例 **1.3**　　考虑从 $0, 1, 2, 3, \cdots, 9$ 十个数字中任意选取一个的试验, 则样本空间为

$$\Omega = \{0, 1, 2, 3, \cdots, 9\}.$$

基本事件 $A_i = \{i\}$ 表示 "取得一个数是 i", $i = 0, 1, 2, \cdots, 9$. $B = \{1, 3, 5, 7, 9\}$ 表示 "取一个数是奇数", $C = \{7, 8, 9\}$ 表示 "取得一个大于 6 的数".

例 **1.4**　　考虑掷两枚骰子的试验, 则样本空间由下列 36 个点组成:

$$\Omega = \begin{Bmatrix} (1,1), & (1,2), & (1,3), & (1,4), & (1,5), & (1,6) \\ (2,1), & (2,2), & (2,3), & (2,4), & (2,5), & (2,6) \\ (3,1), & (3,2), & (3,3), & (3,4), & (3,5), & (3,6) \\ (4,1), & (4,2), & (4,3), & (4,4), & (4,5), & (4,6) \\ (5,1), & (5,2), & (5,3), & (5,4), & (5,5), & (5,6) \\ (6,1), & (6,2), & (6,3), & (6,4), & (6,5), & (6,6) \end{Bmatrix},$$

其中 (i, j) 表示第一枚骰子掷出 i 点, 第二枚骰子掷出 j 点. 如果 D 是 "两枚骰子点数之和为 7", 则 $D = \{(1,6), (2,5), (3,4), (4,3), (5,2), (6,1)\}$.

所谓事件 A 发生, 就意味着试验结果对应的样本点属于集合 A. 如例 1.3 中的事件 C 发生, 即取得数为 7, 8, 9 之一.

我们已经指出: 随机事件是样本空间的子集. 样本空间 Ω 有两个特殊的子集: 一个是 Ω 本身, 由于它包含了试验的所有可能结果, 所以在每次试验中总会发生, 称 Ω 为必然事件; 另一个是空集 $\varnothing$, 由于它不包含任何样本点, 所以在每次试验中都不发生, 称 $\varnothing$ 为不可能事件.

1.1.3 随机事件的运算关系

如前所述, 随机事件是随机试验的可能结果, 是相应的样本空间的子集, 因而随机事件的关系和运算实质上是集合的关系和运算.

1. 事件的包含关系 (containment)

如果事件 A 发生必然导致事件 B 发生, 则称事件 A 包含于事件 B, 或称事件 A 是事件 B 的子事件, 记为 $A \subseteq B$.

作为样本点的集合, 事件 A 是事件 B 的子事件, 即 A 是 B 的子集. 如在例 1.3 中, $A_1 \subseteq B$, $A_7 \subseteq C$.

如果 $A \subseteq B$, 且 $B \subseteq A$, 则称事件 A 和 B 相等 (equality), 记作 $A = B$.

2. 事件的并 (union)

"事件 A 与 B 中至少有一个发生" 这一事件称为事件 A 与 B 的并事件, 简称为并, 记作 $A \cup B$.

作为样本点集合, 并事件 $A \cup B$ 即为 A 和 B 的并集. 即

$$A \cup B = \{\omega : \omega \in A \text{ 或 } \omega \in B\}.$$

如在例 1.3 中, $B \cup C$ 表示 "取出一数或者大于 6, 或者是奇数", 也就是 "取得一数为 1, 3, 5, 7, 8, 9 中之一". 换言之, 只要取得 1, 3, 5, 7, 8, 9 六个数任何一数. 我们都说事件 $B \cup C$ 发生了.

3. 事件的交 (intersection)

"事件 A 与 B 同时发生" 这一事件称为事件 A 与 B 的交事件, 简称为交, 记作 $A \cap B$ (或简记为 AB).

作为样本点集合, 交事件 $A \cap B$ 为 A 和 B 的交集. 即

$$A \cap B = \{\omega : \omega \in A \text{ 且 } \omega \in B\}.$$

如在例 1.3 中, $B \cap C$ 表示 "取得一数为 7 或 9".

4. 事件的差 (difference)

"事件 A 发生并且事件 B 不发生" 这一事件称为事件 A 与 B 的差事件, 简称为差, 记作 $A - B$.

作为样本点集合, 差事件 $A - B$ 为 A 和 B 的差集. 即

$$A - B = \{\omega : \omega \in A \text{ 且 } \omega \notin B\}.$$

如在例 1.3 中, $B - C$ 表示 "取得一数或为 1, 或为 3, 或为 5".

5. 互不相容 (mutually exclusive) 关系和对立 (complementary) 关系

如果事件 A 与 B 不能同时发生, 即 $AB = \varnothing$, 则称事件 A 与 B 互不相容或不交 (disjoint).

如例 1.3 中, A_1 与 C 互不相容. 今后我们说三个或三个以上的事件互不相容是指两两不交 (pairwise disjoint).

如果事件 A 与 B 不能同时发生, 并且必有一个发生, 即 $AB = \varnothing$, 且 $A \cup B = \Omega$, 则称事件 A 与 B 互为对立事件, 或互为逆事件 (inverse event), 记作 $A^{\mathrm{c}} = B$ 或 $B^{\mathrm{c}} = A$. 即

$$A^{\mathrm{c}} = \{\omega : \omega \notin A\}.$$

如例 1.3 中, 事件 B 的逆事件 B^{c} 表示 "取得一数为偶数 (包括 0)".

作为样本点的集合, 两个事件 A 与 B 互不相容即 A 和 B 无公共样本点; 两个事件 A 与 B 互为逆事件即 A 和 B 无公共样本点, 并且 A 和 B 包含了所有的样本点, 也就是说 A 和 A^{c} 构成了对样本空间的一个 "划分" (partition).

例 1.5　设 A, B, C 是同一样本空间的三个事件, 则

(1) 事件 "A 和 B 发生, C 不发生" 可以表示为 $A \cap B \cap C^{\mathrm{c}}$;

(2) 事件 "A, B, C 至少有一个不发生" 可以表示为 $A^{\mathrm{c}} \cup B^{\mathrm{c}} \cup C^{\mathrm{c}} = (ABC)^{\mathrm{c}}$;

(3) 事件 "A, B, C 至少有两个发生" 可以表示为 $AB \cup BC \cup CA$;

(4) 事件 "A, B, C 恰好有两个发生" 可以表示为 $ABC^{\mathrm{c}} \cup AB^{\mathrm{c}}C \cup A^{\mathrm{c}}BC$;

(5) 事件 "A, B, C 都不发生" 可以表示为 $A^{\mathrm{c}}B^{\mathrm{c}}C^{\mathrm{c}}$.

事实上, 集合论的知识用于解释事件之间的关系和运算是非常自然的. 维恩图 (Venn diagram) 是一种用来描述事件之间的逻辑关系非常有效的几何表示方法. 样本空间表示为平面上一矩形, 表示包含了所有可能的结果, 事件 A, B 等表示为包含在矩形之内的一个个小圆形, 所关心的事件用相应的阴影区域来表示. 事件的关系和运算可通过维恩图表示, 如图 1.1 所示.

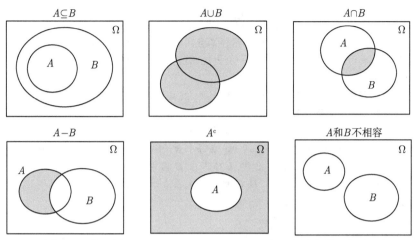

图 1.1 维恩图 ($A \cup B, A \cap B, A - B, A^c$ 分别为图中阴影部分)

有时我们还需要把事件的并与交运算推广到可数无穷多个事件的情形. 对可数个事件 $A_1, A_2, \cdots$, 我们规定它们的并

$$A_1 \cup A_2 \cup \cdots = \bigcup_{i=1}^{\infty} A_i$$

表示 "$A_1, A_2, \cdots$ 中至少有一个事件发生"; 规定它们的交

$$A_1 \cap A_2 \cap \cdots = \bigcap_{i=1}^{\infty} A_i$$

表示 "$A_1, A_2, \cdots$ 同时发生".

不难验证事件间的运算满足如下运算律:

(1) 交换律 (commutative law) $A \cup B = B \cup A, A \cap B = B \cap A$;

(2) 结合律 (associative law) $A \cup (B \cup C) = (A \cup B) \cup C$, $A \cap (B \cap C) = (A \cap B) \cap C$;

(3) 分配律 (distributive law) $A \cap (B \cup C) = (A \cap B) \cup (A \cap C)$, $A \cup (B \cap C) = (A \cup B) \cap (A \cup C)$;

(4) 对偶律 (duality law 或 De Morgan's law)   对有限或无穷多个 A_i, 都有

$$\left(\bigcup_i A_i \right)^c = \bigcap_i (A_i)^c, \quad \left(\bigcap_i A_i \right)^c = \bigcup_i (A_i)^c;$$

(5) $A - B = A \cap B^c = A - (AB)$;

(6) $(A^c)^c = A, A^c = \Omega - A$.

习　题　1.1

1 写出下列随机试验的样本空间, 并用样本空间的子集表示给出的随机事件.

(1) 将一枚硬币抛掷两次. $A=$ "第一次出现正面", $B=$ "两次出现同一面", $C=$ "至少有一次出现正面".

(2) 掷两枚骰子. $A=$ "出现点数之和为奇数, 且恰好其中有一个 1 点", $B=$ "出现点数之和为偶数, 且没有一颗骰子出现 1 点".

(3) 甲、乙二人下一盘中国象棋, 观察棋赛的结果. $A=$ "甲不输", $B=$ "没有人输".

(4) 有 A,B,C 三个盒子, a,b,c 三个球, 在每个盒子放入一个球. $A_1=$ "a 球放入 A 盒, b 球放入 B 盒", $A_2=$ "a 球不在 A 盒中, b 球不在 B 盒中".

2 设 A,B,C 为三个事件, 用 A,B,C 的运算关系表示下列各事件:

(1) A 发生, B 与 C 不发生;

(2) A 与 B 都发生, 而 C 不发生;

(3) A,B,C 都发生;

(4) A,B,C 都不发生;

(5) A,B,C 不都发生;

(6) A,B,C 中至少有一个发生;

(7) A,B,C 中至少有两个发生;

(8) A,B,C 中不多于一个发生;

(9) A,B,C 中不多于两个发生.

3 写出下列事件的对立事件:

(1) $A=$ "掷三枚硬币, 皆为正面";

(2) $B=$ "射击三次, 至少击中目标一次";

(3) $C=$ "甲产品畅销且乙产品滞销".

4 化简下列各式:

(1) $(A\cup B)\cup(A\cup B^c)$;　　(2) $(A\cup B)\cap(A^c\cup B)\cap(A\cup B^c)$.

1.2　随机事件的概率

线段的长度、平面图形的面积、空间物体的体积都是用数来度量. 一个随机事件 A 在一次试验中, 可能发生也可能不发生, 这种可能性的大小也可用一个数来度量. 我们把刻画随机事件发生可能性大小的数量指标称为随机事件的概率 (probability). 事件 A 的概率以 $P(A)$ 表示, 并且规定 $0\leqslant P(A)\leqslant 1$.

一个基本的问题是, 对于一个给定的事件, 其概率究竟是多大呢? 在概率论的发展历史上, 人们曾针对不同场景, 从不同的角度给出了确定概率方法.

1.2.1　频率与概率

定义 1.1　设随机事件 A 在 n 次重复试验中发生了 k_n 次, 则称比值 $\dfrac{k_n}{n}$ 为事件 A 发生的频率, 记为 $\mu_n(A)=\dfrac{k_n}{n}$.

易见, 频率有如下基本性质:

(1) 设 A 为任一事件, 则 $0 \leqslant \mu_n(A) \leqslant 1$;

(2) 对必然事件 Ω, 有 $\mu_n(\Omega) = 1$;

(3) 设事件 $A_1, A_2, \cdots, A_m$ 互不相容, 则 $\mu_n \left(\bigcup_{i=1}^{m} A_i \right) = \sum_{i=1}^{m} \mu_n(A_i)$.

事件 A 的频率 $\mu_n(A)$ 越大, 事件 A 发生就越频繁, 在一次试验中, A 发生的可能性也就越大, 反之亦然. 因而, 直观上看频率 $\mu_n(A)$ 似乎已经反映了 A 在一次试验中发生的可能性大小, 那么能否用频率作为概率呢?

事实上, 频率是依赖于随机试验的量, 不同的试验结果频率一般不同, 这显然不符合 "概率是随机事件发生可能性大小的客观度量" 这一要求. 但是, 大量试验证实, 随着重复试验次数 n 的增大, 频率 $\mu_n(A)$ 会稳定在某个常数附近, 偏离的可能性很小, 这就是频率的 "稳定性".

如例 1.1 说明, 在掷质地均匀的硬币时, 正面出现频率稳定在 0.5. 这个 0.5 就反映了正面出现的可能性大小. 法国著名数学家拉普拉斯 (Laplace, 1749~1827), 曾对其所处时代的男女婴儿的出生率进行过深入的研究, 他发现男婴的出生率始终在 22/43 这个数值上摆动.

定义 1.2 随着试验次数 n 增大, 随机事件 A 发生的频率为 $\mu_n(A)$ 在某个固定的数值 $p(0 \leqslant p \leqslant 1)$ 附近摆动, 则称 p 为事件 A 的概率, 记为 $P(A) = p$.

上述定义没有给出计算概率的确切方法. 根据频率的稳定性, 自然会想到, 当试验次数很大时, 频率可以作为概率的一个近似值. 但需要注意的是: 一方面我们没有理由认为, 试验次数为 $n+1$ 时所计算的频率, 肯定比试验次数为 n 时所计算的频率更准确; 另一方面, 在实际应用中, 我们不知道 n 取多大才好, 并且 n 如果很大时, 很难保证每次试验的条件都一样 (例如射击试验).

为了理论研究的需要, 人们从频率的性质得到启发, 给出了概率的公理化定义.

1.2.2 概率的公理化定义

我们知道, 一个随机试验 E 可用一个样本空间 Ω 描述, 它由所有代表基本事件的样本点的全体组成. 而随机事件是 Ω 的子集, 为了方便起见, 我们将所有随机事件组成的集合称为事件域, 记作 $\mathscr{F}$.

定义 1.3 设 $\mathscr{F}$ 是事件域, 对每一 $A \in \mathscr{F}$, 有一实数与之对应, 记为 $P(A)$, 若它满足如下三个性质, 则称 $P(\cdot)$ 为事件域 $\mathscr{F}$ 上的概率 (测度).

(1) (非负性) 对每一 $A \in \mathscr{F}$, 有 $0 \leqslant P(A) \leqslant 1$;

(2) (规范性) $P(\Omega) = 1$;

(3) (可数可加性) 对可数无穷多个 $A_i \in \mathscr{F}, i = 1, 2, \cdots, A_i \cap A_j = \varnothing, i \neq j$,

有

$$P\left(\bigcup_{i=1}^{\infty} A_i\right) = \sum_{i=1}^{\infty} P(A_i).$$

其中 $P(A)$ 就称为事件 A 的概率, 三元体 $(\Omega, \mathscr{F}, P)$ 称为概率空间 (probability space).

概率的公理化定义刻画了概率的数学本质. 若在事件域 $\mathscr{F}$ 上给出一个函数, 且该函数满足三条公理, 就称为概率; 否则, 就不能称为概率.

1.2.3　概率的性质

概率的公理化定义只要求概率满足三条公理, 从这三条出发, 还可以推出概率的很多性质. 设 $(\Omega, \mathscr{F}, P)$ 为概率空间, 则概率有如下性质.

定理 1.1　$P(\varnothing) = 0$.

证　因为 $\varnothing = \varnothing \cup \varnothing \cup \cdots$, 由概率的可数可加性得

$$P(\varnothing) = P(\varnothing) + P(\varnothing) + \cdots,$$

因而 $P(\varnothing) = 0$.

这一性质说明不可能事件的概率为零, 但逆命题不一定成立, 后面将说明.

定理 1.2　若 $A_i \in \mathscr{F}, i = 1, 2, \cdots, n$, 且 $A_i \cap A_j = \varnothing$, $i \neq j$, 则

$$P\left(\bigcup_{i=1}^{n} A_i\right) = \sum_{i=1}^{n} P(A_i).$$

证　由定义 1.3 之 (3), 令 $A_{n+1} = A_{n+2} = \cdots = \varnothing$, 考虑到 $P(\varnothing) = 0$ 即可. 这一性质表明, 由概率的可数可加性可以推得概率的有限可加性.

推论 1.3　对任一事件 A, 有 $P(A^c) = 1 - P(A)$.

推论 1.4 (单调性)　若 $A \subseteq B$, 则 $P(B - A) = P(B) - P(A)$, $P(A) \leqslant P(B)$.

定理 1.5　对任意的 $A_1, A_2 \in \mathscr{F}$, 有

$$P(A_1 \cup A_2) = P(A_1) + P(A_2) - P(A_1 A_2).$$

证　因为 $A_1 \cup A_2 = A_1 \cup (A_1^c A_2)$ 且 $A_1 \cap (A_1^c A_2) = \varnothing$, 故

$$P(A_1 \cup A_2) = P(A_1) + P(A_1^c A_2) = P(A_1) + P(A_2) - P(A_1 A_2).$$

推论 1.6　对任意的 $A_1, A_2, A_3 \in \mathscr{F}$, 有

$$P(A_1 \cup A_2 \cup A_3) = P(A_1) + P(A_2) + P(A_3)$$

$$- P(A_1 A_2) - P(A_2 A_3) - P(A_1 A_3)$$

$$+ P(A_1 A_2 A_3).$$

例 1.6 设 A, B 是两个事件, $P(A) = 0.5, P(B) = 0.3, P(AB) = 0.1.$ 求:

(1) A 发生但 B 不发生的概率;

(2) A 不发生但 B 发生的概率;

(3) A, B 至少有一个发生的概率;

(4) A, B 都不发生的概率;

(5) A, B 至少有一个不发生的概率.

解 (1) $P(AB^c) = P(A - B) = P(A - AB) = P(A) - P(AB) = 0.4;$

(2) $P(A^c B) = P(B - A) = P(B - AB) = P(B) - P(AB) = 0.2;$

(3) $P(A \cup B) = P(A) + P(B) - P(AB) = 0.5 + 0.3 - 0.1 = 0.7;$

(4) $P(A^c B^c) = P\left[(A \cup B)^c\right] = 1 - P(A \cup B) = 1 - 0.7 = 0.3;$

(5) $P(A^c \cup B^c) = P\left[(AB)^c\right] = 1 - P(AB) = 1 - 0.1 = 0.9.$

1.2.4 古典概型

前面介绍了概率的统计定义、公理化定义及概率的性质. 在实际问题中, 概率的确定往往并不容易, 但是在某些特殊情形, 可以直接计算概率. 本段考虑一类特殊的随机试验, 它具有下述两个特征:

(1) 所有基本事件数有限, 即样本空间为有限集;

(2) 每个基本事件出现的可能性相等.

这类随机现象的数学模型称为**古典概型** (classical model of probability).

定义 1.4 在古典概型中, 如果随机事件 A 恰好包含 $k\,(k \leqslant n)$ 个基本事件, 则事件 A 发生的概率为

$$P(A) = \frac{k}{n}, \tag{1.1}$$

称式 (1.1) 中的 $P(A)$ 为**古典概率**.

这样, 在古典概型中, 任一事件 A 出现或发生的概率

$$P(A) = \frac{\text{事件 } A \text{ 包含的基本事件的个数 } k}{\text{基本事件总数 } n},$$

其中事件 A 包含的基本事件, 有时也称为 A 的有利事件.

容易验证, 如此定义的概率满足概率公理化定义中的三条公理. 值得一提的是古典概型中的等可能性是一种假设. 在具体问题中, 我们需要根据实际情况去判断是否可以认为基本事件是等可能的. 事实上, 在很多场合有对称性, 如掷硬币

试验、掷骰子试验; 或某种均衡性, 如抽球试验, 不难判断基本事件的等可能性, 并且在此基础上计算各种事件的概率.

例 1.7　考虑掷一枚完全对称的骰子, 它的基本事件空间 $\Omega = \{1, 2, 3, 4, 5, 6\}$, 有六个基本事件: $E_i = \{i\}$, $i = 1, 2, \cdots, 6$. 由骰子的对称性知各面出现的可能性都相同, 从而保证了基本事件的等可能性. 我们考虑下列事件: $A =$ "出现偶数点"; $B =$ "出现不小于 3 的点"; $C =$ "出现 3 的倍数点". 则易见 $A = \{2, 4, 6\}$; $B = \{3, 4, 5, 6\}$; $C = \{3, 6\}$. 从而 $P(A) = 3/6 = 1/2$; $P(B) = 4/6 = 2/3$; $P(C) = 2/6 = 1/3$.

例 1.8　设用户登录密码由 $0, 1, 2, \cdots, 9$ 十个数字中任意五个数字组成, 某一用户密码是 51710. 问当不知道该密码时, 一次就能猜对该密码的概率是多少?

解　这里的试验是猜一个五位号码, 从 $0, 1, 2, \cdots, 9$ 中取五个数的一个可重复排列对应一个基本事件, 因而基本事件总数为 10^5. 当不知道密码时, 猜 10^5 个号码中的任一个是等可能的. 令 A 表示 "一次就能猜对该用户密码", 则事件 A 只包含了一个基本事件, 即 $k = 1$, 按古典概率计算得 $P(A) = 1/10^5 = 10^{-5} = 0.00001$.

可见当不知道一个 5 位数密码时, 一次就能猜对的可能性是很小的.

尽管古典概型本身比较简单, 但其实际例子却非常丰富. 许多具体的问题可以大致归并为三类: 摸球问题、分房问题、随机取数问题. 在具体计算时, 首先应弄清基本事件空间是什么, 其中的基本事件是否等可能; 其次求出不同的基本事件的总数 n; 最后需弄清我们关心的事件 A 包含了上述哪些不同的基本事件, 并求出其个数 k, 从而得到 $P(A) = k/n$.

例 1.9 (摸球问题)　盒中盛有 a 个白球及 b 个黑球, 从中任取 m 个, 试求所取的球中恰有 r 个白球的概率 $(r < a)$.

解　这里的试验是从 $a + b$ 个球中取出 m 个, 其中 m 个球的任一组合构成一个基本事件, 由取法的任意性可知, 每一基本事件出现是等可能的. 而所有不同的基本事件共有 C_{a+b}^m 个. 事件 A: "恰好有 r 个白球" 包含了其中的 $C_a^r C_b^{m-r}$ 个不同的基本事件. 故

$$P(A) = \frac{C_a^r C_b^{m-r}}{C_{a+b}^m}.$$

例 1.10 (摸球问题)　箱中盛有 40 个白球和 60 个黑球, 从其中任意地接连取出 3 个球, 抽取分两种方式:

(1) 不放回抽样: 每次抽取一个, 不放回, 然后在剩下的球中抽取下一个;

(2) 有放回抽样: 每次抽取一个, 然后放回, 再抽下一个.

对于两种抽取方式, 分别求下列事件的概率: $A =$ "3 个都是黑球", $B =$ "其

中 2 个白球, 1 个黑球".

解 (1) 不放回抽样情形.

此处所考虑的试验是从 100 个球中依次不放回地取出 3 个球, 由于注意了取球的次序, 故应考虑排列. 每 3 个球的排列构成一基本事件. 第一次从 100 个中抽取, 第二次从剩下的 99 个中抽取, 第三次从 98 个中抽取, 故此时的基本事件总数 $n = 100 \times 99 \times 98 = P_{100}^3$.

同理, 事件 A 包含的基本事件数为 P_{60}^3; 事件 B 包含的基本事件数为 $C_3^2 P_{40}^2 P_{60}^1$. 故

$$P(A) = \frac{P_{60}^3}{P_{100}^3} \approx 0.212, \quad P(B) = \frac{C_3^2 P_{40}^2 P_{60}^1}{P_{100}^3} \approx 0.289.$$

(2) 有放回抽样情形.

此处试验和 (1) 中不同的是前次抽到的球后次还可能抽到, 故应考虑可重复的排列. 每 3 个球的可重复排列构成一基本事件. 每次都是从 100 个中抽取一个, 故此时的基本事件总数 $n = 100 \times 100 \times 100 = 100^3$.

同理, 事件 A 包含的基本事件数为 60^3; 事件 B 包含的基本事件数为 $C_3^2 40^2 \times 60$. 故

$$P(A) = \frac{60^3}{100^3} = 0.216, \quad P(B) = C_3^2 \frac{40^2 \times 60}{100^3} = 0.288.$$

一般来说, 有放回抽样和不放回抽样计算概率是不同的, 但当被抽取的对象数目较大时, 两种情形所计算的概率相差不大. 人们在实际工作中常常利用这一点, 将抽取对象较大时的不放回抽样 (如破坏性试验, 包括发射炮弹、寿命试验等) 当作有放回抽样处理, 因为有放回抽样情形一般计算概率比较简单.

以后我们还会遇到各种各样的抽样问题. 值得注意的是, 这里的 "白球" "黑球" 可换成 "甲物" "乙物" 或 "合格品" "不合格品", 等等. 所以我们说摸球问题有典型意义, 原因就在于此.

例 1.11(分房问题) 有 m 个人, 每个人都以同等机会被分配在 $N(m \leqslant N)$ 间房中的每一间中, 试求下列各事件的概率:

$A =$ "某指定 m 间房子中各有一人";

$B =$ "恰有 m 间房, 其中各有一人";

$C =$ "某指定一间房中恰有 $r(r \leqslant m)$ 个人".

解 此处试验为将 m 个人随机分到 N 间房中, 每一种分配结果对应一个基本事件. 由于每一个人都有 N 种分法, 因而不同的基本事件总数为 N^m.

今固定某 m 间房子, m 个人各分一间, 有 $m!$ 种不同的分法, 因而事件 A 包含的基本事件数为 $m!$.

如果这 m 间房可由 N 间中任意选出, 那么共有 C_N^m 种选法, 每一种选法又可以有 $m!$ 种不同的分法, 因而事件 B 共有 $C_N^m m!$ 个不同的基本事件.

事件 C 中的 r 个人可自 m 个人中任意选出, 共有 C_m^r 种选法, 其余 $m-r$ 个人可以分配在其余 $N-1$ 间房里, 共有 $(N-1)^{m-r}$ 种分配法, 因而事件 C 共有 $C_m^r(N-1)^{m-r}$ 个不同基本事件. 所以有

$$P(A) = \frac{m!}{N^m};$$

$$P(B) = \frac{C_N^m m!}{N^m} = \frac{N!}{N^m(N-m)!};$$

$$P(C) = \frac{C_m^r(N-1)^{m-r}}{N^m} = C_m^r \left(\frac{1}{N}\right)^r \left(1-\frac{1}{N}\right)^{m-r}.$$

在实际问题中, 许多表面上提法不同的问题本质上属于同一类型. 比如例 1.11 中, 把"人""质点""旅客"看成一样, 把"房子""格子""站"看成一样, 就可以构造许多例子.

比如在例 1.11 中, 将 N 间房子理解为一年的 365 天, 则 B 表示 m 人生日各不相同, B^c 就表示 m 人中至少有两人生日相同. 此时,

$$P(B) = \frac{365!}{365^m(365-m)!} = \frac{365 \times 364 \times \cdots \times (365-m+1)}{365^m},$$

因而, m 人中至少有两人生日相同的概率 $P(B^c) = 1 - P(B)$, 具体计算可以通过定义一个函数实现.

下面的 R 代码定义了一个计算 $P(B^c)$ 的函数 PofBc 及其 $m=1,2,\cdots,60$ 对应的 $P(B^c)$ 值, 计算结果参见图 1.2.

```
PofBc <- function(x){c(x,1-prod((365:(365-x+1)/365)))}
m <- seq(1,60)
sapply(m, PofBc)
```

当 $m=30$ 时, PofBc(30) = 0.7063, 可见 30 人中, 至少有二人同生日的概率大于 70%, 这和人们的直觉不符, 因而这个问题也称为生日悖论. 事实上只要人数大于 23, 至少有二人生日相同的概率就大于 0.5.

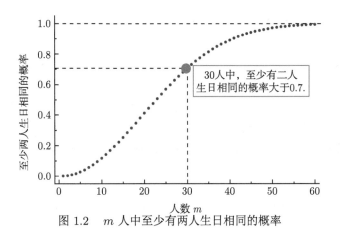

图 1.2 m 人中至少有两人生日相同的概率

例 1.12 (随机取数问题)   从 $1,2,3,\cdots,10$ 共 10 个数中任意取出 1 个, 假定每个数字都以 $1/10$ 的概率被取到, 取后放回, 先后取出 7 个数, 求下列各事件的概率.

$A_1 =$ "7 个数完全不同";

$A_2 =$ "7 个数中不含 1 和 10";

$A_3 =$ "10 恰好出现两次";

$A_4 =$ "至多出现两次 10".

解   这里我们所研究的试验是从 10 个数中依次有放回地取出 7 个数. 而 10 个数取 7 个数的可重复的每一排列对应一个基本事件, 所有不同的基本事件总数 $n = 10^7$. 不难看出 A_1 包含的基本事件数为 P_{10}^7; A_2 包含的基本事件数为 8^7.

事件 A_3 中 10 出现的两次可以是 7 次中的任意两次, 故有 C_7^2 种选择, 其他 5 次中可以是剩下 9 个数中的任何一个 (可重复), 因而 A_3 所包含的基本事件数为 $\mathrm{C}_7^2 9^5$.

由于 A_4 是三个互不相容的事件 $B_i =$ "10 恰好出现 i 次" $(i=0,1,2)$ 的并, 因而 A_4 包含的基本事件数为 $\mathrm{C}_7^2 9^5 + \mathrm{C}_7^1 9^6 + \mathrm{C}_7^0 9^7$. 所以

$$P(A_1) = \frac{\mathrm{P}_{10}^7}{10^7} \approx 0.0605; \quad P(A_2) = \frac{8^7}{10^7} \approx 0.2097;$$

$$P(A_3) = \frac{\mathrm{C}_7^2 9^5}{10^7} \approx 0.1240; \quad P(A_4) = \frac{\mathrm{C}_7^2 9^5 + \mathrm{C}_7^1 9^6 + \mathrm{C}_7^0 9^7}{10^7} \approx 0.9743.$$

由上述例子可见, 在计算古典概率时, 关键在于对具体的问题弄清基本事件空间, 区分不同的基本事件, 以及所考虑的事件 A 的含义. 在计算基本事件总数和 A 的有利事件数时, 重要的不是采用何种计数模式, 而是要保持对两者采用同

一计数模式. 千万要注意的是, 不能对一者采用一种计数模式, 对另一者采用另一种计数模式.

例 1.13　10 个球中有 3 个黑色, 7 个白色. 10 人依次各摸一球, 求各人摸到黑色球的概率.

解一　设 A_k 表示第 k 个人摸到黑色球. 考虑 10 个球被摸到的先后顺序, 共有 10! 种不同可能, 在事件 A_k 中, 第 k 个人摸到的是黑色球, 哪一个球? 有 $C_3^1 = 3$ 种可能, 其余 9 人摸到的球可任意排列, 有 9! 种可能的顺序, 所以有利事件数为 $3 \cdot 9!$. 故有

$$P(A_k) = \frac{3 \cdot 9!}{10!} = \frac{3}{10}, \quad k = 1, 2, \cdots, 10.$$

解二　考虑小球时除了颜色外, 不可分辨, 则只有两种元素: 一种有 7 个 (白色球), 另一种有 3 个 (黑色球), 它们共有 C_{10}^3 种可能的顺序 (只要分清哪些人摸到白球, 哪些人摸到黑球即可), 所以基本事件总数为 C_{10}^3. 在事件 A_k 中, 第 k 个人摸到黑球, 其余两个黑球被其他 9 个人摸到, 有利事件数为 C_9^2, 因此

$$P(A_k) = \frac{C_9^2}{C_{10}^3} = \frac{3}{10}, \quad k = 1, 2, \cdots, 10.$$

解三　只考虑前 k 个人摸到球的情况, 10 个球选出 k 个的所有可能的排列方式有 P_{10}^k 种. 在事件 A_k 中, 第 k 次摸到黑色球, 有 $C_3^1 = 3$ 种可能, 其前面的 $k-1$ 个人则是由其余 9 个球中任取 $k-1$ 个的排列, 所以有利事件数为 $3 \cdot P_9^{k-1}$. 故有

$$P(A_k) = \frac{3 \cdot P_9^{k-1}}{P_{10}^k} = \frac{3}{10}, \quad k = 1, 2, \cdots, 10.$$

这个例子实际上是一个抽签模型, 结果表明抽签的公平性, 即不论第几个抽, 中签的概率都相等. 正是抽签所具有的这种公平性, 使它在抽样理论中被广泛使用.

1.2.5　几何概型

在古典概型中, 试验的结果是有限的. 对于有无穷多个基本事件的试验, 类似地有几何概型, 它具有下述两个特征.

(1) 样本空间可以表示为一个几何区域 Ω, 该区域的大小为 $L(\Omega)$.

(2) 区域 Ω 中的每一个点在试验中都等可能出现. 这里 "等可能" 的确切含义是指: 对于给定的任一大小为 $L(A)$ 的子区域 A, A 中点出现的可能性大小与 $L(A)$ 成正比, 而与 A 的位置和形状无关.

这类随机现象的数学模型称为几何概型 (geometric model of probability), 其中的 $L(A)$ 可以是长度、面积、体积等, 依 A 的含义而定.

类似于古典概率, 很自然地有如下定义.

定义 1.5 在几何概型中, 将事件 A 发生的概率为

$$P(A) = \frac{L(A)}{L(\Omega)}. \tag{1.2}$$

这样计算的概率, 称为几何概率 (geometric probability), 如图 1.3 所示.

容易验证, 如此定义的概率满足概率公理化定义中的三条公理.

例 1.14 在时间间隔 $[0, T]$ 内的任何时刻, 两个不相关的信号等可能地进入收音机, 如果这两个信号进入收音机的时间间隔不大于 t, 则收音机就受到干扰. 求收音机受到干扰的概率.

解 以 x, y 分别表示信号进入收音机的时刻, $0 \leqslant x \leqslant T, 0 \leqslant y \leqslant T$, 样本空间 Ω 就表示为这样的 (x, y) 构成的正方形, 其面积为 T^2. 依题意, 收音机受到干扰的充要条件是 $|x - y| \leqslant t$, 满足这个条件的 (x, y) 构成正方形 Ω 中的一个区域 A (图 1.4), 换言之, 收音机受到干扰的充要条件是随机点 (x, y) 落入区域 A. 因此所求概率为

$$P(A) = \frac{L(A)}{L(\Omega)} = \frac{T^2 - (T - t)^2}{T^2} = 1 - \left(1 - \frac{t}{T}\right)^2,$$

其中 $L(A)$ 和 $L(\Omega)$ 分别表示 A 和 Ω 的面积.

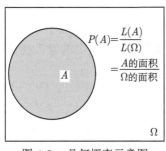

图 1.3　几何概率示意图

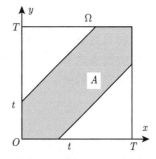

图 1.4　例 1.14 示意图

例 1.15 (布丰投针问题) 在平面上画有等距离为 $a\,(a > 0)$ 的一些平行线, 向平面任意投掷一枚长为 $l\,(l < a)$ 的针, 试求针与平行线相交的概率.

解 以 x 表示针的中点 M 与最近一条平行线间的距离, 又以 θ 表示针与此

直线间的交角 (图 1.5). 则样本空间可以表示为

$$\Omega = \left\{ (\theta, x) : 0 \leqslant x \leqslant \frac{a}{2},\ 0 \leqslant \theta \leqslant \pi \right\}.$$

由上式确定的 Ω 是 $\theta O x$ 坐标系中的一个矩形 (图 1.6). 针与平行线相交这个事件 A 是

$$A = \left\{ (\theta, x) : x \leqslant \frac{l}{2} \sin \theta \right\}.$$

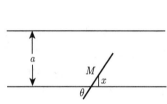

图 1.5　布丰投针问题示意图

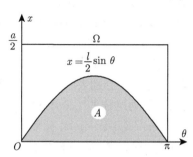

图 1.6　布丰投针概率计算示意图

事件 A 相当于 (x, θ) 在图 1.6 中阴影部分 A 内取值. 依式 (1.2) 得

$$P(A) = \frac{L(A)}{L(\Omega)} = \frac{\displaystyle\int_0^\pi \frac{l}{2} \sin \theta \mathrm{d}\theta}{\dfrac{a}{2}\pi} = \frac{2l}{a\pi}.$$

　　容易证明几何概率满足非负性、规范性和可数可加性. 在计算几何概率时, 一开始我们就假设点具有所谓的 "均匀分布" (类似于古典概型中的等可能性), 这一点在求具体问题中的概率时, 必须特别注意.

习　题　1.2

1 已知 $A \subseteq B$, $P(A) = 0.2$, $P(B) = 0.3$, 求

(1) $P(A \cup B)$;　(2) $P(AB)$;　(3) $P(BA^c)$;　(4) $P(AB^c)$.

2 已知 A, B 两个事件满足条件 $P(A) = 1/2$.

(1) 若 A, B 互不相容, 求 $P(AB^c)$;　(2) 若 $P(AB) = 1/8$, 求 $P(AB^c)$.

3 已知 A, B 两个事件满足条件 $P(AB) = P(A^c B^c)$, 且 $P(A) = p$, 求 $P(B)$.

4 设 $P(A) = 0.4$, $P(B) = 0.3$, $P(A \cup B) = 0.6$, 求 $P(A - B)$.

5 设 A, B, C 是三个事件, 且

$$P(A) = P(B) = P(C) = \frac{1}{4}, \quad P(AB) = P(BC) = 0, \quad P(AC) = \frac{1}{8}.$$

求: (1) A, B, C 至少有一个发生的概率; (2) A, B, C 都不发生的概率.

6 将一部五卷文集任意地排列到书架上, 问卷号自左向右或自右向左恰好为 12345 的概率为多少?

7 从一副有 52 张 (除大小王) 的扑克牌中任取 5 张, 求其中至少有一张 A 字牌的概率.

8 某幼儿园有 m 个儿童, 试求至少有两个儿童的生日不在同一天的概率.

9 一个质点从平面上某点开始, 等可能地向上、下、左、右四个方向随机游动, 每次游动的距离为 1. 求经过 $2n$ 次游动后, 质点回到出发点的概率.

10 若在区间 $(0,1)$ 内任取两个数, 则事件 "两数之和小于 5/6" 的概率为多少?

1.3 条件概率与事件的独立性

1.3.1 条件概率与乘法公式

在实际问题中, 除了要知道事件 A 的概率 $P(A)$, 有时还需要知道在 "事件 B 发生" 的条件下, 事件 A 发生的概率, 这种概率称为条件概率 (conditional probability), 记为 $P(A \mid B)$ 或 $P_B(A)$, 读作 "在条件 B 下, 事件 A 的条件概率". 一般来说 $P(A)$ 与 $P(A \mid B)$ 不同.

条件概率是概率论中最重要的概念之一, 其重要性表现在两个方面. 一方面, 我们在计算某些事件的概率时, 同时具有某些关于该事件的附加信息, 此时概率应该是条件概率. 另一方面, 即使事件没有附加信息, 也可以利用条件概率的方法计算某些事件的概率, 而这种方法可以使计算变得简单.

在一般情形应如何定义 $P(A \mid B)$? 下面我们先讨论一个例子.

例 1.16 同时掷两枚骰子, 观察出现点数, 由例 1.4 可知, 其样本空间包含 36 个样本点. 设 A 表示两枚骰子点数之和为 6, B 表示第一枚骰子为 4. 求 B 发生的条件下, 事件 A 发生的条件概率 $P(A \mid B)$.

解 为了计算这个概率, 我们有如下推理: B 发生意味着 6 个结果 (4,1), (4,2), (4,3), (4,4), (4,5), (4,6) 之一出现. 在这个条件下 A 发生就意味着只能出现 (4,2) 这一个结果, 就是说, 已知第一枚骰子是 4, 则两枚骰子点数之和为 6 的 (条件) 概率是 1/6. 即 $P(A \mid B) = 1/6$.

对于一般事件 A, B, 条件概率 $P(A \mid B)$ 可做如下理解: 如果事件 B 发生了, 那么为了 A 发生, 实际出现的结果必须是一个既在 A 中又在 B 中的结果, 也就是必须在 AB 中的结果. 现在, 因为已知 B 已经发生, 进而 B 就成为新的样本空间, 因此, 事件 AB 发生的概率就等于 AB 的概率相对于 B 的概率. 这就有如下定义.

定义 1.6   设 $(\Omega, \mathscr{F}, P)$ 为一概率空间, $A, B \in \mathscr{F}$, $P(B) > 0$, 称

$$P(A \mid B) = \frac{P(AB)}{P(B)} \tag{1.3}$$

为在事件 B 发生的条件下事件 A 的条件概率, 或简称为事件 A 关于事件 B 的条件概率.

若 $P(B) > 0$, 且用 P_B 表示在 "事件 B 发生" 的条件下的条件概率, 则 P_B 仍然满足概率的三条公理, 对概率所证明的结果都适用于条件概率.

由条件概率的定义, 可得

$$\begin{aligned} P(AB) &= P(B)P(A \mid B), \quad P(B) > 0, \\ P(AB) &= P(A)P(B \mid A), \quad P(A) > 0. \end{aligned} \tag{1.4}$$

这两个公式均称为概率的乘法公式.

上述乘法公式可推广到任意有限多个事件的情形.

定理1.7(乘法公式)   设 $A_1, A_2, \cdots, A_n$ 为 n 个事件, $n \geqslant 2$, 满足 $P(A_1 A_2 \cdots A_{n-1}) > 0$, 则

$$P(A_1 A_2 \cdots A_n) = P(A_1)P(A_2 \mid A_1)P(A_3 \mid A_1 A_2) \cdots P(A_n \mid A_1 A_2 \cdots A_{n-1}). \tag{1.5}$$

公式 (1.5) 的直观意义是: $A_1, A_2, \cdots, A_n$ 同时发生的概率等于 A_1 发生的概率, A_1 发生的条件下 A_2 发生的条件概率, A_1, A_2 同时发生的条件下 A_3 发生的条件概率, $\cdots$, 前面 $n-1$ 个事件 $A_1, A_2, \cdots, A_{n-1}$ 同时发生的条件下 A_n 发生的条件概率, 各项的乘积.

证   由于 $P(A_1) \geqslant P(A_1 A_2) \geqslant \cdots \geqslant P(A_1 A_2 \cdots A_{n-1}) > 0$, 故式 (1.5) 右端各项均有意义, 且为

$$P(A_1) \times \frac{P(A_1 A_2)}{P(A_1)} \times \frac{P(A_1 A_2 A_3)}{P(A_1 A_2)} \times \cdots \times \frac{P(A_1 A_2 \cdots A_n)}{P(A_1 A_2 \cdots A_{n-1})} = P(A_1 A_2 \cdots A_n).$$

例 1.17   设盒子里有 $a (\geqslant 2)$ 个白球和 b 个黑球, 在其中接连取三次, 每次取一球, 取后不放回, 求三个都是白球的概率.

解   以 A_i 表示 "第 i 次取得白球", $i = 1, 2, 3$, 则所求概率为 $P(A_1 A_2 A_3)$. 由乘法公式得

$$P(A_1 A_2 A_3) = P(A_1)P(A_2 \mid A_1)P(A_3 \mid A_1 A_2) = \frac{a}{a+b} \cdot \frac{a-1}{a+b-1} \cdot \frac{a-2}{a+b-2}.$$

1.3.2 事件的独立性

设 A, B 是两个事件, 如果 $P(B) > 0$, 则可由式 (1.3) 定义条件概率 $P(A\,|\,B)$. 一般而言, $P(A) \neq P(A\,|\,B)$. 直观地, 这表示事件 B 的发生对事件 A 的概率有影响. 如果 $P(A) = P(A\,|\,B)$, 则可以认为这种影响是不存在的, 这时自然会设想 A 与 B 是相互独立的. 由乘法公式 (1.4) 可知, 如果 $P(A) = P(A\,|\,B)$, 就有 $P(AB) = P(A)P(B)$. 这就引出如下定义.

定义 1.7 设 $(\Omega, \mathscr{F}, P)$ 是一概率空间, 若事件 A 与 B 满足

$$P(AB) = P(A) \cdot P(B), \tag{1.6}$$

则称事件 A 与 B 相互独立 (mutual independence) [这里不必规定 $P(A) > 0$ 或 $P(B) > 0$].

依此定义, 容易验证必然事件 Ω 和不可能事件 $\varnothing$ 与任何事件是相互独立的. 这一结论在直观上也是自然的, 因为必然事件 Ω 和不可能事件 $\varnothing$ 的发生与否, 不受任何事件是否发生的影响, 也不影响其他事件发生的概率.

此处我们强调一下, 事件的独立性不能跟事件的互不相容性混淆起来. 如果两个正概率事件是互不相容的, 那么它们显然是不独立的 (称为相依的), 因为这时一个事件的发生将排斥另外一个事件的发生. 类似地, 如果正概率事件 A 与 B 是独立的, 则 A 与 B 不可能是互不相容的.

定理 1.8 如果事件 A 与 B 相互独立, 那么三对事件 A 与 B^c、A^c 与 B、A^c 与 B^c 也是相互独立的.

证 由 $A = (AB) \cup (AB^c)$ 得

$$P(A) = P(AB) + P(AB^c).$$

如果 $P(AB) = P(A)P(B)$, 则

$$P(AB^c) = P(A) - P(A)P(B) = P(A)[1 - P(B)] = P(A)P(B^c).$$

故 A 与 B^c 相互独立. 同理可证 A^c 与 B、A^c 与 B^c 也是相互独立的.

下面如果不特殊说明, 我们认为所涉及的事件都属于同一概率空间 $(\Omega, \mathscr{F}, P)$. 我们先看三个事件的情形.

定义 1.8 对任意三个事件 A, B, C, 如果有

$$P(AB) = P(A)P(B);$$

$$P(BC) = P(B)P(C);$$

$$P(AC) = P(A)P(C);$$

$$P(ABC) = P(A)P(B)P(C)$$

四个等式同时成立, 则称 A, B, C 相互独立; 如果只是前三个等式成立, 则称 A, B, C 两两独立.

定义 1.9 设 $A_1, A_2, \cdots, A_n$ 是 n 个事件, 我们说这 n 个事件是相互独立的, 如果对任意 $s\,(1 < s \leqslant n)$, 任意 $i_1, i_2, \cdots, i_s\,(1 \leqslant i_1 < i_2 < \cdots < i_s \leqslant n)$, 有

$$P(A_{i_1} A_{i_2} \cdots A_{i_s}) = P(A_{i_1})P(A_{i_2}) \cdots P(A_{i_s}). \tag{1.7}$$

请注意式 (1.7) 共代表了 $2^n - n - 1$ 个等式. 实际上, 当 $s = 2$ 时, 共有 C_n^2 个等式; 当 $s = 3$ 时, 共有 C_n^3 个等式; $\cdots$; 当 $s = n$ 时, 共有 C_n^n 个等式. 故总共有 $\mathrm{C}_n^2 + \mathrm{C}_n^3 + \cdots + \mathrm{C}_n^n = 2^n - n - 1$ 个等式.

由定义 1.9 可以看出, 如果 $A_1, A_2, \cdots, A_n$ 相互独立, 那么其中任意 m 个事件也相互独立 $(m \leqslant n)$. 特别地, 当相互独立时, 必有两两独立 [即在式 (1.7) 中仅要求 C_n^2 个等式成立], 但反过来, 由两两独立并不能推出它们相互独立.

例 1.18 假设有四个同样的球, 其中三个球上分别标有数字 1, 2, 3, 剩下的一个球上同时标有 1, 2, 3 三个数字. 现在从四个球中任意取出一个, 以 A_i 表示 "在所取得的球上标有数字 i", $i = 1, 2, 3$, 显然

$$P(A_1) = P(A_2) = P(A_3) = \frac{2}{4} = \frac{1}{2}, \quad P(A_1 A_2) = P(A_1 A_3) = P(A_2 A_3) = \frac{1}{4}.$$

由此可见 A_1, A_2, A_3 两两独立, 但由于

$$P(A_1 A_2 A_3) = \frac{1}{4}, \quad P(A_1)P(A_2)P(A_3) = \frac{1}{8},$$

从而 A_1, A_2, A_3 不独立.

对于 n 个事件, 也有类似于定理 1.8 的结论. 叙述如下.

定理 1.9 假设 n 个事件 $A_1, A_2, \cdots, A_n$ 相互独立. 那么, 如果把其中的任意 $k\,(1 \leqslant k \leqslant n)$ 个事件相应地换成它们的对立事件, 则所得的 n 个事件仍然相互独立.

依定义 1.9 验证事件之间的独立性是比较困难的, 在具体应用中, 人们往往根据问题的具体情况按独立性的实际意义来判断.

事件的独立性可以使得实际问题的计算得到简化, 这是因为若事件独立, 则交事件的概率等于各事件概率的乘积. 比如, 在计算 "相互独立事件至少发生一个" 的概率时, 这个性质非常方便.

若 $A_1, A_2, \cdots, A_n$ 是 n 个相互独立的事件, 则

$$P(A_1 \cup A_2 \cup \cdots \cup A_n) = 1 - P(A_1^{\mathrm{c}})P(A_2^{\mathrm{c}}) \cdots P(A_n^{\mathrm{c}}). \tag{1.8}$$

这个公式比起非独立场合, 要简便得多.

例 1.19 假设每次射击命中目标的概率为 0.4, 现在完全相同的条件下接连射击 5 次, 试求命中目标的概率 p.

解 记 $A_i =$ "第 i 次击中目标", $i = 1, 2, 3, 4, 5$. 根据题意, 可以认为它们相互独立, 所求概率为 $P(A_1 \cup A_2 \cup \cdots \cup A_5)$. 由式 (1.8) 可得

$$p = 1 - P(A_1^c)P(A_2^c) \cdots P(A_5^c) = 1 - 0.6^5 \approx 0.922.$$

例 1.20 如图 1.7 所示电路中, 开关 a, b, c, d 开或关相互独立, 且概率均为 1/2. 求

(1) 灯亮的概率; (2) 若灯已亮, 求开关 a 与 b 同时闭合的概率.

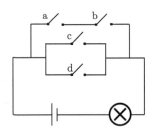

图 1.7 一个开关电路图

解 令 A, B, C, D 分别表示开关 a, b, c, d 闭合, E 表示灯亮.

(1) 可以看出 $E = (AB) \cup C \cup D$. 利用一般加法公式并考虑到独立性, 灯亮的概率为

$$P(E) = P\big[(AB) \cup C \cup D\big]$$

$$= P(AB) + P(C) + P(D) - P(ABC) - P(ABD) - P(CD) + P(ABCD)$$

$$= \frac{1}{4} + \frac{1}{2} + \frac{1}{2} - \frac{1}{8} - \frac{1}{8} - \frac{1}{4} + \frac{1}{16} = \frac{13}{16}.$$

(2) 所求概率为

$$P(AB \mid E) = \frac{P(ABE)}{P(E)} = \frac{P(AB)}{P(E)} = \frac{4}{13}.$$

习 题 1.3

1 由长期统计资料得知, 某一地区在四月下雨 (记作事件 A) 的概率是 $\dfrac{4}{15}$, 刮风 (记作事件 B) 的概率是 $\dfrac{7}{15}$, 既刮风又下雨的概率是 $\dfrac{1}{10}$. 求 $P(A \mid B)$, $P(B \mid A)$, $P(A \cup B)$.

2 在空战中, 甲机先向乙机开火, 击落乙机的概率为 0.2, 若乙机未被击落, 还击时击落甲机的概率是 0.3; 若甲机仍未被击落, 再还击时, 击落乙机的概率为 0.4. 求

(1) 这三个回合中甲机被击落的概率;   (2) 这三个回合中乙机被击落的概率.

3 某地居民活到 60 岁的概率为 0.8, 活到 70 岁的概率为 0.4, 问某现年龄为 60 岁的居民活到 70 岁的概率是多少?

4 设事件 A, B 相互独立, $P(B) = 0.5, P(A - B) = 0.3$, 求 $P(B - A)$.

5 设两两独立的三个事件 A, B 和 C 满足: $ABC = \varnothing$, $P(A) = P(B) = P(C) < \dfrac{1}{2}$, 且已知 $P(A \cup B \cup C) = \dfrac{9}{16}$, 求 $P(A)$.

1.4 全概率公式与贝叶斯公式

下面介绍两个计算概率的重要公式.

1.4.1 全概率公式

为了求得比较复杂的事件的概率, 往往可以把它分割成若干个互不相容的简单事件之并, 从而计算出所求概率.

定理 1.10 设 $\{H_i\}$ 为有限或可数多个互不相容的事件, 且 $\bigcup_i H_i = \Omega$, $P(H_i) > 0$, $i = 1, 2, \cdots$. 则对任一事件 A, 有

$$P(A) = \sum_i P(H_i)P(A \mid H_i). \tag{1.9}$$

称为全概率公式 (total probability formula).

证 因为 $\{H_i\}$ 互不相容, 所以 $\{AH_i\}$ 也互不相容. 由于 $A = A\Omega = A\left(\bigcup_i H_i\right)$ $= \bigcup_i (AH_i)$, 由概率的可加性并用乘法公式得

$$P(A) = \sum_i P(AH_i) = \sum_i P(H_i)P(A \mid H_i).$$

关于全概率公式, 要注意如下四点.

(1) 全概率公式实际上是一种分解式. 事件组 $\{H_i\}$ 构成了样本空间 Ω 的一个划分, 有时也称 $\{H_i\}$ 为一个完备事件组, 这个完备事件组可将任一个事件 A 分解为 $\{AH_i\}$ 的并 ($i = 6$ 时见图 1.8), 从而得到 $P(A)$ 的分解计算. 因此 $P(A)$ 的计算最后归结为找一个合适的完备事件组的问题.

(2) 全概率公式的直观意义. 某事件 A 发生有各种可能的原因 $\{H_i\}$, 且这些原因两两不能同时发生, $P(A \mid H_i)$ 就是原因 H_i 对事件 A 发生可能性的贡献, 事件 A 发生的概率就是各种原因的概率 $P(H_i)$ 与该原因对事件 A 发生可能性的贡

献 $P(A \mid H_i)$ 的乘积之和. 全概率公式可用 "概率分枝图" 直观表示 (图 1.9), 概率 $P(A)$ 等于各分枝上各阶段的概率乘积 $P(H_i)P(A \mid H_i)$ 之和.

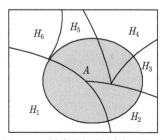

图 1.8　样本空间的划分示意图

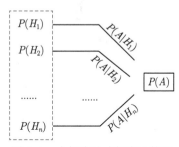

图 1.9　全概率公式概率分枝图

(3) 条件 $\{H_i\}$ 构成了样本空间 Ω 的一个划分, 可改成 $\{H_i\}$ 互不相容, 且 $A \subseteq \bigcup_i H_i$, $P(H_i) > 0$, $i = 1, 2, \cdots$. 定理 1.10 仍然成立.

(4) 全概率公式最简单且常用的形式是

$$P(A) = P(B)P(A \mid B) + P(B^c)P(A \mid B^c), \quad 0 < P(B) < 1.$$

例 1.21　设甲盒中有 a 个白球及 b 个黑球, 乙盒中有 c 个白球及 d 个黑球. 自甲盒中任取一球放入乙盒, 然后再从乙盒中任取一球, 试求 $A =$ "从乙盒中取得白球" 的概率.

解　设 $H_1 (H_2)$ 表示 "从甲盒中取出的球为白 (黑) 球", 显然 $H_1 \cap H_2 = \varnothing$, 且有 $H_1 \cup H_2 = \Omega$, 而

$$P(H_1) = \frac{a}{a+b}, \quad P(H_2) = \frac{b}{a+b}, \quad P(A \mid H_1) = \frac{c+1}{c+d+1}, \quad P(A \mid H_2) = \frac{c}{c+d+1}.$$

因而由全概率公式得

$$P(A) = P(H_1)P(A \mid H_1) + P(H_2)P(A \mid H_2)$$

$$= \frac{a}{a+b} \cdot \frac{c+1}{c+d+1} + \frac{b}{a+b} \cdot \frac{c}{c+d+1} = \frac{ac+bc+a}{(a+b)(c+d+1)}.$$

例 1.22　某工厂有四条流水线生产同一种产品, 该四条流水线的产量分别占总产量的 15%, 20%, 30% 和 35%, 又这四条流水线的次品率分别为 5%, 4%, 3% 和 2%, 现在从该厂产品中任取一件, 问恰好取到次品的概率是多少?

解　设 $H_i =$ "任取一件, 恰好为第 i 条流水线所生产", $i = 1, 2, 3, 4$, $B =$ "任取一件为次品", 则由题意可知

$$P(H_1) = 0.15, \quad P(B \mid H_1) = 0.05, \quad P(H_2) = 0.20, \quad P(B \mid H_2) = 0.04,$$

$$P(H_3) = 0.30, \quad P(B \mid H_3) = 0.03, \quad P(H_4) = 0.35, \quad P(B \mid H_4) = 0.02.$$

于是所求为 $P(B) = \sum\limits_{i=1}^{4} P(H_i)P(B \mid H_i) = 0.0315.$

1.4.2 贝叶斯公式

定理 1.11 设 $\{H_i\}$ 为有限或可数多个互不相容的事件, 且 $\bigcup_i H_i = \Omega$, $P(H_i) > 0$, $i = 1, 2, \cdots$, 则对任一正概率事件 A, 有

$$P(H_m \mid A) = \frac{P(H_m)P(A \mid H_m)}{\sum\limits_{i} P(H_i)P(A \mid H_i)}. \tag{1.10}$$

称为贝叶斯公式 (Bayes formula).

证 直接利用条件概率公式及全概率公式立即可证.

例 1.23 (例 1.22 续) 如果已经知道抽到的是次品, 问这件产品是由第 1~4 条流水线生产的概率各为多少?

解 依题意, 欲求 $P(H_i \mid B)$, $i = 1, 2, 3, 4$. 由贝叶斯公式

$$P(H_1 \mid B) = \frac{P(H_1)P(B \mid H_1)}{\sum\limits_{i=1}^{4} P(H_i)P(B \mid H_i)} \approx 0.2381.$$

同理可求得: $P(H_2 \mid B) \approx 0.2540$, $P(H_3 \mid B) \approx 0.2857$, $P(H_4 \mid B) \approx 0.2222$.

现在结合例 1.22 和例 1.23, "抽检一次产品"是进行一次试验, 则 $H_1, H_2, H_3,$ H_4 是导致试验结果的"原因", $P(H_i)$ 在试验之前已经知道, 一般理解为以往经验的总结, 称为先验概率 (prior probability). 现在若试验产生了事件 B, 这个信息将有助于探讨事件发生的"原因". 而 $P(H_i \mid B)$ 反映了试验之后对各种"原因"发生的可能性大小的新的认识, 称为后验概率 (posterior probability). 而正是后验概率为我们的决策提供了依据.

例 1.24 (二进信道) 若发报机以 0.7 和 0.3 的概率发出信号 0 和 1, 由于随机干扰, 当发出信号 0 时, 接收机以概率 0.8 和 0.2 收到信号 0 和 1; 当发报机发出信号 1 时, 接收机以概率 0.9 和 0.1 收到信号 1 和 0. 试求"当接收机收到信号 0 时, 发报机发出的是信号 0"的概率.

解 设 $A_i =$ "发报机发出信号 i", $i = 0, 1$, $B =$ "接收机接到信号 0", 我们要求的是 $P(A_0 \mid B)$. 由题设可知 $P(A_0) = 0.7$, $P(A_1) = 0.3$, $P(B \mid A_0) = 0.8$, $P(B \mid A_1) = 0.1$. 用贝叶斯公式

$$P(A_0 \mid B) = \frac{P(A_0)P(B \mid A_0)}{P(A_0)P(B \mid A_0) + P(A_1)P(B \mid A_1)} = \frac{0.7 \times 0.8}{0.7 \times 0.8 + 0.3 \times 0.1} \approx 0.949.$$

例 1.25 假设用血清甲胎蛋白法诊断肝癌, 用 C 表示 "被检验者患肝癌", A 表示 "甲胎蛋白检验结果为阳性". 又设在人群中 $P(C) = 0.0004$, 而 $P(A \,|\, C) = 0.95$, $P(A^c \,|\, C^c) = 0.90$. 现在假设在普查中查出某人甲胎蛋白检验结果为阳性, 求此人确实患有肝癌的概率 $P(C \,|\, A)$.

解 由贝叶斯公式

$$
\begin{aligned}
P(C \,|\, A) &= \frac{P(C)P(A \,|\, C)}{P(C)P(A \,|\, C) + P(C^c)P(A \,|\, C^c)} \\
&= \frac{0.0004 \times 0.95}{0.0004 \times 0.95 + 0.9996 \times 0.1} \approx 0.0038.
\end{aligned}
$$

由此可知, 虽然检验法比较可靠, 这从 $P(A \,|\, C) = 0.95$, $P(A^c \,|\, C^c) = 0.90$ 可以看出, 但被诊断为肝癌的人确实患有肝癌的可能性并不大.

这一结果是耐人寻味的, 事实上, 从上述计算过程不难找到解释. 关键是 $P(C) = 0.0004$ 太小, 从而导致 $P(C \,|\, A)$ 很小. 这至少说明了两点, 第一是在实际工作中, 不能将甲胎蛋白检验法用于普查肝癌, 只有当医生怀疑某个对象有可能患肝癌时, 才用甲胎蛋白检验法检验, 这时在被怀疑的对象中, 肝癌的发病率 $P(C)$ 已经不小了, 如 $P(C) = 0.5$, 这时可算得 $P(C \,|\, A) \approx 0.905$. 第二是在实际工作中, 很少用一种方法诊断某人患有某种疾病, 通常都是用多种方法检验.

习 题 1.4

1 某车间有三台设备生产同一种零件, 每台设备的产量分别占总产量的 25%, 35%, 40%, 若各台设备的废品率分别是 0.05, 0.04, 0.02, 今从车间生产的零件中任取一件, 求此件是废品的概率.

2 袋中有 50 个乒乓球, 其中 20 个是黄球, 30 个是白球, 今有两人随机地从袋中各取一球, 取后不放回, 求第二人取得黄球的概率.

3 对以往数据分析结果表明, 当机器调整得良好时, 产品的合格率为 90%; 而当机器发生某一故障时, 其合格率为 30%. 机器开动时, 机器调整良好的概率为 75%. 试求已知某日首件产品合格时, 机器调整良好的概率.

4 通过信道分别以概率 p_1, p_2 和 p_3 $(p_1 + p_2 + p_3 = 1)$ 传递 AAAA, BBBB 和 CCCC 三种信号. 假设每个字母被正确接收的概率为 α, 而被错误接收为其余二字母的概率各等于 $(1 - \alpha)/2$. 试求接收到 ABCA 时, 实际发送信号为 AAAA 的概率.

5 波利亚 (Pólya) 模型 (有些人把这个问题当作传染病或地震的模型, 认为某地越爆发越容易爆发) 这个模型如下 (红球代表爆发地震, 黑球代表不爆发): 设口袋里装有 b 个黑球, r 个红球, 任意取出一个, 然后放回并再放入 c 个与取出的球颜色相同的球, 再从袋中取一球, 问:

(1) 最初取出的球是黑球, 第二次取出的也是黑球的概率是多少?

(2) 如将上述手续进行 n 次, 取出的正好是 n_1 个黑球, n_2 个红球 $(n_1 + n_2 = n)$ 的概率是多少?

(3) 用数学归纳法证明: 任何一次取得黑球的概率都是 $\dfrac{b}{b+r}$, 任何一次取得红球的概率都是 $\dfrac{r}{b+r}$;

(4) 用数学归纳法证明: 第 m 次与第 n 次 $(m < n)$ 取出都是黑球的概率是

$$\frac{b(b+r)}{(b+r)(b+r+c)}.$$

1.5　伯努利概型

在相同的条件下, 将同一试验 E 重复做 n 次, 且这 n 次试验是相互独立的 (注: 试验相互独立是指试验的结果相互独立), 每次试验的结果为有限个. 这样的 n 次试验称为 n 次独立试验 (independent and repeated trial).

特别地, 每次试验只有两种可能的结果: A 和 A^c, 且 $P(A) = p$, $P(A^c) = 1-p = q$(其中 $0 < p < 1$). 这样的 n 次独立试验称为 n 次 (重) 伯努利 (Bernoulli) 试验. 例如, 连续 n 次独立射击、连续抛掷均匀硬币、有放回随机抽样等都可看作伯努利试验.

伯努利试验是一种非常重要的概率模型, 它是 "在相同条件下进行重复试验或观察" 的一种数学模型. 历史上, 它是概率论中最早研究的模型之一, 也是得到最充分研究的模型之一, 在理论上有重要意义; 另外, 它有着广泛的实际应用, 如在工业产品质量检查中, 在群体遗传学中.

定理 1.12　对于 n 次伯努利试验, 事件 A 恰好出现 k 次的概率为

$$P_n(k) = \mathrm{C}_n^k p^k q^{n-k}, \quad k = 0, 1, 2, \cdots, n, \tag{1.11}$$

其中 $p = P(A), q = P(A^c) = 1 - p$.

证　首先, 由于试验的独立性, 事件 A 在指定的 k 次试验 (如前 k 次) 中发生, 而在其余的 $n - k$ 次试验中不发生的概率为 $p^k q^{n-k}$. 而这样的 k 次试验共有 C_n^k 种可能. 故 $P_n(k) = \mathrm{C}_n^k p^k q^{n-k}$, 并且 $\displaystyle\sum_{k=0}^n P_n(k) = \sum_{k=0}^n \mathrm{C}_n^k p^k q^{n-k} = (p+q)^n = 1$.

由于 $\mathrm{C}_n^k p^k q^{n-k}$ 恰好是 $(p + q)^n$ 的二项展开式的第 $k + 1$ 项. 所以常称式 (1.11) 为二项概率公式.

R 软件中函数 dbinom() 和 pbinom() 可分别计算二项概率和累积概率的值, 即

$$\mathbf{dbinom(k, n, p)} = \mathrm{C}_n^k p^k (1-p)^{n-k}; \quad \mathbf{pbinom(k, n, p)} = \sum_{i=0}^k \mathrm{C}_n^i p^i (1-p)^{n-i}.$$

例 1.26 袋中有 60 个白球 40 个黑球, 做有放回抽样, 连续取 5 次, 每次取 1 个, 求

(1) 恰好取到 3 个白球, 2 个黑球的概率;

(2) 取到白球个数不大于 3 的概率.

解 不难判断, 此问题属于 5 次伯努利试验.

(1) 所求概率为 $P_5(3) = C_5^3 (0.6)^3 (0.4)^2 = 0.3456$.

(2) 所求概率为

$$P_5(0) + P_5(1) + P_5(2) + P_5(3) = 1 - P_5(4) - P_5(5)$$
$$= 1 - C_5^4 (0.6)^4 (0.4)^1 - C_5^5 (0.6)^5 = 0.66304.$$

例 1.27 对某种药物的疗效进行研究, 假设此药物对某种疾病的治愈率为 0.8. 现在 10 名此病患者同时服用此药, 求其中至少有 6 人治愈的概率 p.

解 记 $A =$ "患者服用该药后治愈", 按题意 $P(A) = 0.8$, $P(A^c) = 0.2$. 10 名患者服用此药, 可看作 $n = 10$ 的伯努利概型. 因而所求概率为

$$p = P_{10}(6) + P_{10}(7) + \cdots + P_{10}(10)$$
$$= C_{10}^6 (0.8)^6 (0.2)^4 + C_{10}^7 (0.8)^7 (0.2)^3 + \cdots + C_{10}^{10} (0.8)^{10} \approx 0.9672.$$

此结果表明, 如果治愈率确实为 0.8, 则在 10 名患者服用此药后治愈人数少于 6 人这一事件出现的概率是很小的 (0.0328). 利用这一结果, 若在一实际服用此药的试验中, 10 个患者治愈了不到 6 人, 则我们就有理由对 "治愈率为 0.8" 表示怀疑, 而趋向于认为治愈率小于 0.8.

例 1.28 设在 n 次伯努利试验中, 事件 A 发生的概率为 p, 即 $P(A) = p$, 则 "在 n 次伯努利试验中 A 至少出现一次" 这一事件的概率为

$$p_n = \sum_{k=1}^{n} P_n(k) = 1 - (1-p)^n.$$

不难看出, 只要 $0 < p < 1$, 总有 $\lim_{n \to \infty} p_n = 1$.

现在设想 p 很小, 如 $p = 0.001$, 此时我们称 A 为小概率事件. 上述结果表明只要试验次数 n 足够大, 那么 A 至少出现一次的概率将接近 1, 换言之, 小概率事件迟早会出现的概率为 1. 这说明决不能轻视小概率事件, 尽管在一次试验中它出现的概率很小 (在实际工作中认为不可能发生), 但只要试验次数很大, 而且试验是独立进行的, 那么它总会出现的概率就可以接近 1 (迟早会发生).

习 题 1.5

1 某人向同一目标独立重复射击, 每次射击命中目标的概率为 $p(0 < p < 1)$, 求此人第 4 次射击恰好第 2 次命中目标的概率.

2 袋中有 3 个白球, 2 个红球, 有放回地取球 4 次, 每次一只, 求其中恰有 2 个白球的概率.

本 章 小 结

$$
\text{随机事件及其概率}
\begin{cases}
\text{随机事件}
\begin{cases}
\text{随机事件的概念 (样本空间的子集)} \\
\text{事件的关系——互不相容、对立、独立 (集合的关系)} \\
\text{事件的运算——并、交、差、对立 (集合的运算)}
\end{cases} \\[2em]
\text{概率的定义}
\begin{cases}
\text{概率的统计定义 (频率的稳定值)} \\
\text{概率的公理化定义 (满足三条公理)} \\
\text{古典概率 (有利样本点的占比)} \\
\text{几何概率 (几何体的测度比)}
\end{cases} \\[2em]
\text{条件概率 } P(B \mid A) = \dfrac{P(AB)}{P(A)} \quad (A \text{ 已经发生了}) \\[2em]
\text{概率的计算公式}
\begin{cases}
\text{加法公式 } P(A \cup B) = P(A) + P(B) - P(AB) \\
\text{减法公式 } P(A - B) = P(A) - P(AB) \\
\text{乘法公式 } P(AB) = P(A)P(B|A) = P(B)P(A|B) \\
\text{全概率公式——定理 1.10} \\
\text{贝叶斯公式——定理 1.11} \\
\text{二项概率公式——定理 1.12}
\end{cases}
\end{cases}
$$

随机试验的全部可能结果组成的集合 Ω 称为样本空间, 随机事件是样本空间 Ω 的子集, 当且仅当这一子集中的一个样本点出现时, 称这一事件发生. 事件间的关系与运算本质上就是集合之间的关系和运算, 重要的是要知道它们在概率论中的含义.

概率满足三条基本性质: 1° 非负性; 2° 规范性; 3° 可数可加性. 不满足其中之一就不是概率.

古典概率、几何概率、统计概率是在不同场合下确定概率的方法.

计算 $P(B \mid A)$ 的方法: (1) 按具体含义, 将样本空间 Ω 中所有不属于 A 的样本点都被排除, 在缩减了的样本空间 A 中计算; (2) 在 Ω 中计算 $P(AB)$ 及 $P(A)$, 再按定义式求得 $P(A \mid B)$.

有关条件概率有三个重要的公式: 乘法公式、全概率公式、贝叶斯公式.

事件的独立性是概率论中的一个非常重要的概念, 概率论与数理统计中的很多内容都是在独立的前提下讨论的. 应该注意到, 在实际应用中, 对于事件的独立性, 我们往往不是根据定义来验证而是根据实际意义来加以判断的.

总 练 习 题

1 写出下列随机试验的样本空间:

(1) 一个班有 30 名学生, 记录一次数学考试的平均成绩 (假设以百分制记分);

(2) 口袋里有黑、白、红球各一个, 从中有放回地任取两个球, 记录所得结果;

(3) 在单位圆内任取一点, 记录其坐标;

(4) 在单位区间 [0,1] 内任取一分割点, 记录两段长度.

2 设 A, B, C 为三个事件, 试用事件运算关系表示下列事件:

(1) 仅 A 发生;

(2) A, B 至少一个发生, C 不发生;

(3) A, B, C 中恰好一个发生;

(4) A, B, C 中至少有两个发生;

(5) A, B, C 中恰好有两个发生.

3 靶子由半径为 $r_1 < r_2 < \cdots < r_{10}$ 的同心圆构成. 以 A_i 表示事件 "射击命中半径为 r_i 的同心圆" $(i = 1, 2, \cdots, 10)$. 试说明下列事件的含义:

$$A = A_3^c \cap A_4; \quad B = \bigcup_{i=1}^{6} A_i; \quad C = \bigcup_{i=3}^{6} A_i; \quad D = \bigcap_{i=1}^{10} A_i.$$

4 一批灯泡有 40 只, 其中有 3 只是坏的, 从中任取 5 只进行检验. 问

(1) 5 只全是好的概率为多少?

(2) 5 只中有 2 只是坏的概率为多少?

5 从 1, 2, 3, 4, 5 五个数码中任取三个不同数码排成三位数, 求

(1) 所得三位数为偶数的概率;

(2) 所得三位数为奇数的概率.

6 将线段 $(0, a)$ 任意折成三折, 求此三折能构成三角形的概率.

7 向布满平行线的平面上投掷一圆, 假设任意相邻二平行线的距离等于 $2a$, 而圆的直径为 $d (d < 2a)$. 试求此圆落下后不与任何平行线相交的概率.

8 设两两互斥的三个事件 A, B, C 满足 $P(A) = P(B) = P(C) = 1/4$, 求事件 A, B, C 至少有一个发生的概率.

9 在 $1, 2, \cdots, 100$ 共 100 个数中任取一数, 问

(1) 它既能被 2 整除又能被 5 整除的概率是多少?

(2) 它能被 2 整除或能被 5 整除的概率是多少?

10 已知 $P(A^c) = 0.3, P(B) = 0.4, P(AB^c) = 0.2$, 求条件概率 $P(B \mid A \cup B)$.

11 有朋自远方来, 他乘火车、乘船、乘汽车、乘飞机的概率分别为 3/10, 1/5, 1/10, 2/5, 如果他乘火车、乘船、乘汽车, 那么迟到的概率分别为 1/4, 1/3, 1/12; 如果乘飞机便不会迟到. 求:

(1) 他迟到的概率为多少?

(2) 若他迟到了, 问他乘火车的概率是多少?

12 设随机事件 A, B, C 相互独立, 且 $P(A) = P(B) = P(C) = 1/2$, 求 $P(AC \mid A \cup B)$.

13 系统由 n 个元件连接而成. 设第 i 个元件正常工作的概率为 $p_i(i = 1, 2, \cdots, n)$. 求

(1) 当 n 个元件按串联方式连接时, 系统正常工作的概率;

(2) 当 n 个元件按并联方式连接时, 系统正常工作的概率.

14 一枚硬币抛 100 次, 求正面出现次数大于背面出现次数的概率.

15 已知每枚地对空导弹击中来犯敌机的概率为 0.96, 问需要发射多少枚导弹才能保证导弹击中敌机的概率不小于 0.999?

16 两台车床加工同样的零件, 第一台出现废品的概率为 0.03, 第二台出现废品的概率为 0.02. 加工出来的零件放在一起. 又知第一台加工的零件是第二台加工的零件的两倍. 求

(1) 任取一个零件是合格品的概率;

(2) 任取一个零件, 若是废品, 它为第二台车床加工的概率.

17 用 X 射线诊断肺结核病时, 以 $1 - \beta$ 的概率把实际患病者确诊, 而以概率 α 把未患病者误诊断为患病者. 假设在居民中肺结核病患者占 $\gamma (0 < \gamma < 1)$.

(1) 试求被诊断者为肺结核病患者而实际并不患肺结核的概率 $p(\alpha, \beta, \gamma)$;

(2) 令 $\alpha = 0.01, \beta = 0.1, \gamma = 0.001$, 求 $p(\alpha, \beta, \gamma)$.

18 在四次伯努利试验中, 事件 A 至少发生一次的概率为 0.59. 试问在一次试验中事件 A 发生的概率是多少?

19 在每一次试验中, 事件 A 出现的概率为 p, 试问在 n 次独立试验中 A 出现偶数次的概率是多少?

数学家柯尔莫哥洛夫简介

安德雷·柯尔莫哥洛夫 (Andrey Kolmogorov, 1903~1987), 苏联数学家.

柯尔莫哥洛夫 1920 年进入莫斯科大学学习; 1929 年研究生毕业; 1931 年任莫斯科大学教授; 1933 年任莫斯科大学数学力学研究所所长; 1935 年获物理数学博士学位; 1939 年起任苏联科学院院士; 1966 年当选为苏联教育科学院院士; 一生获多所著名大学的荣誉博士称号.

柯尔莫哥洛夫对开创现代数学的一些新的分支做出了重大贡献, 他所提供的新方法和新方向, 揭示了不同数学领域间的联系, 并广泛深入地提供了它们在物

安德雷·柯尔莫哥洛夫

理、化学、生物、工程、控制理论、计算机等各学科的应用前景.

柯尔莫哥洛夫对概率论公理化所做出的贡献是他在专著《概率论的基础》(1933) 中第一次在测度论基础上建立了概率论的严密公理体系, 使得概率论和几何、代数一样从公理开始建设; 提出并证明 "相容性定理"、条件概率和条件期望的基础性概念与性质, 奠定了近代概率论的基础.

柯尔莫哥洛夫是 20 世纪最有影响的苏联数学家之一, 是美、法、意、荷、英、联邦德国等国的院士或皇家学会会员, 1980 年荣获了沃尔夫奖, 1986 年荣获了罗巴切夫斯基奖; 他七次荣膺列宁勋章, 并被授予苏联社会主义劳动英雄的称号.

第 2 章　随机变量及其分布

数学是对精神的最高锻炼.

——帕斯卡

在第 1 章, 我们研究了随机事件及其概率, 在讨论一些具体随机试验的基础上建立了随机试验的数学模型——概率空间. 本章引入概率论的另一个重要概念——随机变量. 随机变量概念的建立是概率论发展进程中的重大事件, 它使概率论的研究从事件及概率的研究转变为随机变量及其分布的研究, 从而可以用强有力的分析工具处理概率论的基本问题.

2.1　随机变量与分布函数

2.1.1　随机变量

在许多实际问题中, 样本空间中的样本点可以直接用数量来标识, 例如抛掷一枚均匀的骰子, 观察出现的点数; 而有些则不然, 如观察某只股票价格与上个交易日收盘价相比是上涨、下跌还是不变. 为了方便研究随机现象, 有必要将样本空间的元素与实数对应起来, 即将随机试验的每个结果 ω 都对应一个实数 $X(\omega)$. 例如在观察股票价格的试验中, 用实数 1 表示股价上涨, 用实数 -1 表示股价下跌, 用实数 0 表示股价不变. 显然, 实数 $X(\omega)$ 值将随 ω 而定, 其值因 ω 的随机性而具有随机性, 我们称这种取值具有随机性的变量为随机变量.

定义 2.1　设 Ω 是随机试验的样本空间, 对 Ω 中的每一个样本点 ω, 有一个实数 $X(\omega)$ 与之对应, 则称 X 为定义在 Ω 上的随机变量 (random variable).

简言之, 随机变量就是定义在样本空间 Ω 上的一个实值函数, 如图 2.1 所示.

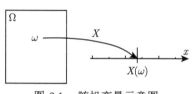

图 2.1　随机变量示意图

需要注意, 随机变量与普通函数有差别. 随机变量取值依试验结果而定, 由于试验的各个结果的发生有一定的概率, 因而随机变量取各个值也有一定的概率. 另外, 普通函数是定义在实数集上, 而随机变量是定义在样本空间上, 样本空间中的元素不一定是实数.

本书中, 我们一般以大写字母如 $X, Y, Z, W, \cdots$ 表示随机变量, 而以小写字母如 $x, y, z, w, \cdots$ 表示实数.

例 2.1 将一枚硬币抛掷三次, 观察出现正面 (H) 和背面 (T) 的情况, 样本空间是

$$\Omega = \{HHH, HHT, HTH, THH, HTT, THT, TTH, TTT\}.$$

以 X 表示三次投掷得到正面 H 的次数, 则 X 可表示为

$$X = X(\omega) = \begin{cases} 3, & \omega = HHH, \\ 2, & \omega = HHT, HTH, THH, \\ 1, & \omega = HTT, THT, TTH, \\ 0, & \omega = TTT. \end{cases}$$

可见 X 的定义域是样本空间 Ω, 值域是实数集合 $\{0, 1, 2, 3\}$.

需要注意的是并非所有的随机变量, 其可能取值都能够像例 2.1 逐个列出. 为此, 需研究随机变量取值于区间 $(x_1, x_2]$ 中的概率, 即求 $P\{x_1 < X \leqslant x_2\}$. 由于

$$P\{x_1 < X \leqslant x_2\} = P\{X \leqslant x_2\} - P\{X \leqslant x_1\},$$

可见研究形如 $P\{X \leqslant x\}$ 的概率就够了.

2.1.2 分布函数

定义 2.2 设 X 是一随机变量, 对任一实数 $x \in \mathbb{R}$, 函数

$$F(x) = P\{X \leqslant x\} \tag{2.1}$$

称为 X 的累积分布函数 (cumulative distribution function), 简称为分布函数.

分布函数 $F(x)$ 表示随机变量 X 在区间 $(-\infty, x]$ 取值的概率, 其定义域为实数集 $\mathbb{R}$, 值域包含于 $[0, 1]$. 可见, $F(x)$ 为一普通实函数, 通过它可用微积分等工具来研究随机变量.

由定义式 (2.1), 对任意实数 $x_1 < x_2$, 有

$$P\{x_1 < X \leqslant x_2\} = P\{X \leqslant x_2\} - P\{X \leqslant x_1\} = F(x_2) - F(x_1). \tag{2.2}$$

可见, 若已知 X 的分布函数 $F(x)$, 可得 X 落在任一区间 $(x_1, x_2]$ 上的概率, 从这个意义上来说, 分布函数完整地描述了随机变量的统计规律性. 对于分布函数有以下结论.

定理 2.1 设 $F(x)$ 为随机变量 X 的分布函数, 则

(1) $F(x)$ 单调不减函数, 即当 $x_1 < x_2$ 时, 有 $F(x_1) \leqslant F(x_2)$;

(2) $F(x)$ 右连续, 即 $F(x + 0) = F(x)$;

(3) $0 \leqslant F(x) \leqslant 1$ 且 $F(-\infty) = 0, F(+\infty) = 1$.

证明略.

我们指出: 定理 2.1 描述的分布函数的三个性质是基本的. 事实上还可证明, 对任一满足这三个性质的函数 $F(x)$, 必存在某个概率空间上的随机变量 X, 其分布函数为 $F(x)$, 因此满足这三个性质的函数通常都称为分布函数. 例如, 反正切函数 $F(x) = \dfrac{1}{2} + \dfrac{1}{\pi}\arctan x$ 在整个数轴上连续、严格单调增, 且 $F(-\infty) = 0$, $F(+\infty) = 1$, 故 $F(x)$ 是分布函数.

分布函数 $F(x)$ 不仅表示 $\{X \leqslant x\}$ 的概率, 还可以表示其他一些重要的概率:

$$P\{X > x\} = 1 - F(x), \quad P\{X < x\} = F(x - 0),$$

$$P\{X = x\} = F(x) - F(x - 0), \quad P\{X \geqslant x\} = 1 - F(x - 0).$$

由这些基本的表达式出发, 还可以用 $F(x)$ 表达更复杂的事件的概率. 这进一步说明 $F(x)$ 全面地描述了随机变量 X 的统计规律.

例 2.2 抛掷一枚均匀的硬币, 随机变量 X 表示出现正面的次数. 求 X 的分布函数 $F(x)$.

解 显然 X 可能取值有两个: 0, 1. 且 $P\{X = 0\} = P\{X = 1\} = 1/2$, 所以

当 $x < 0$ 时, $F(x) = P\{X \leqslant x\} = 0$;

当 $0 \leqslant x < 1$ 时, $F(x) = P\{X \leqslant x\} = P\{X = 0\} = 1/2$;

当 $x \geqslant 1$ 时, $F(x) = P\{X \leqslant x\} = P\{X = 0\} + P\{X = 1\} = 1/2 + 1/2 = 1$.

综合得

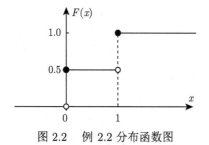

$$F(x) = \begin{cases} 0, & x < 0, \\ \dfrac{1}{2}, & 0 \leqslant x < 1, \\ 1, & x \geqslant 1. \end{cases}$$

图 2.2 例 2.2 分布函数图

这个 $F(x)$ 是右连续、单调不减的阶梯形函数, 在随机变量 X 的两个可能取值 0, 1 处发生跳跃, 如图 2.2 所示.

2.1.3 随机变量的分类

随机变量 X 按照其取值可以分为离散型和非离散型两个类型.

(1) 若取值是有限个或像自然数那样无穷可列多个, 即若集合 $\{X(\omega) : \omega \in \Omega\}$ 是有限集或可列集, 就称这样的随机变量为离散型随机变量.

(2) 不是离散型的随机变量称为非离散型随机变量.

非离散型随机变量中, 有很重要的一类随机变量——连续型随机变量. 具体分类如下:

$$随机变量 \begin{cases} 离散型随机变量 \\ 非离散型随机变量 \begin{cases} 连续型随机变量 \\ 其他类型随机变量 \end{cases} \end{cases}$$

本书重点讨论离散型随机变量和连续型随机变量.

习 题 2.1

1 设 $F(x)$ 是随机变量 X 的分布函数, 试用 $F(x)$ 表示下列概率.

(1) $P\{a < X < b\}$; (2) $P\{a \leqslant X \leqslant b\}$; (3) $P\{a \leqslant X < b\}$; (4) $P\{a < X \leqslant b\}$.

2 设随机变量 X 的分布函数为

$$F(x) = \begin{cases} 0, & x < 0, \\ 1/4, & 0 \leqslant x < 1, \\ 1/3, & 1 \leqslant x < 3, \\ 1/2, & 3 \leqslant x < 6, \\ 1, & x \geqslant 6. \end{cases}$$

求 $P\{X < 3\}$, $P\{X \leqslant 3\}$, $P\{X > 1\}$, $P\{X \geqslant 1\}$.

3 设随机变量 X 的分布函数为

$$F(x) = \begin{cases} 0, & x < 0, \\ 1/2, & 0 \leqslant x < 1, \\ 1 - \mathrm{e}^{-x}, & x \geqslant 1. \end{cases}$$

求 $P\{X = 1\}$.

4 在区间 $[0, a]$ 上任意投掷一个质点, 用 X 表示这个质点的坐标, 设这个质点落在 $[0, a]$ 中的任意小区间内的概率与这个小区间的长度成正比例, 试求 X 的分布函数.

5 设随机变量 X 的分布函数 $F(x) = A + B \arctan x$, 求常数 A 和 B.

2.2 离散型随机变量及其分布

2.2.1 离散型随机变量的分布列

定义 2.3 设 X 是一离散型随机变量, 其可能取值是 $x_1, x_2, \cdots$. 记

$$p_k = P\{X = x_k\}, \quad k = 1, 2, \cdots. \tag{2.3}$$

则称式 (2.3) 为随机变量 X 的概率分布列 (probability distribution series), 简称分布列.

对于离散型随机变量, 人们习惯将分布列用表格表示为

X	x_1	x_2	$\cdots$	x_k	$\cdots$
P	p_1	p_2	$\cdots$	p_k	$\cdots$

分布列中的诸 p_i 必须满足下列两个条件:

1° (非负性) $p_k \geqslant 0$, $k = 1, 2, \cdots$;

2° (规范性) $\sum\limits_k p_k = 1$.

要掌握一个离散型随机变量 X 的统计规律, 需要且只需要知道 X 的所有可能取值以及取每一可能值的概率. 由 X 的概率分布列也很容易求出其分布函数, 即

$$F(x) = P\{X \leqslant x\} = \sum_{x_k \leqslant x} P\{X = x_k\} = \sum_{x_k \leqslant x} p_k. \tag{2.4}$$

离散型随机变量的分布函数是右连续、单调不减的阶梯形函数.

例 2.3   设离散型随机变量 X 的概率分布列为

X	0	1	2	3
P	0.1	0.3	c	0.4

求: (1) 常数 c;   (2) X 的分布函数.

解   (1) 由分布列的性质得 $0.1 + 0.3 + c + 0.4 = 1$, 故 $c = 0.2$.

(2) 对于 $x < 0$, $(-\infty, x]$ 内不含 X 的任何可能值, 故 $F(x) = 0$;

对于 $0 \leqslant x < 1$, $F(x) = P\{X \leqslant x\} = P\{X = 0\} = 0.1$;

对于 $1 \leqslant x < 2$, $F(x) = P\{X \leqslant x\} = P\{X = 0\} + P\{X = 1\} = 0.1 + 0.3 = 0.4$;

对于 $2 \leqslant x < 3$, $F(x) = P\{X \leqslant x\} = P\{X = 0\} + P\{X = 1\} + P\{X = 2\} = 0.1 + 0.3 + 0.2 = 0.6$;

对于 $x \geqslant 3$, $F(x) = P\{X \leqslant x\} = \sum\limits_{k=0}^{3} P\{X = k\} = 1$.

综上, X 的分布函数为 (图 2.3)

$$F(x) = \begin{cases} 0, & x < 0, \\ 0.1, & 0 \leqslant x < 1, \\ 0.4, & 1 \leqslant x < 2, \\ 0.6, & 2 \leqslant x < 3, \\ 1, & x \geqslant 3. \end{cases}$$

对离散型随机变量的分布函数 $F(x)$ 应注意如下几点:

(1) $F(x)$ 是单调不减的阶梯函数;

(2) 其间断点均为右连续点;

(3) 其间断点即为 X 的可能取值点;

(4) 其间断点处函数值跳跃高度是对应的概率值.

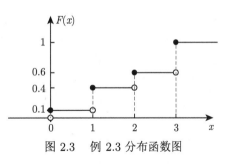

图 2.3 例 2.3 分布函数图

2.2.2 常见离散型随机变量及分布列

下面研究一些特殊的离散型随机变量及其概率分布列.

1. 两点分布 (two-point distribution)

随机变量 X 称为服从两点分布, 如果 X 的分布为

X	a	b
P	$1-p$	p

其中 p 称为参数, $0 < p < 1$.

特别地, 当 $a = 0$, $b = 1$ 时称 X 服从 0-1 分布, 或称为伯努利分布.

两点分布可以描述只包含两个基本事件的试验. 例如, 在打靶时 "命中" 与 "不中" 的概率分布; 产品抽检时 "合格品" 与 "不合格品" 的概率分布等.

2. 二项分布 (binomial distribution)

如果随机变量 X 的取值为 $0, 1, 2, \cdots, n$, 且

$$P\{X = k\} = \mathrm{C}_n^k p^k q^{n-k}, \quad k = 0, 1, 2, \cdots, n, \tag{2.5}$$

其中 $q = 1 - p$, 则称 X 服从参数为 (n, p) 的二项分布, 记作 $X \sim \mathrm{B}(n, p)$.

二项分布的分布列的非负性显然, 规范性由二项展开式知

$$\sum_{k=0}^n P\{X = k\} = \sum_{k=0}^n \mathrm{C}_n^k p^k q^{n-k} = [p + (1-p)]^n = 1.$$

可见 $\mathrm{C}_n^k p^k q^{n-k}$ 恰好是 $[p + (1-p)]^n$ 二项展开式第 $k+1$ 项, 这正是二项分布名称的由来.

回忆第 1 章 n 次伯努利试验中事件 A 发生 k 次的概率计算公式

$$P_n\{X = k\} = \mathrm{C}_n^k p^k q^{n-k}, \quad k = 0, 1, 2, \cdots, n,$$

可知, 二项分布可描述 n 次伯努利试验中事件 A 出现次数. 例如, 独立射击目标 n 次, 击中目标次数 $X \sim \mathrm{B}(n,p)$, 其中 p 表示每次射击的命中率; 随机抛掷均匀硬币 n 次, 出现 "正面" 次数 $X \sim \mathrm{B}(n,0.5)$; 从一批产品中有放回抽取 n 件, 其中 "废品" 件数 $X \sim \mathrm{B}(n,p)$, 其中 p 表示该批产品的废品率; 等等.

显然, 当 $n = 1$ 时, $\mathrm{B}(1,p)$ 就是 0-1 分布, 其分布列还可以表示为

$$P\{X = k\} = p^k(1-p)^{1-k}, \quad k = 0, 1. \tag{2.6}$$

R 软件中有关二项分布的四个函数是: dbinom(), pbinom(), rbinom(), qbinom(). R 软件中函数命名的规则是在相应分布名称前面加上 d 表示分布列 (概率密度函数); 加上 p 表示分布函数; 加上 r 表示随机数函数; 加上 q 表示分位数 (分布函数的反函数).

例 2.4 某种新药临床有效率为 0.95, 今有 10 人服用, 问至少有 9 人治愈的概率是多少?

解 设 X 是 10 人中被治愈的人数, 则 $X \sim \mathrm{B}(10,0.95)$, 故所求概率为

$$P\{X \geqslant 9\} = P\{X = 9\} + P\{X = 10\} = \mathrm{C}_{10}^9 0.95^9 0.05 + \mathrm{C}_{10}^{10} 0.95^{10}$$

$$= \mathrm{sum(dbinom(9{:}10,\ 10,\ 0.95))} = 0.9139.$$

结果说明至少有 9 人治愈是大概率事件, 若实际治愈不足 9 人, 我们有理由怀疑有效率为 0.95.

例 2.5 设 $X \sim \mathrm{B}(2,p)$, $Y \sim \mathrm{B}(4,p)$. 设 $P\{X \geqslant 1\} = 3/4$, 试求 $P\{Y \geqslant 1\}$.

解 由 $P\{X \geqslant 1\} = 3/4$ 可知

$$P\{X = 0\} = (1-p)^2 = 1 - P\{X \geqslant 1\} = 1/4,$$

所以 $p = 1/2$. 从而

$$P\{Y \geqslant 1\} = 1 - P\{Y = 0\} = 1 - (1-p)^4 = \frac{15}{16}.$$

3. 泊松分布 (Poisson distribution)

设随机变量 X 的可能取值为非负整数, 且

$$P\{X = k\} = \frac{\lambda^k}{k!}\mathrm{e}^{-\lambda}, \quad k = 0, 1, 2, \cdots, \tag{2.7}$$

其中 $\lambda > 0$ 为常数, 则称 X 服从参数为 λ 的泊松分布, 记作 $X \sim \mathrm{P}(\lambda)$.

泊松分布列的非负性显然, 规范性由指数函数 e^x 的幂级数展开式可得.

R 软件中有关泊松分布的四个函数是: dpois(), ppois(), rpois(),qpois().

泊松分布可以作为单位时间或一定空间内某个事件出现的次数的概率分布. 例如在一段时间内, 某一服务设施收到的服务请求的次数; 显微镜下单位分区内的细菌分布数; 等等. 一般来说, 泊松分布通常用来描述大量随机试验中稀有事件发生次数的概率模型.

例 2.6 设商店某种商品的月销售数可以用参数 $\lambda = 5$ 的泊松分布来描述, 为了以 95% 以上的把握保证不脱销, 问商店在月底至少应进该种商品多少件?

解 设该商店这种商品的月销售数为 X, 月底进货为 C 件, 则为了以 95% 以上的把握保证不脱销, 应有

$$P\{X < C\} > 0.95.$$

由于 $X \sim \mathrm{P}(5)$, 因此上式即为

$$\sum_{k=0}^{C} \frac{5^k}{k!} \mathrm{e}^{-5} > 0.95.$$

经过计算

$$\sum_{k=0}^{8} \frac{5^k}{k!} \mathrm{e}^{-5} = \mathrm{ppois}(8,5) = 0.9319, \quad \sum_{k=0}^{9} \frac{5^k}{k!} \mathrm{e}^{-5} = \mathrm{ppois}(9,5) = 0.9682.$$

于是, 这家商店只要在月底进这种商品 9 件 (假定上个月没有存货), 就可以 95% 以上的把握保证这种商品在下个月不会脱销.

下面的定理给出了当 n 很大, p 很小时二项分布的一个近似计算公式, 这就是著名的泊松逼近.

定理 2.2 (泊松定理) 设随机变量 $X_n \sim \mathrm{B}(n, p_n)$, $n = 1, 2, \cdots$. 又设 $n \to \infty$ 时, $np_n \to \lambda > 0$, 则

$$\lim_{n \to \infty} P\{X_n = k\} = \frac{\lambda^k}{k!} \mathrm{e}^{-\lambda}, \quad k = 0, 1, 2, \cdots.$$

证明略.

泊松定理表明, 当 n 比较大而 p 比较小时, 二项分布有如下近似

$$P\{X = k\} = \mathrm{C}_n^k p^k (1-p)^{n-k} \approx \frac{(np)^k}{k!} \mathrm{e}^{-np}. \tag{2.8}$$

例 2.7 设一个纺织工人照顾 800 个纱锭, 在 $(0, T]$ 时间内每个纱锭断头的概率为 0.005. 求在 $(0, T]$ 内, 断头次数不超过 10 的概率.

解 设断头次数为 X, 则 $X \sim \mathrm{B}(800, 0.005)$, 由于 n 很大, p 很小, 其中 $np = 4$. 这样, X 可认为近似服从 $\mathrm{P}(4)$, 所以

$$P\{X \leqslant 10\} = \sum_{k=0}^{10} \mathrm{C}_{800}^{k} (0.005)^k (0.995)^{800-k} \approx \sum_{k=0}^{10} \frac{4^k}{k!} \mathrm{e}^{-4}$$

$$= \mathrm{ppois}(10, 4) = 0.99716.$$

如果直接用二项分布计算, 有 $P\{X \leqslant 10\} = \mathrm{pbinom}(10, 800, 0.005) = 0.99724$, 可见误差很小.

习 题 2.2

1 求下列离散型随机变量 X 的分布列:

(1) 设有产品 100 件, 其中有 5 件次品, 从中随机抽取 20 件, X 表示抽取到的次品数;

(2) 设某射手每次击中目标的概率为 0.8, 现连续射击 30 次, X 表示击中目标的次数;

(3) 设某射手每次击中目标的概率为 0.8, 现在连续向一目标射击, 直到第一次击中目标, X 表示射击次数;

(4) 将一枚骰子连掷两次, 以 X 表示两次所得点数之和;

(5) 一袋中有 5 个球, 编号为 1 至 5, 从中任取 3 个, X 表示取出的最大号码;

(6) 将一枚硬币连掷 n 次, 以 X 表示 n 次中出现正面的次数;

(7) 抛掷一枚硬币, 直到出现 "正面朝上", 以 X 表示抛掷次数;

(8) 在汽车经过的路上有 4 个交叉路口, 设在每个交叉路口碰到红灯的概率为 p 且各路口的红绿灯是相互独立的. 以 X 表示汽车碰到红灯之前, 已通过的交叉路口个数.

2 设随机变量 X 的分布列为: $P\{X = k\} = k/15$, $k = 1, 2, 3, 4, 5$. 求:

(1) $P\{X = 1 \text{ 或 } X = 2\}$;   (2) $P\{1/2 < X \leqslant 5/2\}$;

(3) $P\{1 \leqslant X \leqslant 2\}$;   (4) X 的分布函数 $F(x)$.

3 有 9 位工人, 间歇地使用电力. 假设在任一时刻每位工人都以同样的概率 0.2 需要一个单位的电力, 并且每位工人工作 (需要电力) 相互独立. 求最大可能有多少位工人同时需要供应一个单位的电力?

4 为了保证设备正常工作, 需配备适量的维修工人. 现有同类型设备 300 台, 各台设备工作是相互独立的, 且发生故障的概率都是 0.01, 在通常情况下一台设备的故障可由一个人来处理. 问至少需配备多少工人才能保证当设备发生故障不能及时维修的概率小于 0.01?

5 计算机硬件公司制造某种特殊型号的微型芯片, 次品率达 0.1%, 各芯片成为次品相互独立. 求在 1000 只产品中至少有 2 只次品的概率.

6 设 $X \sim \mathrm{P}(\lambda)$, 且 $P\{X = 1\} = P\{X = 2\}$, 求 $P\{X = 4\}$.

7 三人聚餐, 通过掷硬币确定付账人: 每人掷一枚硬币, 如果有人掷出的结果不同于其他两人, 那么由他付账; 如果三人掷出的结果一样, 那么就重新掷, 直到确定出付账人. 求以下事件的概率:

(1) 进行到第 2 轮确定了付账人; (2) 进行了 3 轮还没有确定付账人.

2.3 连续型随机变量及其分布

在实际问题中, 除了离散型随机变量以外, 常用的还有连续型随机变量. 连续型随机变量可能取某一区间内的所有值, 其值不能一一列举出来. 于是, 对于连续型随机变量就不能用对离散型随机变量那样的方法进行研究了, 讨论连续型随机变量在各个点的概率是毫无意义的. 我们需要知道它取值于区间上的概率, 才能掌握它取值的概率分布情况. 为了方便论述, 我们先来看一个例子.

例 2.8 某射手向一个半径为 1 的圆盘靶子射击, 假设该射手每次射击都能中靶, 且他击中靶上任何一同心圆盘的概率与该圆盘的半径平方成正比. 以 X 表示弹着点与圆心的距离, 试求随机变量 X 的分布函数.

分析 显然, 这里的随机变量 X 的有效取值范围是 $[0,1]$, 且可取 $[0,1]$ 内任何值, 并非集中在有限个或可数个点上, 因此, 它不是离散型随机变量.

解 当 $x < 0$ 时, 事件 $\{X \leqslant x\} = \varnothing$, 于是 $F(x) = P\{X \leqslant x\} = 0$;

当 $x > 1$ 时, 事件 $\{X \leqslant x\} = \Omega$, 于是 $F(x) = P\{X \leqslant x\} = 1$;

当 $0 \leqslant x \leqslant 1$ 时, $F(x) = P\{X \leqslant x\} = P\{0 \leqslant X \leqslant x\} = Cx^2$ (其中 C 为待定常数).

由于 $F(x)$ 在 $x = 1$ 处右连续, 即 $F(1) = F(1+0)$, 可以确定 $C = 1$.

综上所述, X 的分布函数为

$$F(x) = \begin{cases} 0, & x < 0, \\ x^2, & 0 \leqslant x \leqslant 1, \\ 1, & x > 1. \end{cases}$$

该函数 (图 2.4) 不是阶梯函数, 除了 $x = 1$ 外处处可导, 因而 X 不是离散型随机变量.

如果令 (图 2.5)

$$f(x) = \begin{cases} 2x, & 0 \leqslant x \leqslant 1, \\ 0, & \text{其他}. \end{cases}$$

则不难验证有 $F(x) = \int_{-\infty}^{x} f(t)\mathrm{d}t$. 这就说明分布函数 $F(x)$ 恰好是非负可积函数 $f(t)$ 在区间 $(-\infty, x]$ 上的积分, 我们称这类随机变量为连续型随机变量.

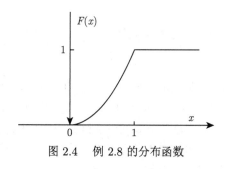

图 2.4   例 2.8 的分布函数

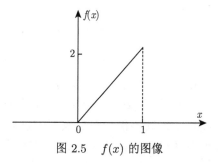

图 2.5 $f(x)$ 的图像

2.3.1   连续型随机变量的概率密度函数

定义 2.4   设 $F(x)$ 是随机变量 X 的分布函数, 如果存在非负可积函数 $f(x)$, 使得对于任意实数 x, 均有

$$F(x) = P\{X \leqslant x\} = \int_{-\infty}^{x} f(t)\mathrm{d}t, \qquad (2.9)$$

则称 X 为连续型随机变量 (continuous random variable), 其中 $f(x)$ 称为 X 的概率密度函数 (probability density function), 简称概率密度.

如前面的图 2.5 即为例 2.8 的概率密度函数的图像.

显然根据式 (2.9) 可知连续型随机变量 X 的分布函数是连续函数, 且概率密度函数 $f(x)$ 具有如下性质:

1° (非负性)$f(x) \geqslant 0$;

2° (规范性)$\int_{-\infty}^{+\infty} f(x)\mathrm{d}x = 1$;

3° $P\{x_1 < X \leqslant x_2\} = F(x_2) - F(x_1) = \int_{x_1}^{x_2} f(x)\mathrm{d}x$;

4° 若 $f(x)$ 在 x 点连续, 则 $F'(x) = f(x)$.

性质 1° 说明密度函数 $f(x)$ 的图形在 x 轴上方.

性质 2° 说明密度函数曲线 $y = f(x)$ 和 x 轴之间的图形面积恒等于 1.

性质 3° 说明 X 在区间 $(x_1, x_2]$ 上取值的概率等于密度函数 $f(x)$ 在该区间上的定积分, 即对应曲边梯形的面积, 如图 2.6 所示.

性质 4° 说明由分布函数可以计算密度函数 (不计较间断点处的值).

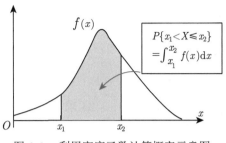

图 2.6　利用密度函数计算概率示意图

其中性质 1° 和性质 2° 是密度函数最本质的性质. 可以证明, 凡是满足这两条性质的函数 $f(x)$ 一定是某个连续型随机变量的概率密度.

下面我们说明 "连续型随机变量取任一特定值 a 的概率为零", 即 $P\{X = a\} = 0$. 这正是连续型随机变量与离散型随机变量最大的区别.

事实上, 对任意的 $h > 0$, 有

$$0 \leqslant P\{X = a\} \leqslant P\{a - h < X \leqslant a\} = F(a) - F(a - h).$$

由 $F(x)$ 的连续性和夹逼定理, 得 $P\{X = a\} = 0$.

因此, 当讨论连续型随机变量 X 在某一区间上取值情况时, 不再计较区间端点, 即

$$P\{a \leqslant X \leqslant b\} = P\{a \leqslant X < b\} = P\{a < X \leqslant b\} = P\{a < X < b\} = F(a) - F(b).$$

可见, 概率为零的事件不一定是不可能事件. 同样, 概率等于 1 的事件也不一定就是必然事件.

例 2.9　设 X 的分布函数为

$$F(x) = \begin{cases} 0, & x < 0, \\ Cx^2, & 0 \leqslant x < 2, \\ 1, & x \geqslant 2. \end{cases}$$

试求: (1) 常数 C 的值;　(2) X 在区间 $(0.3, 1.3)$ 取值的概率;　(3) X 的概率密度 $f(x)$.

解　(1) 由分布函数 $F(x)$ 的连续性要求, 可得 $C = 1/4$.

(2) $P\{0.3 < X < 1.3\} = F(1.3) - F(0.3) = (1.3^2 - 0.3^2)/4 = 0.4$.

(3) 由 $f(x) = F'(x)$, 得到　$f(x) = \begin{cases} x/2, & 0 \leqslant x < 2, \\ 0, & \text{其他.} \end{cases}$

例 2.10　假设 X 是一个连续型随机变量, 其概率密度函数为

$$f(x) = \begin{cases} C(4x - 2x^2), & 0 < x < 2, \\ 0, & \text{其他.} \end{cases}$$

(1) 求 C 的值;　(2) 求 $P\{X > 1\}$;　(3) 求 X 的分布函数 $F(x)$.

解　(1) 由概率密度函数的基本性质, 有

$$1 = \int_{-\infty}^{\infty} f(x)\mathrm{d}x = C \int_0^2 (4x - 2x^2)\mathrm{d}x = \frac{8}{3}C,$$

于是 $C = 3/8$.

(2) $P\{X > 1\} = \int_1^{\infty} f(x)\mathrm{d}x = \frac{3}{8} \int_1^2 (4x - 2x^2)\mathrm{d}x = \frac{1}{2}$.

(3) 密度函数 $f(x)$ 的非零取值区间是 $(0, 2)$, 可以认为随机变量 X 的 "有效取值范围" 是 $(0, 2)$. 从而, 当 $x < 0$ 时, $F(x) = P\{X \leqslant x\} = 0$; 当 $x \geqslant 2$ 时, $F(x) = P\{X \leqslant x\} = 1$.

当 $0 \leqslant x < 2$ 时,

$$F(x) = P\{X \leqslant x\} = \int_{-\infty}^x f(t)\mathrm{d}t = \int_0^x f(t)\mathrm{d}t = \int_0^x \frac{3}{8}(4t - 2t^2)\mathrm{d}t = \frac{3}{4}x^2 - \frac{1}{4}x^3.$$

故 X 的分布函数为

$$F(x) = \begin{cases} 0, & x < 0, \\ \dfrac{3}{4}x^2 - \dfrac{1}{4}x^3, & 0 \leqslant x < 2, \\ 1, & x \geqslant 2. \end{cases}$$

2.3.2　常见连续型随机变量及概率密度

下面我们讨论几个常用的连续型随机变量.

1. 均匀分布 (uniform distribution)

如果随机变量 X 的概率密度函数为

$$f(x) = \begin{cases} \dfrac{1}{b - a}, & a \leqslant x \leqslant b, \\ 0, & \text{其他.} \end{cases} \tag{2.10}$$

则称 X 服从区间 $[a, b]$ 上的均匀分布, 也称 X 为均匀随机变量, 记作 $X \sim \mathrm{U}[a, b]$.

容易验证式 (2.10) 表示的 $f(x)$ 满足非负性 $f(x) \geqslant 0$ 和规范性

$$\int_{-\infty}^{+\infty} f(x)\mathrm{d}x = 1.$$

若随机变量 $X \sim \mathrm{U}[a,b]$, 则对任意长度为 l 的子区间 $[c, c+l] \subseteq [a,b]$, 有

$$P\{c \leqslant X \leqslant c+l\} = \int_c^{c+l} f(x)\mathrm{d}x = \int_c^{c+l} \frac{1}{b-a}\mathrm{d}x = \frac{l}{b-a},$$

即 X 落在 $[a,b]$ 的任一子区间内的概率只依赖于该子区间的长度, 而与子区间的位置无关, 这正是 "均匀" 的含义.

利用式 (2.9) 可由密度函数 $f(x)$ 算得分布函数为 (图 2.7 和图 2.8)

$$F(x) = \begin{cases} 0, & x < a, \\ \dfrac{x-a}{b-a}, & a \leqslant x \leqslant b, \\ 1, & x > b. \end{cases} \tag{2.11}$$

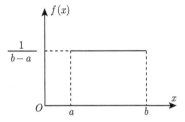

图 2.7　均匀分布的概率密度函数

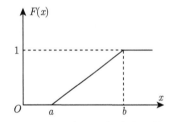

图 2.8　均匀分布的分布函数

在数值计算中, 由于四舍五入, 小数点后第一位小数所引起的误差 $X \sim \mathrm{U}[-0.5, 0.5]$. 又如, 在 $[a,b]$ 中随机掷点, 用 X 表示点的坐标, 则一般有 $X \sim \mathrm{U}[a,b]$.

R 软件中有关均匀分布的四个函数是: dunif(), punif(), runif(),qunif().

例 2.11　某公交汽车站从早上 6:00 开始, 每 10 min 有一辆汽车通过, 假设某乘客到达此站的时间是 6:00~6:15 的服从均匀分布的随机变量, 求该乘客候车时间在 5 min 之内的概率.

解　设该乘客到达车站的时间是 6:00 过了 X min, 则 $X \sim \mathrm{U}[0,15]$, 其概率密度为

$$f(x) = \begin{cases} 1/15, & 0 \leqslant x \leqslant 15, \\ 0, & \text{其他.} \end{cases}$$

该乘客候车时间在 5 min 之内等价于 $\{5 \leqslant X \leqslant 10\}$, 故所求概率为

$$P\{5 \leqslant X \leqslant 10\} = \int_5^{10} \frac{1}{15} \mathrm{d}x = \frac{1}{3}.$$

2. 指数分布 (exponential distribution)

如果随机变量 X 的概率密度函数为

$$f(x) = \begin{cases} \lambda \mathrm{e}^{-\lambda x}, & x \geqslant 0, \\ 0, & x < 0. \end{cases} \tag{2.12}$$

则称 X 服从参数为 λ 的指数分布, 也称 X 为指数随机变量, 记为 $X \sim \mathrm{Exp}(\lambda)$.

容易验证式 (2.12) 表示的 $f(x)$ 满足非负性 $f(x) \geqslant 0$ 和规范性

$$\int_{-\infty}^{\infty} f(x)\mathrm{d}x = 1.$$

由指数分布的密度函数 $f(x)$ 容易算得分布函数 $F(x)$ 为 (图 2.9 和图 2.10)

$$F(x) = \begin{cases} 1 - \mathrm{e}^{-\lambda x}, & x \geqslant 0, \\ 0, & x < 0. \end{cases} \tag{2.13}$$

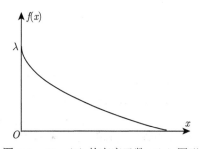

图 2.9 $\mathrm{Exp}(\lambda)$ 的密度函数 $f(x)$ 图形

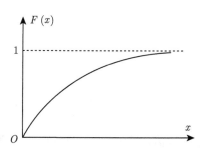

图 2.10 $\mathrm{Exp}(\lambda)$ 的分布函数 $F(x)$ 图形

指数分布经常用来描述某个事件出现的等待时间. 比如, 地震发生的时间间隔、从现在开始某人接到一个误拨电话的等待时间、电子元件的寿命、顾客接受服务的时间等.

R 软件中有关指数分布的四个函数是: dexp(), pexp(), rexp(), qexp().

例 2.12   自助取款机对每位顾客的服务时间 (以分钟计算) 服从参数为 $\lambda = 1/3$ 的指数分布. 如果你与另一位顾客几乎同时到达一部空闲的取款机前接受服务, 但是你稍后一步. 试计算:

(1) 你至少等待 3 分钟的概率;   (2) 等待时间在 3~6 分钟的概率.

解 以 X 表示你前面一位顾客接受服务所需要的时间, 则 $X \sim \text{Exp}(1/3)$. 由题意知你的等待时间就是前一位顾客接受服务的时间, 故所求二事件的概率分别是

(1) $p_1 = P\{X > 3\} = 1 - F(3) = 1 \text{-} \texttt{pexp(3,1/3)} = 0.3679$;

(2) $p_2 = P\{3 < X < 6\} = F(6) - F(3) = \texttt{pexp(6,1/3)} \text{-} \texttt{pexp(3,1/3)} = 0.2325$.

3. 正态分布 (normal distribution)

设随机变量 X 的概率密度函数为

$$f(x) = \frac{1}{\sqrt{2\pi}\sigma} \mathrm{e}^{-\frac{(x-\mu)^2}{2\sigma^2}}, \quad -\infty < x < +\infty, \tag{2.14}$$

则称 X 为服从参数为 (μ, σ) 的正态分布, 记作 $X \sim \text{N}(\mu, \sigma^2)$, 也称 X 为正态变量, 其中 μ, $\sigma\,(> 0)$ 为常数.

可以验证式 (2.14) 表示的 $f(x)$ 满足非负性 $f(x) \geqslant 0$ 和规范性

$$\int_{-\infty}^{+\infty} f(x)\mathrm{d}x = 1.$$

正态分布又称高斯 (Gauss) 分布, 是因为据说正态分布最初是由德国著名数学家高斯在研究偏差理论时发现的. 正态分布是概率统计中最重要的一个分布, 这是因为许多随机变量均可认为服从 (或近似服从) 正态分布; 另外, 正态分布可以作为其他一些分布的极限分布.

正态分布 $\text{N}(\mu, \sigma^2)$ 的密度函数 $f(x)$ 和分布函数 $F(x)$ 的图形如图 2.11 和图 2.12 所示.

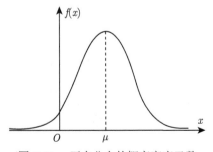

图 2.11 正态分布的概率密度函数

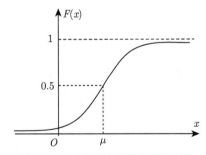

图 2.12 正态分布的概率分布函数

正态分布的概率密度函数 $f(x)$ 具有下列分析性质:

1° 关于直线 $x = \mu$ 对称;

2° 在 $x = \mu$ 处取得最大值 $f(\mu) = \dfrac{1}{\sqrt{2\pi}\sigma}$;

3° 在 $x = \mu \pm \sigma$ 处有拐点;

4° 以 x 轴为渐近线;

5° 当 σ 较大时, 曲线平缓, 当 σ 较小时, 曲线陡峭 (图 2.13);

6° 若固定 σ, 改变 μ 的值, 则 $f(x)$ 的图形沿着 x 轴平行移动, 而其形状不变 (图 2.14).

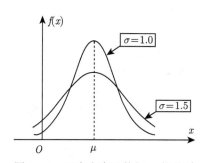

图 2.13　正态密度函数与 σ 的关系

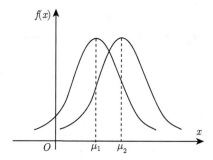

图 2.14　正态密度函数与 μ 的关系

当 $\mu = 0$, $\sigma = 1$ 时, 正态分布 $N(0,1)$ 称为标准正态分布, 其概率密度函数和分布函数分别记为 $\varphi(x)$ 和 $\Phi(x)$. 即

$$\varphi(x) = \frac{1}{\sqrt{2\pi}} \mathrm{e}^{-\frac{x^2}{2}}, \quad x \in \mathbb{R}; \quad \Phi(x) = \frac{1}{\sqrt{2\pi}} \int_{-\infty}^{x} \mathrm{e}^{-\frac{t^2}{2}} \mathrm{d}t, \quad x \in \mathbb{R}.$$

标准正态密度函数 $\varphi(x)$ 和分布函数 $\Phi(x)$ 的图形如图 2.15 和图 2.16 所示.

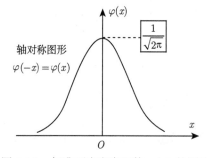

图 2.15　标准正态密度函数 $\varphi(x)$ 的图形

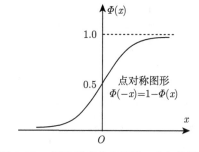

图 2.16　标准正态分布函数 $\Phi(x)$ 的图形

R 软件中 dnorm(), pnorm() 和 qnorm() 函数可以方便计算 $\varphi(x)$, $\Phi(x)$ 和反函数 $\Phi^{-1}(x)$ 的值.

R 软件中有关正态分布的四个函数是: dnorm(), pnorm(), rnorm(), qnorm(). 比如

$$\varphi(x) = \text{dnorm(x)}, \quad \Phi(x) = \text{pnorm(x)}, \quad \Phi^{-1}(x) = \text{qnorm(x)}.$$

一般正态 $N(\mu, \sigma^2)$ 和标准正态有如下关系.

定理 2.3 若 $X \sim N(\mu, \sigma^2)$, 则 $Z = \dfrac{X - \mu}{\sigma} \sim N(0, 1)$.

证 直接计算 Z 的分布函数, 得

$$P\{Z \leqslant x\} = P\{X \leqslant \sigma x + \mu\} = \frac{1}{\sqrt{2\pi}\sigma} \int_{-\infty}^{\sigma x + \mu} e^{-\frac{(t-\mu)^2}{2\sigma^2}} dt$$

$$= \frac{1}{\sqrt{2\pi}} \int_{-\infty}^{x} e^{-\frac{y^2}{2}} dy = \Phi(x).$$

由此可知 $Z \sim N(0, 1)$.

因此可用 $\Phi(x)$ 计算任何正态随机变量 $X \sim N(\mu, \sigma^2)$ 在某个区间内取值的概率:

$$P\{a < X < b\} = P\left\{\frac{a - \mu}{\sigma} < \frac{X - \mu}{\sigma} < \frac{b - \mu}{\sigma}\right\} = \Phi\left(\frac{b - \mu}{\sigma}\right) - \Phi\left(\frac{a - \mu}{\sigma}\right).$$

例 2.13 公交车门高设计要求成年男子碰头机会不超过 1%. 设成年男子身高 (单位: cm) $X \sim N(170, 6^2)$, 试问:

(1) 车门高度应该如何确定?

(2) 如果车门高度为 180 cm, 成年男子碰头的概率是多大?

(3) 如果车门高度为 180 cm, 则 100 个成年男子中碰头的人数超过 5 的概率是多大?

解 (1) 设车门高度为 h cm, 按照设计要求, $P\{X \geqslant h\} \leqslant 0.01$ 或者 $P\{X < h\} \geqslant 0.99$, 考虑到 $X \sim N(170, 6^2)$, 所以

$$P\{X < h\} = P\left\{\frac{X - 170}{6} < \frac{h - 170}{6}\right\} = \Phi\left(\frac{h - 170}{6}\right) \geqslant 0.99.$$

即 $(h - 170)/6 \geqslant \Phi^{-1}(0.99) = \text{qnorm(0.99)} = 2.3264$. 可得, $h \geqslant 183.96$, 即设计车门高度为 184 cm 时, 可满足要求.

(2) 如果车门高度为 180 cm, 则成年男子碰头的概率是

$$P\{X > 180\} = 1 - \Phi\left(\frac{180 - 170}{6}\right) = \text{pnorm(5/3)} = 0.0478.$$

(3) 如果车门高度为 180 cm, Y 表示 100 个成年男子中碰头的人数, 则 Y 服从二项分布 B(100, 0.0478). Y 超过 5 的概率是

$$1 - P\{Y \leqslant 5\} = 1 - \mathtt{pbinom}(5, 100, 0.0478) = 0.3445.$$

这个概率不算小了, 说明如果车门高度为 180 cm, 那么 100 个成年男子中碰头的人数超过 5 个的事件还是时有发生的.

习 题 2.3

1 设有一质点等可能地落入区间 $[0, 2]$ 内的任何一点, 且一定落入这个区间. 令 X 为这个质点到 0 的距离, 求 X 的分布函数.

2 设连续型随机变量 X 的概率密度函数为

$$F(x) = \begin{cases} 0, & x < 0, \\ A \sin x, & 0 \leqslant x < \pi/2, \\ 1, & x \geqslant \pi/2. \end{cases}$$

求: (1) 常数 A; (2) $P\{|X| < \pi/6\}$.

3 设某地区汛期的一周内最高水位 (单位: m) $X \sim \mathrm{U}[29.20, 29.50]$, 求该周内最高水位超过 29.40 m 的概率.

4 设一大型设备在任何长为 t 的时间内发生故障的次数 $N(t) \sim \mathrm{P}(\lambda t)$, 求

(1) 相继两次故障之间的时间间隔 T 的概率分布;

(2) 在设备无故障工作 8 小时的情形下, 再无故障工作 8 小时的概率.

5 设连续型随机变量 $X \sim \mathrm{N}(3, 1)$, 现对 X 进行三次独立观测, 试求至少有两次观测值大于 3 的概率.

6 设随机变量 X 服从正态分布 $\mathrm{N}(108, 3^2)$, 试求:

(1) $P\{102 < X < 117\}$; (2) 常数 a, 使得 $P\{X < a\} = 0.95$.

7 设随机变量 $X \sim \mathrm{Exp}(1)$, a 为常数且大于零, 求 $P\{X \leqslant 1 + a \mid X > a\}$.

2.4   随机变量函数的分布

在实际中, 我们常常遇到这样的问题: 已知一个随机变量 X 的分布, 要求函数 $Y = g(X)$ 的分布, 其中 $g(\cdot)$ 是已知函数. 一般而言, 随机变量 X 的函数 $Y = g(X)$ 也是一个随机变量, 其分布取决于 X 的分布和函数关系 $g(\cdot)$.

2.4.1   离散型随机变量函数的分布

离散型随机变量 X 的函数 $Y = g(X)$ 仍是离散型随机变量. 求 Y 的分布, 首先求出 Y 的所有可能取值, 然后计算它取各个值的概率即可, 有时需要将 Y 相同取值的概率合并. 下面通过实例来说明.

例 2.14 设随机变量 X 的分布列为

X	-1	0	1	2
P	0.1	0.2	0.3	0.4

试求: (1) $Y = 2X + 1$ 的分布列; (2) $Z = X^2$ 的分布列.

解 由 X 的分布列容易列出下表

X	-1	0	1	2
$Y = 2X + 1$	-1	1	3	5
$Z = X^2$	1	0	1	4
P	0.1	0.2	0.3	0.4

然后, 分别列出所求的分布列.

(1)

Y	-1	1	3	5
P	0.1	0.2	0.3	0.4

(2)

Z	0	1	4
P	0.2	0.4	0.4

一般地, 若 X 的概率分布为

$$P\{X = x_i\} = p_i, \quad i = 1, 2, 3, \cdots.$$

记 $y_i = g(x_i)$, $i = 1, 2, 3, \cdots$, 则 $Y = g(X)$ 的概率分布为

$$P\{Y = g(x_i)\} = p_i, \quad i = 1, 2, 3, \cdots.$$

若 $g(x_1), g(x_2), \cdots, g(x_n), \cdots$ 中有相等的, 则应将其对应概率合并相加, 可得 Y 的概率分布.

2.4.2 连续型随机变量函数的分布

设 X 是连续型随机变量, 则 $Y = g(X)$ 可能是离散型随机变量, 也可能是连续型随机变量. $Y = g(X)$ 是离散型随机变量的情形比较容易处理, 只需搞清楚 Y 所有可能的取值以及对应的概率即可. 对于 $Y = g(X)$ 是连续型随机变量的情形, 为了求 Y 的密度函数 f_Y, 可先求出 Y 的分布函数 F_Y, 然后再利用 $f_Y = F_Y'$ 求出密度函数 f_Y.

例 2.15 设随机变量 X 的密度函数为 $f_X(x)$, $Y = aX + b$ $(a \neq 0)$, 求 Y 的分布函数 $F_Y(y)$ 和密度函数 $f_Y(y)$.

解　记 X 的分布函数为 $F_X(x)$, 显然 $F_X'(x) = f_X(x)$. 根据分布函数的定义, Y 的分布函数

$$F_Y(y) = P\{Y \leqslant y\} = P\{aX + b \leqslant y\} = P\{aX \leqslant y - b\}.$$

下面分两种情况进行讨论.

当 $a > 0$ 时,

$$F_Y(y) = P\left\{X \leqslant \frac{y-b}{a}\right\} = F_X\left(\frac{y-b}{a}\right),$$

因此

$$f_Y(y) = F_Y'(y) = \frac{\mathrm{d}}{\mathrm{d}y}\left[F_X\left(\frac{y-b}{a}\right)\right] = \frac{1}{a}f_X\left(\frac{y-b}{a}\right).$$

当 $a < 0$ 时,

$$F_Y(y) = P\left\{X \geqslant \frac{y-b}{a}\right\} = 1 - P\left\{X \leqslant \frac{y-b}{a}\right\} = 1 - F_X\left(\frac{y-b}{a}\right).$$

同样有

$$f_Y(y) = F_Y'(y) = \frac{\mathrm{d}}{\mathrm{d}y}\left[1 - F_X\left(\frac{y-b}{a}\right)\right] = -\frac{1}{a}f_X\left(\frac{y-b}{a}\right).$$

综上可得 Y 的密度函数为

$$f_Y(y) = \frac{1}{|a|} \cdot f_X\left(\frac{y-b}{a}\right).$$

将上述解题方法推广, 可以有下面的结论 (证明略).

定理 2.4　设连续型随机变量 X 的取值范围是 (a, b) (其中 a 可为 $-\infty$, b 可为 $+\infty$), 其概率密度函数为 $f_X(x)$. 函数 $y = g(x)$ 处处可导且严格单调, 则 $Y = g(X)$ 也是连续型随机变量, 其概率密度函数为

$$f_Y(y) = \begin{cases} f_X\left(g^{-1}(y)\right)\left|\dfrac{\mathrm{d}}{\mathrm{d}y}g^{-1}(y)\right|, & \alpha < y < \beta, \\ 0, & \text{其他}, \end{cases} \tag{2.15}$$

其中 $\alpha = \min\{g(a), g(b)\}$, $\beta = \max\{g(a), g(b)\}$.

例 2.16 设随机变量 X 服从正态分布 $N(\mu, \sigma^2)$, 则当 $a \neq 0$ 时, 求 $Y = aX + b$ 的概率密度.

解 X 的概率密度函数为

$$f_X(x) = \frac{1}{\sqrt{2\pi}\sigma} e^{-\frac{(x-\mu)^2}{2\sigma^2}}.$$

由定理 2.4 或者例 2.15, 可得 $Y = aX + b$ 的概率密度函数为

$$f_Y(y) = \frac{1}{|a|} f_X\left(\frac{y-b}{a}\right) = \frac{1}{\sqrt{2\pi}|a|\sigma} e^{-\frac{[y-(a\mu+b)]^2}{2a^2\sigma^2}}, \quad -\infty < y < +\infty.$$

这是正态分布 $N(a\mu + b, a^2\sigma^2)$ 的概率密度函数, 即 $Y = aX + b \sim N(a\mu + b, a^2\sigma^2)$.

在应用定理 2.4 时应注意验证是否满足条件 "$y = g(x)$ 处处可导, 且严格单调", 否则可按定义先求分布函数再求概率密度.

习 题 2.4

1 已知离散型随机变量 X 的分布列为

X	-2	-1	0	1	3
P	$1/5$	$1/6$	$1/5$	$1/15$	$11/30$

求 $Y = X^2$ 和 $Z = |X|$ 的分布列.

2 设随机变量 X 服从 $[-1, 2]$ 上的均匀分布, 记

$$Y = g(X) = \begin{cases} 1, & X \geqslant 0, \\ -1, & X < 0. \end{cases}$$

试求 Y 的分布列.

3 设 $X \sim N(0, 1)$, 求 $Y = |X|$ 的概率密度函数.

4 设 $X \sim Exp(\lambda)$, 求 $Y = 2 - 3X$ 的密度函数.

本 章 小 结

本章内容是随机变量及其全面描述——分布函数. 包括两类特殊的随机变量, 即离散型和连续型随机变量以及随机变量函数的分布.

1. 随机变量与分布函数的概念

(1) 随机变量是样本空间 Ω 到实数的一个映射, 是随机变量的数量化表示.

(2) 随机变量 X 的分布函数是对 X 取值规律的全面描述, $F(x) = P\{X \leqslant x\}$, $x \in \mathbb{R}$.

2. 离散型随机变量

离散型随机变量 X 只能取到有限个或可数个值, 其分布函数是右连续、不减阶梯函数.

常见的离散型随机分布有两点分布、二项分布、泊松分布.

3. 连续型随机变量

连续型随机变量 X 可以在某个区间上取值, 其分布函数是连续函数, 且是概率密度函数的变上限积分函数 $F(x) = P\{X \leqslant x\} = \int_{-\infty}^{x} f(t)\mathrm{d}t, x \in \mathbb{R}$. 常见的连续型分布有均匀分布、指数分布和正态分布.

4. 随机变量函数的分布

(1) 离散型随机变量 X 的函数 $Y = g(X)$ 仍是离散型随机变量. 求 Y 的分布列, 首先求出 Y 的所有可能取值, 然后计算它取各个值的概率即可, 有时需要将 Y 相同取值的概率合并.

(2) 若 X 是连续型随机变量, 则 $Y = g(X)$ 可能是连续型随机变量, 也可能是离散型或其他. 如果 Y 是连续型随机变量, 通常将 X 的密度函数和分布函数分别记作 f_X, F_X, 将 Y 的密度函数和分布函数分别记作 f_Y, F_Y. 为了求 Y 的密度函数, 可先求出 Y 的分布函数 F_Y, 然后再利用 $f_Y = F_Y'$ 求出密度函数 f_Y.

总 练 习 题

1 设随机变量 X 的分布函数为 $F(x) = \begin{cases} 0, & x < 0, \\ 0.3x + 0.1, & 0 \leqslant x < 2, \\ 1, & x \geqslant 2, \end{cases}$ 求

(1) $P\{X < 1\}$;　　(2) $P\{0 < X \leqslant 3\}$;　　(3) $P\{0.5 < X < 1.5\}$;　　(4) $P\{X = 0\}$.

2 设离散型随机变量 X 的分布列为 $P\{X = k\} = 3\lambda^k$, $k = 1, 2, 3, \cdots$, 求

(1) λ 的值;　　(2) $P\{X > 1\}$.

3 假设一天内光顾某商场的顾客人数服从参数为 λ 的泊松分布, 而每位顾客购买商品的概率为 p, 设 X 表示一天内光顾该商场并购买商品的顾客人数, 求随机变量 X 的分布列.

4 设随机变量 X 的概率密度函数为

$$f(x) = \begin{cases} x, & 0 \leqslant x \leqslant 1, \\ 2 - x, & 1 < x \leqslant 2, \\ 0, & \text{其他}. \end{cases}$$

(1) 求相应的分布函数 $F(x)$;

(2) 求 $P\{X < 0.5\}$, $P\{X > 1.3\}$, $P\{0.2 \leqslant X \leqslant 1.2\}$.

5 设连续型随机变量 X 的概率密度函数为 $f(x) = \begin{cases} cx^2, & 0 \leqslant x \leqslant 1, \\ 0, & \text{其他}. \end{cases}$ 求

(1) 常数 c;

(2) $P\{0.3 < X < 0.5\}$;

(3) 常数 m, 使得 $P\{X > m\} = P\{X < m\}$;

(4) 相应的分布函数 $F(x)$.

6 随机变量 X 的概率密度函数为

$$f_X(x) = \begin{cases} 1/2, & -1 < x < 0, \\ 1/4, & 0 \leqslant x < 2, \\ 0, & \text{其他}. \end{cases}$$

令 $Y = X^2$, 求 Y 的分布函数.

7 设随机变量 X 的概率密度函数为 $f_X(x) = \begin{cases} 2x, & 0 < x < 1, \\ 0, & \text{其他}. \end{cases}$ 现在对 X 进行 10 次独立重复观测, 以 Y 表示观测到不大于 0.1 的次数. 求 Y 的概率分布.

8 设随机变量 X 在 $(0,1)$ 上服从均匀分布, 求

(1) $Y = \mathrm{e}^X$ 的概率密度函数: (2) $Y = -2\ln X$ 的概率密度函数.

数学家贝叶斯简介

托马斯·贝叶斯 (Thomas Bayes, 1702~1761), 英国数学家、统计学家和哲学家.

贝叶斯在概率论方面的主要贡献是将归纳推理法用于概率论基础理论; 在统计推理方面的主要贡献是提出了一种普遍的推理方法"逆概率"; 他提出的贝叶斯公式开创了概率统计的"贝叶斯"学派; 对于统计决策函数、统计推断、统计的估算理论也有重要贡献;

托马斯·贝叶斯

是提出"从特殊推论一般、从样本推论全体"的第一人; 著有《机会的学说概论》等著作; 创立的许多概率统计术语被沿用至今. 1763 年贝叶斯的成果 *An Essay towards solving a Problem in the Doctrine of Chances* 由 Richard Price 整理发表.

1742 年成为英国皇家学会会员.

贝叶斯是概率论理论创始人, 贝叶斯统计的创立者.

第 3 章　多维随机变量及其分布

在数学的领域中, 提出问题的艺术比解答问题的艺术更为重要.

———康托尔

在许多实际问题中, 某些随机现象往往需要两个或两个以上的随机变量来描述. 例如, 研究某一地区的学龄前儿童的发育情况, 需要观察当地每名儿童的身高、体重等身体指标; 描述空中物体的位置, 需要三个坐标; 研究一个地区的财政收入情况, 需要同时分析当地的国内生产总值、税收和其他收入等, 这些都涉及多个随机变量. 而且, 多个随机变量之间一般又有某种联系, 需要把它们作为一个整体来研究, 这就是多维随机变量. 本章重点讨论二维随机变量及其分布规律, n 维随机变量的情况类似.

3.1　二维随机变量的分布函数

3.1.1　联合分布函数

定义 3.1　设 X, Y 为定义在同一概率空间上的两个随机变量, 则 (X, Y) 称为二维随机变量, 或二维随机向量.

对于二维随机变量, 需要将其作为一个整体来研究. 首先引入二维随机变量的分布函数.

定义 3.2　设 (X, Y) 是二维随机变量, 对任意 $x, y \in \mathbb{R}$, 称二元函数

$$F(x, y) = P\{X \leqslant x, Y \leqslant y\} \tag{3.1}$$

为 (X, Y) 的联合分布函数 (joint distribution function), 简称为分布函数.

联合分布函数 $F(x, y) = P\{X \leqslant x, Y \leqslant y\}$ 是两个随机事件 $\{X \leqslant x\}$ 和 $\{Y \leqslant y\}$ 同时发生 (交事件) 的概率. 如果将 (X, Y) 看作平面上的随机点, 则联合分布函数 $F(x, y)$ 表示随机点 (X, Y) 落在无限矩形区域 $(-\infty, x] \times (-\infty, y]$ 内的概率 (图 3.1). 以此解释, 不难看出随机点 (X, Y) 落在矩形区域 $(a_1, a_2] \times (b_1, b_2]$ 的概率为 (图 3.2)

$$P\{a_1 < X \leqslant a_2, b_1 < Y \leqslant b_2\}$$

$$= F(a_2, b_2) - F(a_1, b_2) - F(a_2, b_1) + F(a_1, b_1). \tag{3.2}$$

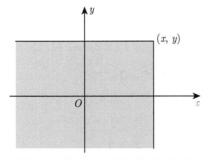

图 3.1 联合分布函数的几何意义

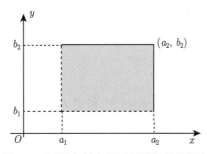

图 3.2 随机向量在矩形区域取值的概率

与一维随机变量的分布函数类似, 二维随机变量的分布函数 $F(x,y)$ 具有以下基本性质:

1° (单调性) $F(x,y)$ 对 x 和 y 分别单调不减;

2° (右连续性) $F(x,y)$ 对每个变量是右连续的;

3° (有界性) $0 \leqslant F(x,y) \leqslant 1$, 且 $F(-\infty,y)=F(x,-\infty)=0$, $F(+\infty,+\infty)=1$;

4° (非负性) 对任意四个实数 $a_1 < a_2$, $b_1 < b_2$, 有

$$F(a_2,b_2) - F(a_1,b_2) - F(a_2,b_1) + F(a_1,b_1) \geqslant 0.$$

3.1.2 边缘分布函数

如果二维随机变量 (X,Y) 的联合分布函数 $F(x,y)$ 为已知, 那么它的两个分量 X 与 Y 作为一维随机变量, 其分布函数 $F_X(x)$ 和 $F_Y(y)$ 分别为

$$F_X(x) = P\{X \leqslant x\} = P\{X \leqslant x, Y < +\infty\} = F(x,+\infty); \tag{3.3}$$

$$F_Y(y) = P\{Y \leqslant y\} = P\{X < +\infty, Y \leqslant y\} = F(+\infty,y). \tag{3.4}$$

分别称 $F_X(x)$ 和 $F_Y(y)$ 为 $F(x,y)$ 关于 X 和关于 Y 的边缘分布函数 (marginal distribution function).

例 3.1 已知二维随机变量 (X,Y) 的分布函数为

$$F(x,y) = \begin{cases} 1 - \mathrm{e}^{-x} - \mathrm{e}^{-y} + \mathrm{e}^{-x-y-\lambda xy}, & x > 0, \ y > 0, \\ 0, & \text{其他}, \end{cases}$$

其中 λ 为大于 0 的常数.

(1) 求 (X,Y) 落在区域 $D = \{(x,y) : 1 \leqslant x \leqslant 2, 1 \leqslant y \leqslant 2\}$ 内的概率.

(2) 求 X, Y 的边缘分布函数.

解 (1) 由式 (3.2), 得

$$P\{1 \leqslant X \leqslant 2, 1 \leqslant Y \leqslant 2\} = F(2,2) - F(2,1) - F(1,2) + F(1,1)$$
$$= e^{-2-\lambda}(1 + e^{-2-3\lambda} - 2e^{-1-\lambda}).$$

(2) 由式 (3.3) 和式 (3.4), 得

$$F_X(x) = F(x, +\infty) = \begin{cases} 1 - e^{-x}, & x \geqslant 0, \\ 0, & \text{其他}, \end{cases}$$

$$F_Y(y) = F(+\infty, y) = \begin{cases} 1 - e^{-y}, & y \geqslant 0, \\ 0, & \text{其他}. \end{cases}$$

这两个边缘分布都是一维指数分布, 它们与 λ 无关. 对不同的 λ 取值, 对应的二维分布不同, 但它们的边缘分布却相同. 这说明, 仅由边缘分布不能完全确定联合分布, 这是因为二维随机变量不仅与两个分量有关, 还与各分量间的联系有关.

习　题　3.1

1 设二维随机变量 (X,Y) 的联合分布函数为

$$F(x,y) = A\left(B + \arctan\frac{x}{2}\right)\left(C + \arctan\frac{y}{3}\right).$$

求: (1) 常数 A, B, C 的值;　(2) X 和 Y 的边缘分布函数;　(3) $P\{X > 1\}$.

2 设二维随机变量 (X,Y) 的联合分布函数的部分表达式为

$$F(x,y) = \sin x \sin y, \quad 0 \leqslant x \leqslant \frac{\pi}{2}, 0 \leqslant y \leqslant \frac{\pi}{2}.$$

求 (X,Y) 在长方形 $\{0 < x \leqslant \pi/4,\ \pi/6 < y \leqslant \pi/3\}$ 内取值的概率.

3 一个电子器件包含两个主要元件, 分别以 X 和 Y 表示这两个元件的寿命 (以小时计), 设 (X,Y) 的分布函数为

$$F(x,y) = \begin{cases} 1 - e^{-0.01x} - e^{-0.01y} + e^{-0.01(x+y)}, & x > 0, y > 0, \\ 0, & \text{其他}. \end{cases}$$

求两个元件的寿命都超过 120 小时的概率.

3.2 二维离散型随机变量

3.2.1 联合分布列

定义 3.3 如果 (X, Y) 只能取到有限对或可数对值, 则称 (X, Y) 是二维离散型随机变量.

设二维离散型随机变量 (X, Y) 的一切可能取值为 (a_i, b_j), $i, j = 1, 2, \cdots$, 且取各值的概率为

$$P\{X = a_i, Y = b_j\} = p_{ij}, \quad i, j = 1, 2, \cdots, \tag{3.5}$$

称式 (3.5) 为 (X, Y) 的联合分布列.

显然, p_{ij} 具有如下性质:

1° (非负性) $p_{ij} \geqslant 0$, $i, j = 1, 2, \cdots$;

2° (规范性) $\sum\limits_{ij} p_{ij} = 1$.

3.2.2 边缘分布列

二维离散型随机变量 (X, Y) 的分量 X 和 Y 作为一维随机变量, 也是离散型随机变量, 其分布列称为联合分布列的边缘分布列.

由全概率公式, 容易得到边缘分布列的计算公式:

$$P\{X = a_i\} = \sum_j P\{X = a_i, y = b_j\} = \sum_j p_{ij} = p_{i\cdot}, \tag{3.6}$$

$$P\{Y = b_j\} = \sum_i P\{X = a_i, y = b_j\} = \sum_i p_{ij} = p_{\cdot j}. \tag{3.7}$$

联合分布列及边缘分布列也可表示如下:

X	Y					$p_{i\cdot} = \sum\limits_j p_{ij}$
	b_1	b_2	$\cdots$	b_j	$\cdots$	
a_1	p_{11}	p_{12}	$\cdots$	p_{1j}	$\cdots$	$p_{1\cdot}$
a_2	p_{21}	p_{22}	$\cdots$	p_{2j}	$\cdots$	$p_{2\cdot}$
$\vdots$	$\vdots$	$\vdots$		$\vdots$		$\vdots$
a_i	p_{i1}	p_{i2}	$\cdots$	p_{ij}	$\cdots$	$p_{i\cdot}$
$\vdots$	$\vdots$	$\vdots$		$\vdots$		$\vdots$
$p_{\cdot j} = \sum\limits_i p_{ij}$	$p_{\cdot 1}$	$p_{\cdot 2}$	$\cdots$	$p_{\cdot j}$	$\cdots$	1

例 3.2　设二维随机变量 (X,Y) 的联合分布列如下, 求
(1) 常数 c;　(2) $P\{X>1, Y \geqslant 3\}$;　(3) $P\{X=1\}$.

X	Y			
	1	2	3	4
1	0.1	0	0.1	0
2	0.3	0	0.1	c
3	0	0.2	0	0

解　(1) 根据联合分布列的规范性可知 $c=0.2$.
(2) $P\{X>1, Y \geqslant 3\} = P\{X=2, Y=3\} + P\{X=2, Y=4\}$
$\qquad +P\{X=3, Y=3\} + P\{X=3, Y=4\} = 0.3.$
(3) $P\{X=1\} = P\{X=1, Y=1\} + P\{X=1, Y=2\}$
$\qquad +P\{X=1, Y=3\} + P\{X=1, Y=4\} = 0.2.$

例 3.3　从 1, 2, 3, 4 四个数中随机地取一个, 记所取得的数为 X, 再从 1 到 X 中随机地取一个, 记所取得的数为 Y, 求 (X,Y) 的分布列及 X 和 Y 的边缘分布列.

解　显然 X, Y 均为离散型随机变量, 它们的可能取值均为 1, 2, 3, 4.
当 $i < j$ 时, $p_{ij} = P\{X=i, Y=j\} = 0$;
当 $i \geqslant j$ 时, $p_{ij} = P\{X=i\}P\{Y=j \mid X=i\} = \dfrac{1}{4} \times \dfrac{1}{i}$.
(X,Y) 的分布列及 X 和 Y 的边缘分布列如下.

X	Y				$p_{i\cdot} = \sum\limits_{j=1}^{4} p_{ij}$
	1	2	3	4	
1	1/4	0	0	0	1/4
2	1/8	1/8	0	0	1/4
3	1/12	1/12	1/12	0	1/4
4	1/16	1/16	1/16	1/16	1/4
$p_{\cdot j} = \sum\limits_{i=1}^{4} p_{ij}$	25/48	13/48	7/48	3/48	1

习　题　3.2

1 盒子里装有 3 只黑球、2 只红球、2 只白球, 在其中任选 4 只球, 以 X 表示取到黑球的只数, 以 Y 表示取到红球的只数, 求 X 和 Y 的联合分布列.

2 将一枚硬币连掷三次, 以 X 表示三次中出现正面的次数, 以 Y 表示三次中出现正面次数与出现背面次数之差的绝对值, 试求 X 与 Y 的联合分布列及边缘分布列.

3 设随机变量 Y 服从参数为 $\lambda = 1$ 的指数分布. 定义随机变量 X_k 如下:

$$X_k = \begin{cases} 0, & Y \leqslant k, \\ 1, & Y > k, \end{cases} \quad k = 1, 2.$$

求 X_1 和 X_2 的联合分布列.

3.3 二维连续型随机变量

3.3.1 联合概率密度函数

定义 3.4 设 $F(x, y)$ 是二维随机变量 (X, Y) 的联合分布函数, 如果存在二元非负函数 $f(x, y)$, 使得

$$F(x, y) = \int_{-\infty}^{y} \int_{-\infty}^{x} f(u, v) \mathrm{d}u \mathrm{d}v, \tag{3.8}$$

则称 (X, Y) 是二维连续型随机变量, 函数 $f(x, y)$ 称为二维随机变量 (X, Y) 的联合概率密度函数 (joint probability density function), 简称为密度函数.

若 $f(x, y)$ 在 (x, y) 处连续, $F(x, y)$ 是相应的分布函数, 则有

$$\frac{\partial^2 F(x, y)}{\partial x \partial y} = f(x, y). \tag{3.9}$$

由分布函数 $F(x, y)$ 的性质可知, 任意联合概率密度函数 $f(x, y)$ 必具有下述性质:

1° (非负性) $f(x, y) \geqslant 0$;

2° (规范性) $\iint_{\mathbb{R}^2} f(x, y) \mathrm{d}x \mathrm{d}y = F(+\infty, +\infty) = 1.$

反过来, 任何一个具有上述两个性质的二元函数 $f(x, y)$, 必定可以作为某个二维随机变量的概率密度函数.

3° 若 G 是平面上的某一区域, 则

$$P\{(X, Y) \in G\} = \iint_{G} f(x, y) \mathrm{d}x \mathrm{d}y. \tag{3.10}$$

从式 (3.10) 可以看出, 二维连续型随机变量 (X, Y) 取值在平面区域 G 内的概率, 就等于概率密度函数 $f(x, y)$ 在 G 上的二重积分. 这就将概率的计算转化为一个二重积分的计算了.

3.3.2　边缘概率密度函数

当 (X,Y) 是二维连续型随机变量时, X 和 Y 作为一维随机变量也是连续型随机变量, 其概率密度函数称为**边缘概率密度函数** (marginal probability density function).

设二维连续型随机变量 (X,Y) 的联合概率密度函数为 $f(x,y)$, 则 X 和 Y 也是连续型随机变量, 其边缘概率密度函数分别为

$$f_X(x) = \int_{-\infty}^{+\infty} f(x,y)\mathrm{d}y, \tag{3.11}$$

$$f_Y(y) = \int_{-\infty}^{+\infty} f(x,y)\mathrm{d}x. \tag{3.12}$$

例 3.4　设二维随机变量 (X,Y) 具有联合概率密度函数

$$f(x,y) = \begin{cases} C\mathrm{e}^{-(x+y)}, & x \geqslant 0, y \geqslant 0, \\ 0, & \text{其他}. \end{cases}$$

试求: (1) 常数 C;　(2) (X,Y) 落入区域 $[0,1]^2$ 的概率;　(3) 边缘密度函数 $f_X(x)$ 和 $f_Y(y)$.

解　(1) 由联合概率密度函数的规范性可知

$$1 = \int_{-\infty}^{+\infty}\int_{-\infty}^{+\infty} f(x,y)\mathrm{d}x\mathrm{d}y = C\int_0^{+\infty}\int_0^{+\infty} \mathrm{e}^{-(x+y)}\mathrm{d}x\mathrm{d}y = C.$$

所以 $C = 1$.

(2) $P\{0 \leqslant X \leqslant 1, 0 \leqslant Y \leqslant 1\} = \int_0^1 \mathrm{d}x \int_0^1 \mathrm{e}^{-(x+y)}\mathrm{d}y = \int_0^1 \mathrm{e}^{-x}\mathrm{d}x \int_0^1 \mathrm{e}^{-y}\mathrm{d}y = (1-\mathrm{e}^{-1})^2$.

(3) $f_X(x) = \int_{-\infty}^{+\infty} f(x,y)\mathrm{d}y = \begin{cases} \int_0^{+\infty} \mathrm{e}^{-(x+y)}\mathrm{d}y, & x \geqslant 0, \\ 0, & x < 0 \end{cases} = \begin{cases} \mathrm{e}^{-x}, & x \geqslant 0, \\ 0, & x < 0. \end{cases}$

同理

$$f_Y(y) = \begin{cases} \mathrm{e}^{-y}, & y \geqslant 0, \\ 0, & y < 0. \end{cases}$$

例 3.5 (二维均匀分布)　设 G 是平面上的一个有界区域, 其面积为 A, 若二维随机变量 (X,Y) 具有概率密度函数

$$f(x,y) = \begin{cases} A^{-1}, & (x,y) \in G, \\ 0, & \text{其他}. \end{cases}$$

则 (X, Y) 在 G 上服从均匀分布.

例 3.6 (二维正态分布) 如果二维随机变量 (X, Y) 的概率密度函数为

$$f(x, y) = \frac{1}{2\pi\sigma_1\sigma_2\sqrt{1-\rho^2}}$$

$$\times \exp\left\{\frac{-1}{2(1-\rho^2)}\left[\frac{(x-\mu_1)^2}{\sigma_1^2} - 2\rho\frac{(x-\mu_1)(y-\mu_2)}{\sigma_1\sigma_2} + \frac{(y-\mu_2)^2}{\sigma_2^2}\right]\right\},$$

则称 (X, Y) 服从二维正态分布 (two-dimensional normal distribution), 记作

$$(X, Y) \sim \mathrm{N}(\mu_1, \mu_2, \sigma_1^2, \sigma_2^2, \rho),$$

其中 $\mu_1, \mu_2, \sigma_1, \sigma_2, \rho$ 为五个参数, 且 $\sigma_1 > 0$, $\sigma_2 > 0$, $|\rho| < 1$. 求关于 X 和 Y 的边缘概率密度函数.

解 按式 (3.11) 直接计算可得

$$f_X(x) = \int_{-\infty}^{+\infty} f(x, y)\mathrm{d}y = \cdots = \frac{1}{\sqrt{2\pi}\sigma_1}\exp\left\{-\frac{(x-\mu_1)^2}{2\sigma_1^2}\right\}.$$

这正是一维正态分布 $\mathrm{N}(\mu_1, \sigma_1^2)$ 的概率密度函数, 即 $X \sim \mathrm{N}(\mu_1, \sigma_1^2)$. 同理, $Y \sim \mathrm{N}(\mu_2, \sigma_2^2)$.

可见二维正态分布 $\mathrm{N}(\mu_1, \mu_2, \sigma_1^2, \sigma_2^2, \rho)$ 的两个边缘分布是一维正态分布 $\mathrm{N}(\mu_1, \sigma_1^2)$ 和 $\mathrm{N}(\mu_2, \sigma_2^2)$, 其中不含参数 ρ. 对不同的 ρ, 对应不同的二维正态分布, 但它们的边缘分布却相同. 这再一次说明: 联合分布可以确定边缘分布, 边缘分布不能完全确定联合分布.

<h2 style="text-align:center">习 题 3.3</h2>

1 设二维随机变量 (X, Y) 的联合概率密度函数为

$$f(x, y) = \begin{cases} Ce^{-(3x+4y)}, & x > 0, \ y > 0, \\ 0, & \text{其他}. \end{cases}$$

求: (1) 常数 C; (2) $P\{0 < X < 1, 0 \leqslant Y \leqslant 2\}$.

2 设二维随机变量 (X, Y) 的概率密度函数为

$$f(x, y) = \begin{cases} 6x, & 0 \leqslant x \leqslant y \leqslant 1, \\ 0, & \text{其他}. \end{cases}$$

求: (1) $P\{X + Y \leqslant 1\}$; (2) 关于 X 和 Y 的边缘概率密度函数.

3 设 (X, Y) 的概率密度函数为

$$f(x, y) = \begin{cases} A\sin(x+y), & 0 < x < \pi/2,\, 0 < y < \pi/2, \\ 0, & \text{其他.} \end{cases}$$

求: (1) 常数 A;　(2) 关于 X 和 Y 的边缘概率密度函数.

4 设 (X, Y) 服从二维正态分布, 其概率密度函数为

$$f(x, y) = \frac{1}{2\pi\sigma^2} \exp\left\{ -\frac{1}{2}\left(\frac{x^2}{\sigma^2} + \frac{y^2}{\sigma^2} \right) \right\}.$$

求 $P\{X < Y\}$.

3.4　随机变量的独立性与条件分布

3.4.1　两个随机变量的独立性

二维随机变量 (X, Y) 的联合分布能够确定边缘分布, 但反之不然. 究其原因是 X 和 Y 之间可能还存在某种联系. 特别地, 如果 X 和 Y 没有联系, 自然就可以由边缘分布确定联合分布了. 这就是随机变量的独立性.

独立性是概率论中一个极其重要的概念, 粗略地讲, 若两个随机变量各自取值的概率相互无关, 称这两个变量是相互独立的. 随机变量的独立性本质上就是随机事件的独立性.

定义 3.5　设 X, Y 是两个随机变量, 如果对于任意的实数 x 和 y, 事件 $\{X \leqslant x\}$ 和 $\{Y \leqslant y\}$ 相互独立, 即

$$P\{X \leqslant x, Y \leqslant y\} = P\{X \leqslant x\} \cdot P\{Y \leqslant y\}, \tag{3.13}$$

则称 X 和 Y 相互独立 (mutual independence).

设 $F(x, y)$ 为 (X, Y) 的联合分布函数, $F_X(x)$, $F_Y(y)$ 分别为 X 与 Y 的边缘分布函数, 则不难看出式 (3.13) 即为

$$F(x, y) = F_X(x) \cdot F_Y(y). \tag{3.14}$$

由以上定义式, 容易得到如下定理.

定理 3.1　(1) 设 (X, Y) 是二维离散型随机变量, X 的可能取值为 $a_1, a_2, \cdots, a_i, \cdots$; Y 的可能取值为 $b_1, b_2, \cdots, b_j, \cdots$. 则 X 与 Y 相互独立的充要条件为: 对一切 i, j, 都有

$$p_{ij} = P\{X = a_i, Y = b_j\} = P\{X = a_i\}P\{Y = b_j\}, \tag{3.15}$$

即联合分布列等于边缘分布列的乘积.

(2) 设二维连续型随机变量 (X, Y) 的联合概率密度函数为 $f(x, y)$, X 和 Y 的概率密度函数分别为 $f_X(x)$ 和 $f_Y(y)$, 则 X 与 Y 相互独立的充要条件是: 在 $\mathbb{R}^2$ 上几乎处处有

$$f(x, y) = f_X(x) \cdot f_Y(y), \tag{3.16}$$

即联合概率密度函数等于边缘概率密度函数的乘积.

例 3.7 设 (X, Y) 在圆域 $x^2 + y^2 \leqslant 1$ 上服从均匀分布, 问 X 和 Y 是否相互独立?

解 圆域 $x^2 + y^2 \leqslant 1$ 的面积为 π, 故 (X, Y) 的联合密度函数为 $f(x, y) = \begin{cases} \pi^{-1}, & x^2 + y^2 \leqslant 1, \\ 0, & \text{其他.} \end{cases}$ 由此可得边缘分布

$$f_X(x) = \int_{-\infty}^{+\infty} f(x, y)\mathrm{d}y = \begin{cases} \dfrac{2}{\pi}\sqrt{1 - x^2}, & -1 \leqslant x \leqslant 1, \\ 0, & \text{其他.} \end{cases}$$

$$f_Y(y) = \int_{-\infty}^{+\infty} f(x, y)\mathrm{d}x = \begin{cases} \dfrac{2}{\pi}\sqrt{1 - y^2}, & -1 \leqslant y \leqslant 1, \\ 0, & \text{其他.} \end{cases}$$

可见, 在圆域 $x^2 + y^2 \leqslant 1$ 上, $f(x, y) \neq f_X(x)f_Y(y)$, 不满足式 (3.16), 故 X 和 Y 不相互独立.

直接利用式 (3.16) 验证独立性需要事先知道 f_X 和 f_Y, 下面的结论提供的方法则更为便捷, 只需判断联合概率密度函数为 $f(x, y)$ 中的两个变量是否可以分离即可.

定理 3.2 设二维连续型随机变量 (X, Y) 的联合概率密度函数为 $f(x, y)$, 则 X 与 Y 相互独立的充要条件是: 存在函数 $g(x)$ 和 $h(y)$, 使得

$$f(x, y) = g(x) \cdot h(y). \tag{3.17}$$

证明略.

例如, 二维正态分布 $N(\mu_1, \mu_2, \sigma_1^2, \sigma_2^2, \rho)$ 中第 5 个参数 $\rho = 0$ 时, 联合密度 $f(x, y)$ 中的两个变量就可以分离. 事实上, 有下述定理.

定理 3.3 设 (X, Y) 服从二维正态分布, 则 X, Y 相互独立的充要条件是 $\rho = 0$.

仿照条件概率的定义, 我们可以定义随机变量的条件分布. 下面分别讨论二维离散型和二维连续型随机变量的条件分布.

3.4.2　条件分布列

定义 3.6　设 (X, Y) 是二维离散型随机变量, 且对固定的 j, $P\{Y = b_j\} > 0$, 则称

$$P\{X = a_i \,|\, Y = b_j\} = \frac{P\{X = a_i, Y = b_j\}}{P\{Y = b_j\}} = \frac{p_{ij}}{p_{\cdot j}}, \quad i = 1, 2, \cdots \tag{3.18}$$

为在 $Y = b_j$ 条件下, 随机变量 X 的条件分布列 (conditional distribution series).

同样, 对于固定的 i, 若 $P\{X = a_i\} > 0$, 则称

$$P\{Y = b_j \,|\, X = a_i\} = \frac{P\{X = a_i, Y = b_j\}}{P\{X = a_i\}} = \frac{p_{ij}}{p_{i\cdot}}, \quad j = 1, 2, \cdots \tag{3.19}$$

为在 $X = a_i$ 条件下, 随机变量 Y 的条件分布列.

例 3.8　已知 (X, Y) 的联合分布列如下, 求:
(1) 在 $X = 1$ 的条件下, Y 的条件分布列;
(2) 在 $Y = 2$ 的条件下, X 的条件分布列.

X	Y 1	2	3	4	$P\{X = a_i\}$
1	1/4	1/8	1/12	1/16	25/48
2	0	1/8	1/12	1/16	13/48
3	0	0	1/12	1/8	10/48
$P\{Y = b_j\}$	1/4	1/4	1/4	1/4	1

解　由联合分布列可以求出边缘分布列, 于是

$$P\{Y = 1 \,|\, X = 1\} = \frac{1}{4} \Big/ \frac{25}{48} = \frac{12}{25}, \quad P\{Y = 2 \,|\, X = 1\} = \frac{1}{8} \Big/ \frac{25}{48} = \frac{6}{25},$$

$$P\{Y = 3 \,|\, X = 1\} = \frac{1}{12} \Big/ \frac{25}{48} = \frac{4}{25}, \quad P\{Y = 4 \,|\, X = 1\} = \frac{1}{16} \Big/ \frac{25}{48} = \frac{3}{25}.$$

即在 $X = 1$ 的条件下, Y 的条件分布列为

Y	1	2	3	4
$P\{Y = b_j \,|\, X = 1\}$	12/25	6/25	4/25	3/25

同理可求得在 $Y = 2$ 的条件下, X 的条件分布列为

Y	1	2	3
$P\{X = a_i \mid Y = 2\}$	1/2	1/2	0

3.4.3 条件概率密度函数

由于对连续型随机变量 X 和 Y 来说, $Y = y$ 的概率为零, 因而不能直接用条件概率公式来定义在 $Y = y$ 的条件下的条件分布. 这里我们直接类比离散情形, 给出条件概率密度函数的概念.

定义 3.7 设 (X, Y) 的联合概率密度函数为 $f(x,y)$, 边缘概率密度函数为 $f_X(x)$ 和 $f_Y(y)$, 对满足 $f_Y(y) > 0$ 的 y, X 在条件 $Y = y$ 下的条件概率密度函数为 (是 x 的一元函数)

$$f_{X|Y}(x \mid y) = \frac{f(x,y)}{f_Y(y)}. \tag{3.20}$$

完全类似地, 可以定义在 $X = x$ 的条件下 Y 的条件概率密度函数为

$$f_{Y|X}(y \mid x) = \frac{f(x,y)}{f_X(x)}. \tag{3.21}$$

需要注意: $f_{X|Y}(x \mid y)$ 是 x 的一元函数; $f_{Y|X}(y \mid x)$ 是 y 的一元函数.

条件概率密度函数仍然满足概率密度函数的两个基本性质:

$$f_{X|Y}(x \mid y) \geqslant 0, \quad f_{Y|X}(y \mid x) \geqslant 0;$$

$$\int_{-\infty}^{+\infty} f_{Y|X}(t \mid x)\mathrm{d}t = 1, \quad \int_{-\infty}^{+\infty} f_{X|Y}(t \mid y)\mathrm{d}t = 1.$$

例 3.9 设 (X, Y) 服从二维正态分布 $N(0,0,1,1,\rho)$, 试求: $f_{X|Y}(x \mid y)$ 和 $f_{Y|X}(y \mid x)$.

解 由已知可得

$$f(x,y) = \frac{1}{2\pi\sqrt{1-\rho^2}} \exp\left\{-\frac{x^2 - 2\rho xy + y^2}{2(1-\rho^2)}\right\},$$

$$f_X(x) = \int_{-\infty}^{\infty} f(x,y)\mathrm{d}y = \frac{1}{\sqrt{2\pi}} \exp\left\{-\frac{x^2}{2}\right\},$$

$$f_Y(y) = \int_{-\infty}^{\infty} f(x,y)\mathrm{d}x = \frac{1}{\sqrt{2\pi}} \exp\left\{-\frac{y^2}{2}\right\}.$$

由式(3.21), 我们有

$$f_{Y|X}(y\,|\,x) = \frac{f(x,y)}{f_X(x)} = \frac{1}{\sqrt{2\pi}\sqrt{1-\rho^2}}\exp\left\{-\frac{(y-\rho x)^2}{2(1-\rho^2)}\right\},$$

这说明在 $X=x$ 的条件下, Y 的条件分布为 $\mathrm{N}(\rho x, 1-\rho^2)$. 同理可得

$$f_{X|Y}(x\,|\,y) = \frac{1}{\sqrt{2\pi}\sqrt{1-\rho^2}}\exp\left\{-\frac{(x-\rho y)^2}{2(1-\rho^2)}\right\},$$

这说明在 $Y=y$ 的条件下, X 的条件分布为 $\mathrm{N}(\rho y, 1-\rho^2)$.

　　最后, 要注意到当随机变量 X 和 Y 独立时, 条件分布等于边缘分布. 这时, 对于二维离散型随机变量有

$$P\{X=a_i\,|\,Y=b_j\} = P\{X=a_i\}, \quad P\{Y=b_j\,|\,X=a_i\} = P\{Y=b_j\}.$$

对于二维连续型随机变量有

$$f_{X|Y}(x\,|\,y) = f_X(x), \quad f_{Y|X}(y\,|\,x) = f_Y(y).$$

习　题　3.4

1 设二维随机变量 (X,Y) 的联合分布列如下所示:

X	Y		
	1	2	3
1	1/8	a	1/24
2	b	1/4	1/8

试问 a, b 取什么值时, X, Y 相互独立?

2 设随机变量 (X,Y) 的联合概率密度函数如下, 试问 X 与 Y 是否独立?

(1) $f(x,y) = \begin{cases} 6xy^2, & 0<x<1, 0<y<1, \\ 0, & \text{其他}. \end{cases}$

(2) $f(x,y) = \begin{cases} x\mathrm{e}^{-(x+y)}, & x>0, y>0, \\ 0, & \text{其他}. \end{cases}$

(3) $f(x,y) = \dfrac{1}{\pi^2(1+x^2)(1+y^2)}, \quad -\infty < x, y < \infty.$

(4) $f(x,y) = \begin{cases} 2, & 0<x<y<1, \\ 0, & \text{其他}. \end{cases}$

(5) $f(x,y) = \begin{cases} 24xy, & 0<x<1, 0<y<1, x+y<1, \\ 0, & \text{其他}. \end{cases}$

(6) $f(x,y) = \begin{cases} 12xy(1-x), & 0 < x < 1, 0 < y < 1, \\ 0, & \text{其他}. \end{cases}$

(7) $f(x,y) = \begin{cases} \dfrac{21}{4}x^2y, & x^2 < y < 1, \\ 0, & \text{其他}. \end{cases}$

3 已知 (X,Y) 的联合分布列为

X	Y	
	0	1
0	1/2	1/8
1	3/8	0

求: (1) 在 $Y = 0$ 的条件下 X 的条件分布列; (2) 在 $X = 1$ 的条件下 Y 的条件分布列.

4 设二维随机变量 (X,Y) 服从二维正态分布 $N(0,0,1,1,0)$, 在 $Y = y$ 的条件下, 求 X 的条件概率密度函数 $f_{X|Y}(x|y)$.

5 设有二维随机变量 (X,Y), X 的边缘概率密度函数为

$$f_X(x) = \begin{cases} 3x^2, & 0 < x < 1, \\ 0, & \text{其他}. \end{cases}$$

在给定 $X = x\,(0 < x < 1)$ 的条件下, Y 的条件概率密度函数为

$$f_{Y|X}(y\,|\,x) = \begin{cases} \dfrac{3y^2}{x^3}, & 0 < y < x, \\ 0, & \text{其他}. \end{cases}$$

(1) 求 (X,Y) 的联合概率密度函数 $f(x,y)$;
(2) 求 Y 的边缘概率密度函数 $f_Y(y)$.

3.5 二维随机变量函数的分布

下面讨论两个随机变量函数的分布问题, 就是已知二维随机变量 (X,Y) 的分布列或密度函数, 求 $Z = g(X,Y)$ 的分布列或密度函数.

3.5.1 二维离散型随机变量函数的分布

如果 (X,Y) 为二维离散型随机变量, 则 $Z = g(X,Y)$ 是一维离散型随机变量, 其分布列的求法比较简单, 类似于一维离散型随机变量函数的分布列.

例 3.10 (X,Y) 的联合分布列如下所示.

X	Y		
	-1	1	2
-1	5/20	2/20	6/20
2	3/20	3/20	1/20

试求下面随机变量的分布列: (1) $Z_1 = X + Y$; (2) $Z_2 = X - Y$; (3) $Z_3 = \max\{X, Y\}$.

解 首先确定 (X, Y) 以及 Z_1, Z_2, Z_3 的所有可能的取值, 汇总如下:

P	5/20	2/20	6/20	3/20	3/20	1/20
(X, Y)	$(-1, -1)$	$(-1, 1)$	$(-1, 2)$	$(2, -1)$	$(2, 1)$	$(2, 2)$
$Z_1 = X + Y$	-2	0	1	1	3	4
$Z_2 = X - Y$	0	-2	-3	3	1	0
$Z_3 = \max\{X, Y\}$	-1	1	2	2	2	2

然后分别对 Z_1, Z_2, Z_3 的相同取值, 合并对应的概率, 即得各自的分布列:

$Z_1 = X + Y$	-2	0	1	3	4
P	5/20	2/20	9/20	3/20	1/20

$Z_2 = X - Y$	-3	-2	0	1	3
P	6/20	2/20	6/20	3/20	3/20

$Z_3 = \max\{X, Y\}$	-1	1	2
P	5/20	2/20	13/20

例 3.11 设 $X \sim \mathrm{P}(\lambda_1)$, $Y \sim \mathrm{P}(\lambda_2)$, 且 X 与 Y 相互独立. 求 $Z = X + Y$ 的分布列.

解 显然 $Z = X + Y$ 的所有可能取值为自然数集, 考虑到 X 与 Y 的独立性, 有

$$P\{Z = k\} = P\{X + Y = k\} = \sum_{i=0}^{k} P(X = i) \cdot P(Y = k - i) \quad (独立性)$$

$$= \sum_{i=0}^{k} \frac{\lambda_1^i \cdot \lambda_2^{k-i}}{i!(k-i)!} \mathrm{e}^{-(\lambda_1 + \lambda_2)}$$

$$= \frac{(\lambda_1 + \lambda_2)^k}{k!} \mathrm{e}^{-(\lambda_1 + \lambda_2)}, \quad k = 0, 1, 2, \cdots.$$

由此可见 $Z \sim \mathrm{P}(\lambda_1 + \lambda_2)$.

本例说明服从泊松分布的两个独立随机变量之和仍服从泊松分布, 且参数为原来两个参数之和. 这一性质通常称为泊松分布的可加性.

定理 3.4 设 $X_i \sim \mathrm{P}(\lambda_i)$, $i = 1, 2, \cdots, n$, 且 $X_1, X_2, \cdots, X_n$ 相互独立, 则

$$\sum_{i=1}^{n} X_i \sim \mathrm{P}\Big(\sum_{i=1}^{n} \lambda_i\Big).$$

3.5.2 二维连续型随机变量函数的分布

如果 (X, Y) 为二维连续型随机变量, 则 $Z = g(X, Y)$ 可能是离散型随机变量, 也可能是连续型随机变量或其他. 离散型情形比较简单, 这里考虑 $Z = g(X, Y)$ 是连续型随机变量的情形, 讨论如何求 Z 的密度函数 $f_Z(z)$ 的方法.

首先求出 $Z = g(X, Y)$ 的分布函数

$$F_Z(z) = P\{Z \leqslant z\} = P\{g(X, Y) \leqslant z\} = \iint\limits_{G} f(u, v)\mathrm{d}u\mathrm{d}v,$$

其中 $f(x, y)$ 是 (X, Y) 的联合密度函数, $G = \{(x, y) : g(x, y) \leqslant z\}$.

其次是利用分布函数与密度函数的关系, 对分布函数 $F_Z(z)$ 求导, 就可得到密度函数 $f_Z(z)$.

下面重点讨论 (X, Y) 的两个特殊函数: 和与最大 (小) 值的分布.

1. 和 $(Z = X + Y)$ 的分布

设 (X, Y) 的密度函数是 $f(x, y)$, 则 Z 的分布函数

$$F_Z(z) = P\{Z \leqslant z\} = \iint\limits_{x+y \leqslant z} f(x, y)\mathrm{d}x\mathrm{d}y = \int_{-\infty}^{+\infty} \left(\int_{-\infty}^{z-y} f(x, y)\mathrm{d}x \right) \mathrm{d}y,$$

假设积分与求导数可以交换次序, 那么

$$f_Z(z) = \frac{\mathrm{d}}{\mathrm{d}z} F_Z(z) = \int_{-\infty}^{+\infty} \frac{\mathrm{d}}{\mathrm{d}z} \left(\int_{-\infty}^{z-y} f(x, y)\mathrm{d}x \right) \mathrm{d}y = \int_{-\infty}^{+\infty} f(z-y, y)\mathrm{d}y,$$

由此得到 Z 的概率密度函数

$$f_Z(z) = \int_{-\infty}^{+\infty} f(z-y, y)\mathrm{d}y, \tag{3.22}$$

或者

$$f_Z(z) = \int_{-\infty}^{+\infty} f(x, z-x)\mathrm{d}x. \tag{3.23}$$

特别地, 当 X 和 Y 相互独立时, $f(x,y) = f_X(x)f_Y(y)$, 将这个结果代入式 (3.22) 和式 (3.23) 得

$$f_Z(z) = \int_{-\infty}^{+\infty} f_X(z-y)f_Y(y)\mathrm{d}y, \tag{3.24}$$

$$= \int_{-\infty}^{+\infty} f_X(x)f_Y(z-x)\mathrm{d}x. \tag{3.25}$$

这两个公式称为卷积 (convolution) 公式, 即如果 X, Y 相互独立, 则 $Z = X + Y$ 的密度函数为 X, Y 密度函数的卷积. 记为

$$[f_X * f_Y](z) = \int_{-\infty}^{+\infty} f_X(z-y)f_Y(y)\mathrm{d}y = \int_{-\infty}^{+\infty} f_X(x)f_Y(z-x)\mathrm{d}x.$$

例 3.12　设 X 和 Y 相互独立, 且都服从 $\mathrm{N}(0,1)$. 求 $Z = X + Y$ 的概率密度函数 $f_Z(z)$.

解　由式 (3.25) 得

$$\begin{aligned}
f_Z(z) &= \int_{-\infty}^{+\infty} \varphi(x)\varphi(z-x)\mathrm{d}x = \frac{1}{2\pi}\int_{-\infty}^{+\infty} \mathrm{e}^{-x^2/2}\mathrm{e}^{-(z-x)^2/2}\mathrm{d}x \\
&= \frac{1}{2\pi}\mathrm{e}^{-z^2/4}\int_{-\infty}^{+\infty} \mathrm{e}^{-(x-z/2)^2}\mathrm{d}x \\
&= \frac{1}{2\pi}\mathrm{e}^{-z^2/4}\frac{1}{\sqrt{2}}\int_{-\infty}^{+\infty} \mathrm{e}^{-t^2/2}\mathrm{d}t \qquad \left(\diamondsuit\; x - \frac{z}{2} = \frac{t}{\sqrt{2}}\right) \\
&= \frac{1}{2\sqrt{\pi}}\mathrm{e}^{-z^2/4}.
\end{aligned}$$

由此可见, $Z \sim \mathrm{N}(0, 2)$.

一般地, 可以证明: 若 X, Y 相互独立, $X \sim \mathrm{N}(\mu_1, \sigma_1^2)$, $Y \sim \mathrm{N}(\mu_2, \sigma_2^2)$. 则

$$X + Y \sim \mathrm{N}(\mu_1 + \mu_2, \sigma_1^2 + \sigma_2^2).$$

用数学归纳法进一步可以证明定理 3.5.

定理 3.5 设 $X_i \sim N(\mu_i, \sigma_i^2)$ $(i = 1, 2, \cdots, n)$, 且相互独立, 则

$$\sum_{i=1}^{n} X_i \sim N\left(\sum_{i=1}^{n} \mu_i, \sum_{i=1}^{n} \sigma_i^2\right).$$

由此可见, 正态分布具有可加性.

2. 最大值和最小值的分布

设随机变量 X, Y 相互独立, 分布函数分别为 $F_X(x)$ 和 $F_Y(y)$. 求 $M = \max\{X, Y\}$ 和 $N = \min\{X, Y\}$ 的分布函数 $F_M(z)$ 和 $F_N(z)$.

对于任意的实数 z, 不难发现有 $\{\max(X, Y) \leqslant z\} = \{X \leqslant z, Y \leqslant z\}$, 从而

$$F_M(z) = P\{M \leqslant z\} = P\{X \leqslant z, Y \leqslant z\}$$
$$= P\{X \leqslant z\} \cdot P\{Y \leqslant z\} = F_X(z) \cdot F_Y(z).$$

欲求 $N = \min\{X, Y\}$ 的分布函数 $F_N(z)$, 注意到 $\{\min\{X, Y\} > z\} = \{X > z, Y > z\}$, 则有

$$F_N(z) = P\{N \leqslant z\} = 1 - P\{N > z\}$$
$$= 1 - P\{X > z, Y > z\} = 1 - P\{X > z\} \cdot P\{Y > z\}$$
$$= 1 - [1 - F_X(z)][1 - F_Y(z)].$$

一般地, 设 $X_1, X_2, \cdots, X_n$ 相互独立, 分布函数分别为 $F_{X_1}(x), F_{X_2}(x), \cdots, F_{X_n}(x)$. 则有 $M = \max\{X_1, X_2, \cdots, X_n\}$ 的分布函数为

$$F_M(z) = \prod_{i=1}^{n} F_{X_i}(z), \tag{3.26}$$

$N = \min\{X_1, X_2, \cdots, X_n\}$ 的分布函数为

$$F_N(z) = 1 - \prod_{i=1}^{n} [1 - F_{X_i}(z)]. \tag{3.27}$$

特别地, 当 $X_1, X_2, \cdots, X_n$ 独立且有相同的分布函数 $F(x)$ 时, 则有

$$F_M(z) = [F(z)]^n, \tag{3.28}$$

$$F_N(z) = 1 - [1 - F(z)]^n. \tag{3.29}$$

例 3.13　设 X 和 Y 相互独立, 且都服从参数为 1 的指数分布. 求
(1) $M = \max(X, Y)$ 的概率密度函数 $f_Z(z)$;　　(2) $P\{M > 4\}$.
解　(1) X, Y 共同的分布函数为

$$F(x) = \begin{cases} 1 - \mathrm{e}^{-x}, & x > 0, \\ 0, & x \leqslant 0. \end{cases}$$

于是由式 (3.28) 可知, M 的分布函数为

$$F_M(z) = [F(z)]^2.$$

从而可得 M 的概率密度函数为

$$f_M(z) = 2F(z)F'(z) = 2F(z)f(z) = \begin{cases} 2\mathrm{e}^{-z}(1 - \mathrm{e}^{-z}), & z > 0, \\ 0, & z \leqslant 0. \end{cases}$$

(2) $P\{M > 4\} = 1 - P\{M \leqslant 4\} = 1 - F_M(4) = 1 - [F(4)]^2 = 1 - (1 - \mathrm{e}^{-4})^2.$

习　题　3.5

1 设二维随机变量 (X, Y) 的联合分布列如下所示:

X	Y		
	-1	1	2
-1	5/20	2/20	6/20
2	3/20	3/20	1/20

求以下随机变量的分布列: (1) $Z = X + Y$;　(2) $Z = X - Y$;　(3) $Z = XY$.

2 已知随机变量 X 和 Y 相互独立, 且 $X \sim B(1, 1/4)$, $Y \sim B(2, 1/2)$, 求以下随机变量的分布列: (1) $Z = X + Y$;　(2) $Z = XY$.

3 设随机变量 X 和 Y 相互独立, 且 $f_X(x) = \begin{cases} 1, & -1 \leqslant x \leqslant 0, \\ 0, & \text{其他}, \end{cases}$ $f_Y(x) = \begin{cases} \mathrm{e}^{-y}, & y > 0, \\ 0, & y \leqslant 0, \end{cases}$
试求 $Z = X + Y$ 的密度函数.

4 设随机变量 X 和 Y 相互独立, 且都服从 $[0, 1]$ 上的均匀分布, 试求 $Z = |X - Y|$ 的密度函数.

5 设随机变量 (X, Y) 的联合密度函数为 $f(x, y) = \begin{cases} Cx\mathrm{e}^{-y}, & 0 < x < y, \\ 0, & \text{其他}. \end{cases}$ 求:

(1) 常数 C; (2) $U = \max\{X, Y\}$ 和 $V = \min\{X, Y\}$ 的密度函数.

6 设随机变量 (X, Y) 的联合密度函数为 $f(x, y) = \begin{cases} x + y, & 0 < x < 1, 0 < y < 1, \\ 0, & \text{其他}. \end{cases}$ 求
$Z = X + Y$ 的密度函数.

本 章 小 结

本章我们着重讨论了二维随机变量——对一维随机变量的概念的扩充.

1. 二维随机变量 (X, Y) 的分布

1° 联合分布函数 $F(x, y) = P\{X \leqslant x, Y \leqslant y\}$, $(x, y) \in \mathbb{R}^2$.

2° 离散型随机变量 (X, Y) 的联合分布列 $P\{X = a_i, Y = b_j\} = p_{ij}$, $i, j = 1, 2, \cdots$.

3° 连续型随机变量 (X, Y) 的联合概率密度 $f(x, y)$.

2. 连续型二维随机变量 (X, Y) 的概率计算

对于二维连续型随机变量, 有公式

$$P\big\{(X, Y) \in G\big\} = \iint\limits_{G} f(x, y)\mathrm{d}x\mathrm{d}y,$$

其中 G 是平面上的某区域. 例如, G 为半平面 $y \leqslant x$, 有

$$P\{Y \leqslant X\} = P\big\{(X, Y) \in G\big\} = \iint\limits_{y \leqslant x} f(x, y)\mathrm{d}x\mathrm{d}y,$$

3. 二维随机变量 (X, Y) 的新内容

1° 边缘 $\begin{cases} \text{分布函数 } F_X(x) = F(x, +\infty), \ \ F_Y(y) = F(+\infty, y); \\ \text{分布列 } P\{X = a_i\} = p_{i\cdot} = \sum\limits_{j} p_{ij}, \ \ P\{y = b_j\} = p_{\cdot j} = \sum\limits_{i} p_{ij}; \\ \text{密度函数 } f_X(x) = \displaystyle\int_{-\infty}^{+\infty} f(x, y)\mathrm{d}y, \ \ f_Y(y) = \displaystyle\int_{-\infty}^{+\infty} f(x, y)\mathrm{d}x. \end{cases}$

2° 条件 $\begin{cases} \text{分布列 } P\{X = a_i \,|\, Y = b_j\} = \dfrac{p_{ij}}{p_{\cdot j}}, \ \ P\{y = b_j \,|\, X = a_i\} = \dfrac{p_{ij}}{p_{i\cdot}}; \\ \text{密度函数 } f_{X|Y}(x\,|\,y) = \dfrac{f(x, y)}{f_Y(y)}, \ \ f_{Y|X}(y\,|\,x) = \dfrac{f(x, y)}{f_X(x)}. \end{cases}$

3° 独立性——联合分布等于边缘分布的乘积——条件分布等于无条件分布.

4. 二维随机变量 (X, Y) 的函数的分布

问题: 已知 (X, Y) 的分布, 求 $Z = g(X, Y)$ 的分布.

一般方法: 设法求出 $Z = g(X, Y)$ 的分布函数 $F_Z(z)$. 特别讨论了 $Z = X + Y$, $M = \max\{X, Y\}$, $N = \min\{X, Y\}$ 的分布的求法.

5. 计算问题

本章在进行各种问题的计算时, 例如, 在求边缘概率密度、求条件概率密度、求 $Z = X + Y$ 的概率密度或在计算概率 $P\{(X, Y) \in G\}$ 时, 要用到二重积分, 或

用到二元函数固定其中一个变量对另一个变量的积分. 此时千万要搞清楚积分变量的变化范围. 另外, 所求结果往往是分段函数, 正确写出分段函数的表达式是必需的.

总 练 习 题

1 设二维随机变量 (X, Y) 的概率分布为

X	Y 0	1
0	0.4	a
1	b	0.1

已知随机事件 $\{X = 0\}$ 与 $\{X + Y = 1\}$ 相互独立, 求 a, b 的值.

2 设二维随机变量 (X, Y) 的概率密度为

$$f(x, y) = \begin{cases} k\mathrm{e}^{-(x+y)/2}, & x > 0, \ y > 0, \\ 0, & \text{其他.} \end{cases}$$

求: (1) 常数 k;　(2) $P\{X + Y \leqslant 2\}$.

3 设随机变量 X 与 Y 相互独立, 下表列出了二维随机变量 (X, Y) 联合分布列及关于 X 和关于 Y 的边缘分布列中的部分数值, 试将其余值填入表中的空白处.

X	Y y_1	y_2	y_3	$P\{X = x_i\} = p_i$
x_1		1/8		
x_2	1/8			
$P\{Y = y_j\} = p_j$	1/6			1

4 设随机变量 X 的分布为 $P\{X = 1\} = P\{X = 2\} = 1/2$, 在给定 $X = i$ 的条件下, 随机变量 Y 服从均匀分布 $\mathrm{U}(0, i)$, $i = 1, 2$. 求 Y 的分布函数.

5 设二维随机变量 (X, Y) 的联合概率密度函数为

$$f(x, y) = \begin{cases} \mathrm{e}^{-y}, & 0 < x < y, \\ 0, & \text{其他.} \end{cases}$$

求 (X, Y) 关于 X 和关于 Y 的边缘密度函数.

6 设二维随机变量 (X, Y) 的概率密度为

$$f(x, y) = \begin{cases} 2\,\mathrm{e}^{-(2x+y)}, & x > 0,\ y > 0, \\ 0, & \text{其他.} \end{cases}$$

求: (1) 分布函数 $F(x, y)$; (2) $P(Y \leqslant X)$.

7 设随机变量 X 与 Y 相互独立, 且分别服从参数为 1 与参数为 4 的指数分布, 求 $P\{X < Y\}$.

8 设随机变量 X 与 Y 相互独立, 且 X 的概率分布为 $P\{X = 1\} = P\{X = -1\} = 1/2$, Y 服从参数为 λ 的泊松分布, 求 $Z = XY$ 的概率分布.

9 设随机变量 X 与 Y 相互独立, 且 X 的概率分布为 $P\{X = 0\} = P\{X = 2\} = 1/2$, Y 的概率密度函数为

$$f(y) = \begin{cases} 2y, & 0 < y < 1, \\ 0, & \text{其他.} \end{cases}$$

求 $Z = X + Y$ 的概率分布.

10 设随机变量 X, Y 独立同分布于 $\mathrm{U}(0, 3)$, 求 $P\{\max\{X, Y\} \leqslant 1\}$.

11 设二维随机变量 (X, Y) 的概率密度函数为

$$f(x, y) = \frac{1}{2\pi\sigma^2} \exp\left\{ -\frac{1}{2}\left(\frac{x^2}{\sigma^2} + \frac{y^2}{\sigma^2}\right) \right\}.$$

求 $Z = \sqrt{X^2 + Y^2}$ 的概率密度函数.

12 设 $X_1, X_2, \cdots, X_n$ 独立同分布于 $\mathrm{Exp}(\lambda)$, 求 $N = \min\{X_1, X_2, \cdots, X_n\}$ 的概率密度函数.

13 设二维随机变量 (X, Y) 在区域 $D = \{(x, y)\,|\,0 < x < 1, x^2 < y < \sqrt{x}\}$ 上服从均匀分布, 令

$$U = g(X, Y) = \begin{cases} 1, & X \leqslant Y, \\ 0, & X > Y. \end{cases}$$

(1) 写出 (X, Y) 的概率密度;

(2) 问 U 与 X 是否相互独立? 并说明理由;

(3) 求 $Z = U + X$ 的分布函数.

数学家欧拉简介

莱昂哈德·欧拉

莱昂哈德·欧拉 (Leonhard Euler, 1707~1783), 瑞士数学家、自然科学家.

欧拉 13 岁时入读巴塞尔大学, 15 岁大学毕业, 16 岁获得硕士学位; 1727 年, 任职于俄国彼得堡科学院; 1731 年接替丹尼尔·伯努利成为物理教授; 1741 年受普鲁士腓特烈大帝的邀请到柏林科学院工作, 达 25 年之久.

几乎每一个数学领域都可以看到欧拉的名字: 初等几何的欧拉线、多面体的欧拉定理、立体解析几何的欧拉变换公式、数论的欧拉函数、变分法的欧拉方程、复变函数的欧拉公式……欧拉还是数学史上最多产的数学家, 他一生写下 886 种书籍论文, 平均每年写出 800 多页, 彼得堡科学院为了整理他的著作, 足足忙碌了 47 年. 他的著作《无穷小分析引论》《微分学原理》《积分学原理》是 18 世纪欧洲标准的微积分教科书. 欧拉还创造了一批数学符号, 如 $f(x)$, $\sum$, i, e 等等, 使得数学更容易表述、推广, 并且, 欧拉把整个数学推至物理的领域, 此外还涉及建筑学、弹道学、航海学等领域. 同时代数学家们称他为 "分析学的化身".

欧拉顽强的治学精神同样熠熠生辉、被传为美谈, 学术成果的惊人多产并不是偶然的, 他可以在任何不良的环境中工作, 常常抱着孩子在膝上完成论文, 完全不受孩子在旁边喧哗的干扰. 他那顽强的毅力和孜孜不倦的治学精神, 使他在双目失明以后, 也没有停止对数学的研究, 在失明后的 17 年间, 他还口述了几本书和 400 篇左右的论文.

第 4 章 随机变量的数字特征

科学本身在实践的影响下发展, 而又为实践开发了新的研究对象.

——切比雪夫

随机变量的分布函数 (分布列或密度函数) 全面地描述了随机变量的统计规律. 但是, 对许多实际问题, 随机变量的分布并不容易求得, 有些问题也不需要求得, 只需要知道它的某些特征即可, 并且这些特征比分布函数更容易计算 (估计). 例如, 在考察某地区水稻的产量时, 只需要知道水稻的平均单位产量. 在检查一批棉花质量时, 只关心纤维的平均长度及其在平均长度周围的波动程度, 平均长度较大, 波动程度较小, 质量就较好. 这些能够刻画随机变量某些方面性质特征的量就是随机变量的数字特征. 数字特征由概率分布唯一确定, 比较常用的数字特征有数学期望、方差、协方差和相关系数等.

4.1 数 学 期 望

本节主要研究离散型、连续型随机变量及其函数的数学期望和性质.

4.1.1 离散型随机变量的数学期望

为了引入离散型随机变量数学期望的概念, 我们先给出一个例子.

某车间生产某种产品, 检验员每天随机地抽取 9 件产品做检验, 查出的废品数 X 是一个随机变量, 它的可能取值为 $0, 1, 2, \cdots, 9$. 设检验员共查 N 天, 出现废品数为 $0, 1, 2, \cdots, 9$ 的天数分别为 $N_0, N_1, \cdots, N_9$. 问 N 天出现的废品数的平均值为多少?

显然, N 天中出现的总的废品数是 $\sum\limits_{k=0}^{9} k N_k$, 于是 N 天出现的废品数的平均数是

$$\frac{N \text{ 天出现的废品数}}{N} = \frac{\sum\limits_{k=0}^{9} k N_k}{N} = \sum_{k=0}^{9} k \frac{N_k}{N}.$$

在上面的和式中, 每一项都是两个数的乘积, 其一 k 是废品数, 另一是废品数为 k 的频率, 因而上式对废品数 $0, 1, 2, \cdots, 9$ 而言, 不是简单的平均而是加权平

均. 由第 1 章中关于频率和概率关系的讨论可知, 在求平均值时, 理论上应该用概率 p_k 去代替上述和式中的频率, 这时得到的平均值才是理论上的 (也是真实的) 平均值. 由此, 我们给出下面的定义.

定义 4.1　设离散型随机变量 X 的概率分布列为

$$P\{X = x_i\} = p_i, \quad i = 1, 2, \cdots,$$

若级数 $\sum\limits_{i=1}^{\infty} x_i p_i$ 绝对收敛, 则称该级数的和为 X 的数学期望 (mathematical expectation), 简称为期望或均值 (mean), 记作 $\mathrm{E}(X)$, 即

$$\mathrm{E}(X) = \sum_{i=1}^{\infty} x_i p_i. \tag{4.1}$$

若级数 $\sum\limits_{i=1}^{\infty} |x_i| p_i$ 发散, 则称 X 的数学期望不存在.

例 4.1　设某地一个月中发生交通事故数 X 有如下分布, 求该地月平均交通事故数.

X	0	1	2	3	4	5	6
P	0.006	0.301	0.362	0.216	0.087	0.026	0.002

解　由期望的定义可知

$$\mathrm{E}(X) = 0 \times 0.006 + 1 \times 0.301 + 2 \times 0.362 + 3 \times 0.216 + 4 \times 0.087$$

$$+ 5 \times 0.026 + 6 \times 0.002 = 2.163.$$

故该地区发生交通事故的月平均数约为 2.163 次.

例 4.2　设随机变量 X 服从二项分布, 即 $X \sim \mathrm{B}(n, p)$, 求其数学期望.

解　二项分布的分布列为

$$P\{X = k\} = \mathrm{C}_n^k p^k q^{n-k}, \quad k = 0, 1, 2, \cdots, n.$$

所以期望为

$$\mathrm{E}(X) = \sum_{k=0}^{n} k P\{X = k\} = \sum_{k=0}^{n} k \mathrm{C}_n^k p^k q^{n-k} = np \sum_{k=1}^{n} \mathrm{C}_{n-1}^{k-1} p^{k-1} q^{n-k}$$

$$= np(p + q)^{n-1} = np.$$

例 4.3 设随机变量 X 服从参数为 λ 的泊松分布, 求其数学期望.

解 泊松分布的概率分布为

$$P\{X=k\} = \frac{\lambda^k}{k!}\mathrm{e}^{-\lambda}, \quad k=0,1,2,\cdots,$$

所以期望为

$$\mathrm{E}(X) = \sum_{k=1}^{\infty} kP\{X=k\} = \sum_{k=1}^{\infty} k\frac{\lambda^k}{k!}\mathrm{e}^{-\lambda} = \mathrm{e}^{-\lambda}\sum_{k=1}^{\infty}\frac{\lambda^k}{(k-1)!} = \mathrm{e}^{-\lambda}\lambda\mathrm{e}^{\lambda} = \lambda.$$

由此看出, 泊松分布的参数 λ 就是它的期望值.

例 4.4 设随机变量 X 取值 $x_k = (-1)^k\frac{2^k}{k}$, $k=1,2,\cdots$, 对应的概率 $p_k = \frac{1}{2^k}$. 证明: X 的数学期望不存在.

证 由于 $p_k \geqslant 0$, $\sum\limits_{k=1}^{\infty} p_k = 1$, 因此 p_k 是随机变量 X 的概率分布, 但由于

$$\sum_{k=1}^{\infty} |x_k|p_k = \sum_{k=1}^{\infty}\frac{1}{k} = \infty,$$

可见级数 $\sum\limits_{k=1}^{\infty} x_k p_k$ 不绝对收敛, 因此 X 的数学期望不存在.

4.1.2 连续型随机变量的数学期望

对于连续型随机变量 X, 设其概率密度函数为 $f(x)$, 那么对很小的 $\mathrm{d}x$,

$$f(x)\mathrm{d}x \approx P\{x \leqslant X \leqslant x+\mathrm{d}x\},$$

类比于离散型随机变量数学期望的定义, 只要将分布列换成 $f(x)\mathrm{d}x$, 将求和换成积分, 其正式表述如下.

定义 4.2 设连续型随机变量 X 的密度函数为 $f(x)$, 如果广义积分 $\int_{-\infty}^{+\infty} xf(x)\mathrm{d}x$ 绝对收敛, 则称它为 X 的数学期望, 即

$$\mathrm{E}(X) = \int_{-\infty}^{+\infty} xf(x)\mathrm{d}x. \tag{4.2}$$

如果 $\int_{-\infty}^{+\infty} |x|f(x)\mathrm{d}x = \infty$, 则称 X 不存在数学期望.

例 4.5　设随机变量 $X \sim \mathrm{U}(a,b)$, 求 X 的数学期望 $\mathrm{E}(X)$.

解　由于 $X \sim \mathrm{U}(a,b)$, 其概率密度为

$$f(x) = \begin{cases} \dfrac{1}{b-a}, & a \leqslant x \leqslant b, \\ 0, & \text{其他}. \end{cases}$$

于是

$$\mathrm{E}(X) = \int_{-\infty}^{+\infty} xf(x)\mathrm{d}x = \int_a^b x\frac{1}{b-a}\mathrm{d}x = \frac{1}{b-a}\int_a^b x\mathrm{d}x = \frac{a+b}{2}.$$

例 4.6　设随机变量 X 服从参数为 λ 的指数分布, 求 X 的数学期望 $\mathrm{E}(X)$.

解　指数分布的概率密度为

$$f(x) = \begin{cases} \lambda\mathrm{e}^{-\lambda x}, & x \geqslant 0, \\ 0, & \text{其他}. \end{cases}$$

于是

$$\mathrm{E}(X) = \int_0^{+\infty} xf(x)\mathrm{d}x = \int_0^{+\infty} x\lambda\mathrm{e}^{-\lambda x}\mathrm{d}x = \frac{1}{\lambda}.$$

例 4.7　设连续型随机变量 $X \sim \mathrm{N}(\mu, \sigma^2)$, 求 X 的数学期望 $\mathrm{E}(X)$.

解　正态分布的概率密度为

$$f(x) = \frac{1}{\sqrt{2\pi}\sigma}\mathrm{e}^{\frac{-(x-\mu)^2}{2\sigma^2}}.$$

于是

$$\begin{aligned} \mathrm{E}(X) &= \int_{-\infty}^{+\infty} xf(x)\mathrm{d}x = \int_0^{+\infty} x\frac{1}{\sqrt{2\pi}\sigma}\mathrm{e}^{\frac{-(x-\mu)^2}{2\sigma^2}}\mathrm{d}x \\ &= \frac{1}{\sqrt{2\pi}}\int_{-\infty}^{+\infty}(\sigma z + \mu)\mathrm{e}^{-\frac{z^2}{2}}\mathrm{d}z \quad (\diamondsuit\ z = \frac{x-u}{\sigma}) \\ &= \frac{\mu}{\sqrt{2\pi}}\int_{-\infty}^{+\infty}\mathrm{e}^{-\frac{z^2}{2}}\mathrm{d}z = \mu. \end{aligned}$$

可见, $\mathrm{N}(\mu, \sigma^2)$ 的参数 μ 正是它的数学期望.

4.1.3 随机变量函数的数学期望

对于随机变量 X 的某一函数 $Y = g(X)$, 如果知道随机变量 Y 的概率分布, 则可直接求出 Y 的期望; 如果不知道 Y 的概率分布, 也可以由 X 的概率分布来求出 Y 的期望.

定理 4.1 设 $Y = g(X)$ 是随机变量 X 的某一函数.

(1) 设 X 是离散型随机变量, 其分布列为 $P\{X = x_i\} = p_i,\ i = 1, 2, \cdots$. 若级数 $\sum\limits_{k=1}^{\infty} g(x_k)p_k$ 绝对收敛, 则

$$\mathrm{E}(Y) = \mathrm{E}[g(X)] = \sum_{k=1}^{\infty} g(x_k)p_k. \tag{4.3}$$

(2) 设 X 是连续型随机变量, 其密度函数为 $f(x)$. 若无穷限广义积分 $\int_{-\infty}^{+\infty} g(x) \cdot f(x)\mathrm{d}x$ 绝对收敛, 则

$$\mathrm{E}(Y) = \mathrm{E}[g(X)] = \int_{-\infty}^{+\infty} g(x)f(x)\mathrm{d}x. \tag{4.4}$$

证明略.

例 4.8 随机变量 X 的分布列如下, 求 $\mathrm{E}(X^2)$.

X	-1	0	0.5	1	2
P	0.3	0.15	0.15	0.15	0.25

解 由式 (4.3) 得

$$\mathrm{E}(X^2) = (-1)^2 \times 0.3 + 0^2 \times 0.15 + (0.5)^2 \times 0.15 + 1^2 \times 0.15 + 2^2 \times 0.25$$

$$= 1.4875.$$

例 4.9 市场对某种商品的需求量 X(单位: kg) 服从区间 $[200, 400]$ 上的均匀分布. 若售出这种商品每千克可获利 3 百元, 但若销售不出囤积于仓库, 则每千克需要保管费 1 百元. 问应该预备多少这种商品, 才能使平均收益最大?

解 设预备这种商品 y kg, 则收益 (百元) 为

$$g(X) = \begin{cases} 3y, & X \geqslant y, \\ 3X - (y - X), & X < y. \end{cases}$$

于是, 平均收益为

$$
\begin{aligned}
\mathrm{E}[g(X)] &= \int_{-\infty}^{+\infty} g(x) f(x) \mathrm{d}x = \int_{200}^{400} g(x) \frac{1}{400-200} \mathrm{d}x \\
&= \frac{1}{200} \int_{200}^{y} [3x - (y-x)] \mathrm{d}x + \frac{1}{200} \int_{y}^{400} 3y \mathrm{d}x \\
&= \frac{1}{100} (-y^2 + 700y - 200^2),
\end{aligned}
$$

当 $y = 350$ kg, 上式得到最大. 所以应该预备 350 kg 这种商品, 能使平均收益最大.

定理 4.1 可以推广到多个随机变量的情形. 如对二维随机变量, 类似地有以下定理.

定理 4.2 设 $Z = g(X, Y)$ 是二维随机变量 (X, Y) 的某一个二元实函数.
(1) 设 (X, Y) 是离散型随机变量, 其联合分布列为

$$
P\{X = a_i, Y = b_j\} = p_{ij}, \quad i, j = 1, 2, \cdots.
$$

如果 $\sum\limits_{i} \sum\limits_{j} g(a_i, b_j) p_{ij}$ 绝对收敛, 则

$$
\mathrm{E}(Z) = \mathrm{E}[g(X, Y)] = \sum_{i} \sum_{j} g(a_i, b_j) p_{ij}. \tag{4.5}
$$

(2) 设 (X, Y) 是连续型随机变量, 其联合密度函数为 $f(x, y)$. 若无穷限广义积分

$$
\int_{-\infty}^{+\infty} \int_{-\infty}^{+\infty} g(x, y) f(x, y) \mathrm{d}x \mathrm{d}y
$$

绝对收敛, 则

$$
\mathrm{E}(Z) = \mathrm{E}[g(X, Y)] = \int_{-\infty}^{+\infty} \int_{-\infty}^{+\infty} g(x, y) f(x, y) \mathrm{d}x \mathrm{d}y. \tag{4.6}
$$

例 4.10 设二维连续型随机变量 (X, Y) 的概率密度为

$$
f(x, y) = \begin{cases} \dfrac{1}{4} x(1 + 3y^2), & 0 < x < 2,\ 0 < y < 1, \\ 0, & \text{其他.} \end{cases}
$$

试求 $\mathrm{E}(X)$ 与 $\mathrm{E}(XY)$.

解 按式 (4.6) 得

$$\mathrm{E}(X) = \int_{-\infty}^{+\infty}\int_{-\infty}^{+\infty} xf(x,y)\mathrm{d}x\mathrm{d}y = \int_0^2 \mathrm{d}x \int_0^1 x \cdot \frac{1}{4}x(1+3y^2)\mathrm{d}y = \frac{4}{3},$$

$$\mathrm{E}(XY) = \int_{-\infty}^{+\infty}\int_{-\infty}^{+\infty} xyf(x,y)\mathrm{d}x\mathrm{d}y = \int_0^2 \mathrm{d}x \int_0^1 xy \cdot \frac{1}{4}x(1+3y^2)\mathrm{d}y = \frac{5}{6}.$$

4.1.4 数学期望的性质

上面给出了数学期望的定义和随机变量函数的数学期望的计算公式. 下面讨论数学期望的一些重要性质.

定理 4.3 设随机变量 X, Y 的数学期望 $\mathrm{E}(X), \mathrm{E}(Y)$ 存在.

(1) $\mathrm{E}(c) = c$, 其中 c 为常数;

(2) $\mathrm{E}(cX) = c\mathrm{E}(X)$;

(3) $\mathrm{E}(X+Y) = \mathrm{E}(X) + \mathrm{E}(Y)$;

(4) 若 X, Y 相互独立, 则 $\mathrm{E}(XY) = \mathrm{E}(X)\mathrm{E}(Y)$;

(5) 若 $X \leqslant Y$, 则 $\mathrm{E}(X) \leqslant \mathrm{E}(Y)$.

证 就连续型情形我们来证明性质 (3)、性质 (4)、性质 (5), 其余留给读者.
设 X, Y 的联合概率密度函数为 $f(x,y)$, 边缘密度函数分别为 $f_X(x), f_Y(y)$.

(3) 由式 (4.6) 有

$$\begin{aligned}
\mathrm{E}(X+Y) &= \int_{-\infty}^{+\infty}\int_{-\infty}^{+\infty} (x+y)f(x,y)\mathrm{d}x\mathrm{d}y \\
&= \int_{-\infty}^{+\infty}\int_{-\infty}^{+\infty} xf(x,y)\mathrm{d}x\mathrm{d}y + \int_{-\infty}^{+\infty}\int_{-\infty}^{+\infty} yf(x,y)\mathrm{d}x\mathrm{d}y \\
&= \mathrm{E}(X) + \mathrm{E}(Y).
\end{aligned}$$

(4) 若 X, Y 相互独立, 此时 $f(x,y) = f_X(x)f_Y(y)$, 则由式 (4.6) 得

$$\begin{aligned}
\mathrm{E}(XY) &= \int_{-\infty}^{+\infty}\int_{-\infty}^{+\infty} xyf(x,y)\mathrm{d}x\mathrm{d}y \\
&= \int_{-\infty}^{+\infty}\int_{-\infty}^{+\infty} xyf_X(x)f_Y(y)\mathrm{d}x\mathrm{d}y \\
&= \int_{-\infty}^{+\infty} xf_X(x)\mathrm{d}x \int_{-\infty}^{+\infty} yf_Y(y)\mathrm{d}y \\
&= \mathrm{E}(X)\mathrm{E}(Y).
\end{aligned}$$

(5) 若 $X \leqslant Y$, 则由式 (4.6) 得

$$\mathrm{E}(X) = \int_{-\infty}^{+\infty}\int_{-\infty}^{+\infty} xf(x,y)\mathrm{d}x\mathrm{d}y \leqslant \int_{-\infty}^{+\infty}\int_{-\infty}^{+\infty} yf(x,y)\mathrm{d}x\mathrm{d}y = \mathrm{E}(Y).$$

推论 4.4　随机变量 $X_i,\ i=1,2,\cdots,n$ 数学期望都存在, $a_i,\ i=1,2,\cdots,n$ 为常数, 则有

$$\mathrm{E}\left(\sum_{i=1}^{n} a_i X_i\right)=\sum_{i=1}^{n} a_i \mathrm{E}(X_i).$$

推论 4.5　随机变量 $X_i,\ i=1,2,\cdots,n$ 数学期望都存在, 且相互独立, 则

$$\mathrm{E}(X_1 X_2 \cdots X_n)=\mathrm{E}(X_1)\mathrm{E}(X_2)\cdots\mathrm{E}(X_n).$$

推论 4.6　随机变量 X 存在数学期望, 且满足 $a\leqslant X\leqslant b$, a,b 为常数. 则

$$a\leqslant \mathrm{E}(X)\leqslant b.$$

习　题　4.1

1 设离散型随机变量 X 的分布列为

X	-1	0	1
P	0.5	0.2	0.3

试求 $\mathrm{E}(X)$ 和 $\mathrm{E}(3X+5)$.

2 设随机变量 X 的密度函数为

$$f(x)=\begin{cases}4(1+x)^3, & 0<x<1,\\ 0, & \text{其他}.\end{cases}$$

求 $\mathrm{E}(X)$.

3 设随机变量 X 的分布列如下表, 求 $\mathrm{E}(X^2+X-1)$.

X	-1	0	1	2
P	0.1	0.2	0.3	0.4

4 设随机变量 X 的密度函数为

$$f(x)=\begin{cases}a+bx^2, & 0\leqslant x\leqslant 1,\\ 0, & \text{其他}.\end{cases}$$

已知 $\mathrm{E}(X)=3/5$, 求 a 和 b.

5 设随机变量 X 和 Y 的联合密度函数为

$$f(x,y)=\begin{cases}2xy, & 0<2y<x<2,\\ 0, & \text{其他}.\end{cases}$$

试求 $\mathrm{E}(X)$, $\mathrm{E}(Y)$, $\mathrm{E}\left(\dfrac{1}{XY}\right)$.

6 设随机变量 X 和 Y 的联合密度函数为

$$f(x,y) = \begin{cases} 4xy\,\mathrm{e}^{-(x^2+y^2)}, & x>0,\ y>0, \\ 0, & \text{其他}. \end{cases}$$

求 $Z = \sqrt{x^2+y^2}$ 的数学期望.

4.2　方　　差

4.2.1　方差的定义

对于随机变量 X, 数学期望 $\mathrm{E}(X)$ 反映了它的平均特征. 在某些场合中, 仅知道平均特征是不够的, 还要考虑 X 偏离其 "中心" $\mathrm{E}(X)$ 的程度.

设 X 是要讨论的随机变量, 如果将 $\mathrm{E}(X)$ 理解为 X 取值的一个 "中心", 则 $|X - \mathrm{E}(X)|$ 就是 X 离开其中心之绝对偏差. 但考虑到绝对值运算有许多不便之处, 人们便用 $[X - \mathrm{E}(X)]^2$ 度量这个偏差. 但是 $[X - \mathrm{E}(X)]^2$ 是一个随机变量, 应该用它的期望值, 即用 $\mathrm{E}[X - \mathrm{E}(X)]^2$ 这个数字来度量 X 取值的离散程度. 这就引出了下述定义.

定义 4.3　设 X 是一随机变量, 若 $\mathrm{E}[X - \mathrm{E}(X)]^2$ 存在, 则称它为 X 的*方差* (variance). 记作 $\mathrm{Var}(X)$ 或 $\mathrm{D}(X)$, 即

$$\mathrm{D}(X) = \mathrm{Var}(X) = \mathrm{E}\big[X - \mathrm{E}(X)\big]^2. \tag{4.7}$$

称 $\sqrt{\mathrm{D}(X)}$ 为 X 的*标准差* (standard deviation) 或均方差, 记为 $\sigma(X)$.

由定义可知, 方差反映了随机变量 X 的取值相对于其数学期望的偏离程度. 若 X 取值比较集中, 则 $\mathrm{D}(X)$ 较小; 反之, 若 X 取值比较发散, 则 $\mathrm{D}(X)$ 较大.

随机变量 X 的方差事实上是 X 的函数 $[X - \mathrm{E}(X)]^2$ 的数学期望, 方差存在的先决条件是期望存在. 利用数学期望的性质, 可得

$$\mathrm{E}[X - \mathrm{E}(X)]^2 = \mathrm{E}[X^2 - 2X \cdot \mathrm{E}(X) + [\mathrm{E}(X)]^2]$$
$$= \mathrm{E}(X^2) - 2\mathrm{E}(X) \cdot \mathrm{E}(X) + [\mathrm{E}(X)]^2 = \mathrm{E}(X^2) - [\mathrm{E}(X)]^2.$$

即得到了计算方差的一个简便公式:

$$\mathrm{D}(X) = \mathrm{E}(X^2) - [\mathrm{E}(X)]^2. \tag{4.8}$$

例 4.11　设随机变量 X 数学期望 $\mathrm{E}(X)$ 和方差 $\mathrm{D}(X)$ 都存在. 令

$$X^* = \frac{X - \mathrm{E}(X)}{\sqrt{\mathrm{D}(X)}},$$

求 $\mathrm{E}(X^*)$ 和 $\mathrm{D}(X^*)$.

解　显然, X^* 是 X 的线性函数, 由数学期望的性质得

$$\mathrm{E}(X^*) = \mathrm{E}\left[\frac{X - \mathrm{E}(X)}{\sqrt{\mathrm{D}(X)}}\right] = \frac{1}{\sqrt{\mathrm{D}(X)}}\mathrm{E}\left[X - \mathrm{E}(X)\right]$$

$$= \frac{1}{\sqrt{\mathrm{D}(X)}}\left[\mathrm{E}(X) - \mathrm{E}(X)\right] = 0;$$

$$\mathrm{D}(X^*) = \mathrm{E}\left[\frac{X - \mathrm{E}(X)}{\sqrt{\mathrm{D}(X)}}\right]^2 = \frac{1}{\mathrm{D}(X)}\mathrm{D}\left[X - \mathrm{E}(X)\right] = \frac{1}{\mathrm{D}(X)}\mathrm{D}(X) = 1.$$

常称 X^* 是 X 的标准化随机变量. 标准化随机变量数学期望为 0, 方差为 1, 且没有量纲.

例 4.12 (二项分布)　设 $X \sim \mathrm{B}(n, p)$, 计算其方差.

解　由例 4.2 知 $\mathrm{E}(X) = np$, 类似地, 利用恒等式 $k\mathrm{C}_n^k = n\mathrm{C}_{n-1}^{k-1}$, 可以得到

$$\mathrm{E}(X^2) = np\sum_{k=1}^{n} k\mathrm{C}_{n-1}^{k-1}p^{k-1}(1-p)^{n-k}$$

$$= np\sum_{j=0}^{n-1}(j+1)\mathrm{C}_{n-1}^{j}p^j(1-p)^{n-1-j} \quad (\diamondsuit\ j = k - 1)$$

$$= np\,\mathrm{E}\big[(Y + 1)\big]$$

$$= np\big[(n-1)p + 1\big],$$

其中 Y 是一个参数为 $(n - 1, p)$ 的二项随机变量. 从而可得

$$\mathrm{D}(X) = \mathrm{E}(X^2) - [\mathrm{E}(X)]^2 = np\big[(n-1)p + 1\big] - (np)^2 = np(1 - p).$$

例 4.13 (泊松分布)　设 $X \sim \mathrm{P}(\lambda)$, 计算其方差.

解　由例 4.3 知 $\mathrm{E}(X) = \lambda$, 类似可以求得

$$\mathrm{E}(X^2) = \sum_{k=0}^{\infty} k^2 \frac{\lambda^k}{k!}\mathrm{e}^{-\lambda}$$

$$= \mathrm{e}^{-\lambda}\sum_{k=1}^{\infty}(k - 1 + 1)\frac{\lambda^k}{(k-1)!}$$

$$= \lambda\mathrm{e}^{-\lambda}\sum_{k=2}^{\infty}(k-1)\frac{\lambda^{k-1}}{(k-1)!} + \lambda\mathrm{e}^{-\lambda}\sum_{k=1}^{\infty}\frac{\lambda^{k-1}}{(k-1)!}$$

$$= \lambda E(X) + \lambda = \lambda^2 + \lambda.$$

从而可得

$$D(X) = E(X^2) - [E(X)]^2 = \lambda^2 + \lambda - \lambda^2 = \lambda.$$

由此看出, 泊松分布的参数 λ 就是它的期望值, 也是方差.

例 4.14 (均匀分布)　设 X 服从 $[a,b]$ 上的均匀分布, 计算其方差.

解　由例 4.5 知 $E(X) = (a+b)/2$, 类似可求

$$E(X^2) = \frac{1}{b-a} \int_a^b x^2 \mathrm{d}x = \frac{b^3 - a^3}{3(b-a)} = \frac{1}{3}(b^2 + ab + a^2).$$

于是 $D(X) = E(X^2) - [E(X)]^2 = \frac{1}{3}(b^2 + ab + a^2) - \frac{1}{4}(a+b)^2 = \frac{1}{12}(b-a)^2.$

例 4.15 (指数分布)　设 X 服从参数为 λ 的指数分布 $\mathrm{Exp}(\lambda)$, 计算其方差.

解　由例 4.6 知 $E(X) = 1/\lambda$, 类似可求

$$E(X^2) = \lambda \int_0^{+\infty} x^2 \mathrm{e}^{-\lambda x} \mathrm{d}x = \frac{1}{\lambda^2} \int_0^{+\infty} t^2 \mathrm{e}^{-t} \mathrm{d}t \quad (\diamondsuit\, t = \lambda x)$$
$$= \frac{2}{\lambda^2}.$$

于是 $D(X) = E(X^2) - [E(X)]^2 = \frac{2}{\lambda^2} - \frac{1}{\lambda^2} = \frac{1}{\lambda^2}.$

例 4.16 (正态分布)　设 $X \sim N(\mu, \sigma^2)$, 计算其方差.

解　由例 4.7 知 $E(X) = \mu$, 所以

$$D(X) = \int_{-\infty}^{+\infty} (x-\mu)^2 \frac{1}{\sqrt{2\pi}\sigma} \mathrm{e}^{-(x-\mu)^2/2\sigma^2} \mathrm{d}x$$
$$= \frac{\sigma^2}{\sqrt{2\pi}} \int_{-\infty}^{+\infty} t^2 \mathrm{e}^{-t^2/2} \mathrm{d}t \left(\diamondsuit\, t = \frac{x-\mu}{\sigma}\right)$$
$$= \frac{\sigma^2}{\sqrt{2\pi}} \sqrt{2\pi} = \sigma^2.$$

由此可见, 对于正态分布 $N(\mu, \sigma^2)$ 来说, 其中参数 μ, σ^2 正好分别是其期望 $E(X)$ 和方差 $D(X)$.

4.2.2　方差的性质

由于方差是用数学期望定义的, 因而方差的运算性质均可由数学期望的性质推得.

定理 4.7   设随机变量 X, Y 的方差存在, 则

(1) $D(c) = 0$, 其中 c 为常数;

(2) $D(cX) = c^2 D(X)$, 其中 c 为常数;

(3) $D(X \pm Y) = D(X) + D(Y) \pm 2E\{[X - E(X)][Y - E(Y)]\}$;

(4) 若 X, Y 相互独立, 则 $D(X \pm Y) = D(X) + D(Y)$;

(5) $D(X) \leqslant E[(X - c)^2]$, 其中 c 为任意常数.

设随机变量 X 存在方差 $D(X)$, 则 $Y = aX + b \, (a, b$ 均为常数) 的方差为

$$D(aX + b) = a^2 D(X).$$

特别当 $a = 0$ 时, 有 $D(b) = 0$, 即常数的方差为零.

证   仅证明性质 (4) 和性质 (5), 其余留给读者.

(4) 根据数学期望的性质, 直接计算得

$$
\begin{aligned}
D(X \pm Y) &= E[(X \pm Y) - E(X \pm Y)]^2 \\
&= E\{[X - E(X)] \pm [Y - E(Y)]\}^2 \\
&= E[X - E(X)]^2 + E[Y - E(Y)]^2 \pm 2E\{[X - E(X)][Y - E(Y)]\} \\
&= D(X) + D(Y) \pm 2E\{[X - E(X)][Y - E(Y)]\}.
\end{aligned}
$$

当 X 和 Y 独立时, $X - E(X)$ 和 $Y - E(Y)$ 也独立, 因而有

$$E\{[X - E(X)][Y - E(Y)]\} = E[X - E(X)] \cdot E[Y - E(Y)] = 0.$$

从而 $D(X \pm Y) = D(X) + D(Y)$.

(5) 对于任意常数 c, 有

$$
\begin{aligned}
E[(X - c)^2] &= E[X - E(X) + E(X) - c]^2 \\
&= E[X - E(X)]^2 + 2[E(X) - c] \cdot E[X - E(X)] + E[E(X) - c]^2 \\
&= D(X) + E[E(X) - c]^2 \geqslant D(X).
\end{aligned}
$$

推论 4.8   设随机变量 X_i, $i = 1, 2, \cdots, n$ 存在方差且相互独立, a_i, $i = 1, 2, \cdots, n$ 为常数, 则

$$D(a_1 X_1 + a_2 X_2 + \cdots + a_n X_n) = a_1^2 D(X_1) + a_2^2 D(X_2) + \cdots + a_n^2 D(X_n).$$

习 题 4.2

1 设随机变量 X 的分布列为

X	-1	0	1	2
P	$1/8$	$1/2$	$1/8$	$1/4$

求 $D(X)$.

2 设随机变量 X 的概率分布为: $P\{X=-2\}=1/2$, $P\{X=1\}=a$, $P\{X=3\}=b$, 已知 $E(X)=0$, 求 $D(X)$.

3 设随机变量 X 的方差为 $D(X)=2$, 求 $D(-2X+3)$.

4 随机变量 X 满足 $E(X)=D(X)=\lambda$, 且 $E[(X-1)(X-2)]=1$, 求 λ.

5 设随机变量 X 的概率密度函数为

$$f(x)=\begin{cases} 3x^2/8, & 0\leqslant x\leqslant 2,\\ 0, & 其他. \end{cases}$$

求 $D(X)$.

4.3 协方差、相关系数、矩

对于二维随机变量 (X,Y), $E(X)$, $E(Y)$ 反映了 X, Y 各自的平均特征; $D(X)$, $D(Y)$ 反映了 X, Y 各自的离散特征, 它们都未能反映 X 和 Y 之间的关系. 事实上, X 和 Y 之间往往相互影响、相互关联. 例如, 人的身高和体重, 某种商品的价格与销量等, 随机变量的这种关联关系称为相关关系, 需要相应的数字特征表示相关关系的强弱.

4.3.1 协方差和相关系数

定义 4.4 设 (X,Y) 是二维随机变量, 若

$$E\{[X-E(X)][Y-E(Y)]\}$$

存在, 则把它称作 X 和 Y 的协方差 (covariance), 记作 $Cov(X,Y)$. 即

$$Cov(X,Y)=E\{[X-E(X)][Y-E(Y)]\}. \tag{4.9}$$

而将

$$\rho_{XY}=\frac{Cov(X,Y)}{\sqrt{D(X)}\cdot\sqrt{D(Y)}} \tag{4.10}$$

称为 X 和 Y 的相关系数 (correlation coefficient), 也记作 $Corr(X,Y)$.

显然, $\mathrm{Cov}(X, X) = \mathrm{D}(X)$, $\mathrm{Cov}(Y, Y) = \mathrm{D}(Y)$, 故方差是协方差的特例.

设 X^* 和 Y^* 分别是 X 和 Y 的标准化随机变量, 则任意验证

$$\rho_{XY} = \mathrm{Cov}(X^*, Y^*).$$

因而相关系数可以理解为标准化随机变量的协方差.

下面定理的结论有助于协方差的简化计算.

定理 4.9   设 X, Y 是任意随机变量, 其协方差存在, 则

$$\mathrm{Cov}(X, Y) = \mathrm{E}(XY) - \mathrm{E}(X) \cdot \mathrm{E}(Y).$$

证   由协方差的定义和数学期望的性质容易证明.

例 4.17   设 (X, Y) 的概率密度函数为

$$f(x, y) = \begin{cases} x + y, & 0 < x < 1, \, 0 < y < 1, \\ 0, & \text{其他.} \end{cases}$$

求 $\mathrm{Cov}(X, Y)$.

解   由于

$$\mathrm{E}(X) = \int_{-\infty}^{+\infty} \int_{-\infty}^{+\infty} x f(x, y) \mathrm{d}x \mathrm{d}y = \int_0^1 \mathrm{d}x \int_0^1 x(x + y) \mathrm{d}y = \frac{7}{12};$$

$$\mathrm{E}(Y) = \int_{-\infty}^{+\infty} \int_{-\infty}^{+\infty} y f(x, y) \mathrm{d}x \mathrm{d}y = \int_0^1 \mathrm{d}x \int_0^1 y(x + y) \mathrm{d}y = \frac{7}{12};$$

$$\mathrm{E}(XY) = \int_{-\infty}^{+\infty} \int_{-\infty}^{+\infty} xy f(x, y) \mathrm{d}x \mathrm{d}y = \int_0^1 \mathrm{d}x \int_0^1 xy(x + y) \mathrm{d}y = \frac{1}{3}.$$

因此 $\mathrm{Cov}(X, Y) = \mathrm{E}(XY) - \mathrm{E}(X) \cdot \mathrm{E}(Y) = \dfrac{1}{3} - \dfrac{7}{12} \times \dfrac{7}{12} = -\dfrac{1}{144}$.

相关系数与 X, Y 的量纲有关, 如果

$$X^* = \frac{X - \mathrm{E}(X)}{\sqrt{\mathrm{D}(X)}}, \quad Y^* = \frac{Y - \mathrm{E}(Y)}{\sqrt{\mathrm{D}(Y)}},$$

然后再求 X^* 和 Y^* 的协方差, 则可消除量纲的影响. 事实上这样得到的 $\mathrm{Cov}(X^*, Y^*)$ 正是 X 和 Y 的相关系数 ρ_{XY}.

协方差还有下面几个有用的性质.

定理 4.10   设 $\mathrm{D}(X), \mathrm{D}(Y)$ 均存在, 则

(1) $\mathrm{Cov}(X, Y) = \mathrm{Cov}(Y, X)$;

(2) $\mathrm{Cov}(a_1X + b_1, a_2Y + b_2) = a_1a_2\mathrm{Cov}(X,Y)$, 其中 a_1, a_2, b_1, b_2 均为常数;

(3) $\mathrm{Cov}(X_1 + X_2, Y) = \mathrm{Cov}(X_1, Y) + \mathrm{Cov}(X_2, Y)$;

(4) 若 X, Y 相互独立, 则 $\mathrm{Cov}(X,Y) = 0$.

证 仅证 (3), 其余留给读者.

$$
\begin{aligned}
\mathrm{Cov}(X_1 + X_2, Y) &= \mathrm{E}[(X_1 + X_2)Y] - \mathrm{E}(X_1 + X_2) \cdot \mathrm{E}(Y) \\
&= \mathrm{E}(X_1Y) + \mathrm{E}(X_2Y) - \mathrm{E}(X_1)\mathrm{E}(Y) - \mathrm{E}(X_2)\mathrm{E}(Y) \\
&= [\mathrm{E}(X_1Y) - \mathrm{E}(X_1)\mathrm{E}(Y)] + [\mathrm{E}(X_2Y) - \mathrm{E}(X_2)\mathrm{E}(Y)] \\
&= \mathrm{Cov}(X_1, Y) + \mathrm{Cov}(X_2, Y).
\end{aligned}
$$

下面给出相关系数的几条性质.

定理 4.11 设 $\mathrm{D}(X) > 0, \mathrm{D}(Y) > 0, \rho_{XY}$ 是 (X,Y) 的相关系数, 则

(1) $|\rho_{XY}| \leqslant 1$;

(2) $|\rho_{XY}| = 1$ 的充要条件是存在常数 a, b, 使 $P\{Y = aX + b\} = 1$;

(3) 若 X, Y 相互独立, 则 $\rho_{XY} = 0$.

证明略.

相关系数 ρ_{XY} 刻画了 X, Y 之间的线性相关关系, 更确切地说, 应该把 ρ_{XY} 称作线性相关系数. 当 $|\rho_{XY}| = 1$ 时, 性质 (2) 表明 X 与 Y 间存在着线性关系 (完全线性相关), 并且当 $\rho_{XY} = 1$ 时为完全正线性相关 ($a > 0$), 当 $\rho_{XY} = -1$ 时为完全负线性相关 ($a < 0$). 当 $|\rho_{XY}| < 1$ 时, 这种线性相关程度就随着 $|\rho_{XY}|$ 的减小而减弱, 如图 4.1 所示.

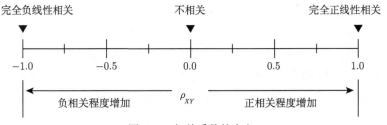

图 4.1 相关系数的含义

当 $\rho_{XY} = 0$ 时, 称 X, Y 不相关或零相关 (注意, 这里指的是它们之间没有线性相关关系).

当随机变量 X, Y 相互独立时, 由定理 4.11(3) 可知, $\rho_{XY} = 0$, 则它们不相关. 逆命题不真, 反例如下.

例 4.18　设随机变量 $X \sim N(0,1)$, 且令 $Y = X^2$, 则显然 X 与 Y 不独立. 但此时 X 与 Y 的协方差为

$$\mathrm{Cov}(X, Y) = \mathrm{Cov}(X, X^2) = \mathrm{E}(X^3) - \mathrm{E}(X)\mathrm{E}(X^2) = 0.$$

最后的等式是因为 $\mathrm{E}(X^3) = \mathrm{E}(X) = 0$.

图 4.2　不相关与独立的关系

这个例子表明, 两个随机变量 "独立" 必导致 "不相关", 而 "不相关" 不一定导致 "独立", 两者关系如图 4.2 所示. 事实上, 独立性是用随机变量的概率分布定义的, 要求强; 不相关性定义只是用到了期望和方差, 要求弱.

例 4.19　设 X 服从 $[-\pi, \pi]$ 上的均匀分布, $X_1 = \sin X$, $X_2 = \cos X$, 讨论 X_1 与 X_2 独立性与相关性.

解　随机变量 X 的概率密度为 $f(x) = \begin{cases} (2\pi)^{-1}, & x \in [-\pi, \pi], \\ 0, & \text{其他}, \end{cases}$ 于是

$$\mathrm{E}(X_1) = \mathrm{E}(\sin X) = \int_{-\infty}^{\infty} f(x)\sin x \, \mathrm{d}x = \frac{1}{2\pi} \int_{-\pi}^{\pi} \sin x \, \mathrm{d}x = 0,$$

$$\mathrm{E}(X_2) = \mathrm{E}(\cos X) = \int_{-\infty}^{\infty} f(x)\cos x \, \mathrm{d}x = \frac{1}{2\pi} \int_{-\pi}^{\pi} \cos x \, \mathrm{d}x = 0,$$

$$\mathrm{E}(X_1 X_2) = \mathrm{E}(\sin X \cos X) = \int_{-\infty}^{\infty} f(x)\sin x \cos x \, \mathrm{d}x = \frac{1}{2\pi} \int_{-\pi}^{\pi} \sin x \cos x \, \mathrm{d}x = 0,$$

得 $\mathrm{Cov}(X_1, X_2) = \mathrm{E}(X_1 X_2) - \mathrm{E}(X_1)\mathrm{E}(X_2) = 0$. 故 $\rho_{X_1 X_2} = 0$, 即 X_1 与 X_2 不相关, 但 $X_1^2 + X_2^2 = 1$, 说明 X_1 与 X_2 不独立.

但下面例子表明, 对于正态分布而言, 不相关和独立是等价的.

例 4.20　设二维随机变量 (X, Y) 服从 $N(\mu_1, \mu_2, \sigma_1^2, \sigma_2^2, \rho)$. 求 ρ_{XY}.

解　由例 3.6 可知 $X \sim N(\mu_1, \sigma_1^2)$, $Y \sim N(\mu_2, \sigma_2^2)$. 因而 $\mathrm{E}(X) = \mu_1$, $\mathrm{D}(X) = \sigma_1^2$, $\mathrm{E}(Y) = \mu_2$, $\mathrm{D}(Y) = \sigma_2^2$.

$$\mathrm{Cov}(X, Y)$$

$$= \mathrm{E}\big\{[X - \mathrm{E}(X)][Y - \mathrm{E}(Y)]\big\}$$

$$= \int_{-\infty}^{+\infty} \int_{-\infty}^{+\infty} (x - \mu_1)(y - \mu_2) f(x, y) \, \mathrm{d}x \mathrm{d}y$$

$$= \int_{-\infty}^{+\infty} \int_{-\infty}^{+\infty} \frac{\sigma_1 \sigma_2}{2\pi\sqrt{1-\rho^2}} uv \exp\left\{ -\frac{1}{2(1-\rho^2)}(u^2 - 2\rho uv + v^2) \right\} \mathrm{d}u\mathrm{d}v$$

$$(\text{令 } x-\mu_1 = \sigma_1 u,\ y-\mu_2 = \sigma_2 v)$$

$$= \frac{\sigma_1 \sigma_2}{2\pi\sqrt{1-\rho^2}} \int_{-\infty}^{+\infty} \mathrm{d}v \int_{-\infty}^{+\infty} uv \exp\left\{ -\frac{1}{2(1-\rho^2)}[(u-\rho v)^2 + (1-\rho^2)v^2] \right\} \mathrm{d}u$$

$$= \frac{\sigma_1 \sigma_2}{\sqrt{2\pi}} \int_{-\infty}^{+\infty} \mathrm{d}v \int_{-\infty}^{+\infty} v e^{-v^2/2} \frac{u}{\sqrt{2\pi}\sqrt{1-\rho^2}} \exp\left\{ -\frac{1}{2(1-\rho^2)}(u-\rho v)^2 \right\} \mathrm{d}u$$

$$= \frac{\sigma_1 \sigma_2}{\sqrt{2\pi}} \int_{-\infty}^{+\infty} v e^{-v^2/2} \rho v \mathrm{d}v = \sigma_1 \sigma_2 \rho.$$

所以 $\rho_{XY} = \dfrac{\mathrm{Cov}(X,Y)}{\sqrt{\mathrm{D}(X)}\sqrt{\mathrm{D}(Y)}} = \dfrac{\sigma_1 \sigma_2 \rho}{\sigma_1 \sigma_2} = \rho.$

由此例可知, 若 (X,Y) 服从 $\mathrm{N}(\mu_1, \mu_2, \sigma_1^2, \sigma_2^2, \rho)$, 则第五个参数 ρ 就是 X 与 Y 的相关系数, 因而 X, Y 不相关就是 $\rho = 0$. 而 $\rho = 0$ 和 X, Y 相互独立等价. 因此就二维正态分布而言, 不相关和独立等价.

4.3.2 矩与协方差矩阵

数学期望、方差、协方差是随机变量最常用的数字特征, 它们都是特殊的矩 (moment), 矩是更一般的数字特征.

定义 4.5 设 X 和 Y 是随机变量, k, l 是正整数.

(1) 若 $\mu_k \triangleq \mathrm{E}(X^k)$ 存在, 则称它为 X 的 k 阶原点矩, 简称为 k 阶矩 (kth moment).

(2) 若 $\nu_k \triangleq \mathrm{E}([X - \mathrm{E}(X)]^k)$ 存在, 则称它为 X 的 k 阶中心矩 (kth central moment).

(3) 若 $\mathrm{E}(X^k Y^l)$ 存在, 则称它为 X 和 Y 的 $k+l$ 阶混合矩 ($k+l$th mixed moment).

(4) 若 $\mathrm{E}\{[X - \mathrm{E}(X)]^k [Y - \mathrm{E}(Y)]^l\}$ 存在, 则称它为 X 和 Y 的 $k+l$ 阶混合中心矩 ($k+l$th mixed central moment).

显然, 数学期望 $\mathrm{E}(X)$ 是 X 的一阶原点矩, 方差 $\mathrm{D}(X)$ 是 X 的二阶中心矩, 协方差 $\mathrm{Cov}(X,Y)$ 是 X 和 Y 的 $1+1$ 阶混合中心矩.

根据定义, 矩实际上就是一个随机变量或两个随机变量的函数的数学期望, 因此其计算不存在新的问题.

例 4.21 设随机变量 $X \sim \mathrm{N}(\mu, \sigma^2)$, 求 X 的 k 阶中心矩 $\mathrm{E}[X - \mathrm{E}(X)]^k$.

解 直接计算可得

$$\mathrm{E}[X - \mathrm{E}(X)]^k = \mathrm{E}(X - \mu)^k$$

$$= \frac{1}{\sqrt{2\pi}\sigma} \int_{-\infty}^{+\infty} (x - \mu)^k \exp\left\{ -\frac{(x - \mu)^2}{2\sigma^2} \right\} \mathrm{d}x$$

$$= \frac{\sigma^k}{\sqrt{2\pi}} \int_{-\infty}^{+\infty} y^k \mathrm{e}^{-y^2/2} \mathrm{d}y. \qquad \left(\diamondsuit\; y = \frac{x - \mu}{\sigma} \right)$$

当 k 为奇数时, 由于被积函数为奇函数, 故 $\mathrm{E}[X - \mathrm{E}(X)]^k = 0$;

当 k 为偶数时, 被积函数为偶函数, 于是

$$\mathrm{E}(X - \mu)^k = \frac{2\sigma^k}{\sqrt{2\pi}} \int_0^{+\infty} y^k \mathrm{e}^{-y^2/2} \mathrm{d}y$$

$$= \sqrt{\frac{2}{\pi}} \sigma^k 2^{(k-1)/2} \int_0^{+\infty} t^{(k-1)/2} \mathrm{e}^{-t} \mathrm{d}t \quad (\diamondsuit\; y^2 = 2t)$$

$$= \sqrt{\frac{1}{\pi}} \sigma^k 2^{k/2} \Gamma\left(\frac{k+1}{2} \right) = \sigma^k (k-1)!!, \quad k \geqslant 2.$$

因而

$$\mathrm{E}(X - \mu)^k = \begin{cases} \sigma^k (k-1)!!, & k\text{为偶数}, \\ 0, & k\text{为奇数}. \end{cases}$$

下面介绍 n 维随机变量的协方差矩阵.

所谓 n 维随机变量 $(X_1, X_2, \cdots, X_n)$ 可以理解为由 n 个随机变量 X_1, $X_2, \cdots, X_n$ 组成的一个有机整体. 其中每两个之间可计算协方差

$$\sigma_{ij} = \mathrm{Cov}(X_i, X_j) = \mathrm{E}\big\{ [X_i - \mathrm{E}(X_i)][X_j - \mathrm{E}(X_j)] \big\}, \quad i, j = 1, 2, \cdots, n.$$

则称矩阵

$$\Sigma = \begin{pmatrix} \sigma_{11} & \sigma_{12} & \cdots & \sigma_{1n} \\ \sigma_{21} & \sigma_{22} & \cdots & \sigma_{2n} \\ \vdots & \vdots & & \vdots \\ \sigma_{n1} & \sigma_{n2} & \cdots & \sigma_{nn} \end{pmatrix}$$

为 n 维随机变量 $(X_1, X_2, \cdots, X_n)$ 的协方差矩阵.

显然, 协方差矩阵的对角线元素 $\sigma_{ii} = \mathrm{D}(X_i)$, 而且由于 $\sigma_{ij} = \sigma_{ji}$, $i, j = 1, 2, \cdots, n$, 因此 Σ 是一个对称矩阵.

协方差矩阵给出了 n 维随机变量的全部方差及协方差, 因此在研究 n 维随机变量的统计规律时, 协方差矩阵是很重要的.

习 题 4.3

1 设随机变量 X 和 Y 独立同分布,服从参数为 λ 的泊松分布,令

$$U = 2X + Y, \quad V = 2X - Y.$$

求随机变量 U 和 V 的相关系数 ρ_{UV}.

2 设随机变量 X, Y 分别服从 $N(1, 9)$, $N(0, 16)$, 且 X 与 Y 的相关系数 $\rho_{XY} = -1/2$, 设 $Z = X/3 + Y/2$, 求 X 与 Z 的相关系数 ρ_{XZ}.

3 设随机变量 X 与 Y 满足 $D(X) = 2$, $D(Y) = 3$, $\text{Cov}(X, Y) = -1$, 求 $\text{Cov}(3X - 2Y + 1, X + 4Y - 3)$.

4 掷一颗骰子两次,求其点数之和与点数之差的协方差.

5 设二维随机变量 (X, Y) 的联合密度函数为

$$f(x, y) = \begin{cases} 1, & |y| < x, \, 0 < x < 1, \\ 0, & \text{其他}. \end{cases}$$

求 $\text{Cov}(X, Y)$.

本 章 小 结

数字特征是描述随机变量 X 某一方面特征的常数. 最重要的数字特征是数学期望和方差. 对于一维随机变量 X 的某个函数 $g(X)$, 有

$$E[g(X)] = \begin{cases} \displaystyle\sum_k g(x_k)p_k, & X \text{ 是离散型}, \, p_k = P\{X = x_k\}, \\ \displaystyle\int_{-\infty}^{+\infty} g(x)f(x)\mathrm{d}x, & X \text{ 是连续型}, \, f(x) \text{ 是 } X \text{ 的密度函数}. \end{cases}$$

对于二维随机变量 (X, Y) 的某个函数 $g(X, Y)$, 有

$$E[g(X, Y)]$$

$$= \begin{cases} \displaystyle\sum_i \sum_j g(x_i, y_j)p_{ij}, & (X, Y) \text{ 是离散型}, \, p_{ij} = P\{X = x_i, Y = y_j\}, \\ \displaystyle\iint_{\mathbb{R}^2} g(x, y)f(x, y)\mathrm{d}x\mathrm{d}y, & (X, Y) \text{ 是连续型}, \, f(x, y) \text{ 是联合密度函数}. \end{cases}$$

随机变量 X 的方差可以看作是 X 的函数的数学期望

$$D(X) = E[X - E(X)]^2 = E(X^2) - [E(X)]^2.$$

随机变量 (X, Y) 的协方差可以看作是 (X, Y) 的函数的数学期望

$$\text{Cov}(X, Y) = E\{[X - E(X)][Y - E(Y)]\} = E(XY) - E(X) \cdot E(Y).$$

表 4.1 为常见离散型分布和连续型分布的期望和方差.

表 4.1　常见分布的期望和方差

分布名称	概率分布	期望	方差
0-1 分布 B(1, p)	$p_k = p^k(1-p)^{1-k}$ $k = 0, 1$	p	$p(1-p)$
二项分布 B(n, p)	$p_k = C_n^k p^k (1-p)^{n-k}$ $k = 0, 1, \cdots, n$	np	$np(1-p)$
泊松分布 P(λ)	$p_k = \dfrac{\lambda^k}{k!} e^{-\lambda}$ $k = 0, 1, 2, \cdots$	λ	λ
均匀分布 U(a, b)	$f(x) = \dfrac{1}{b-a},\ a < x < b$	$\dfrac{a+b}{2}$	$\dfrac{(b-a)^2}{12}$
指数分布 Exp(λ)	$f(x) = \lambda e^{-\lambda x}, x \geqslant 0$	$\dfrac{1}{\lambda}$	$\dfrac{1}{\lambda^2}$
正态分布 N(μ, σ²)	$f(x) = \dfrac{1}{\sqrt{2\pi}\sigma} e^{-\frac{(x-\mu)^2}{2\sigma^2}}$ $-\infty < x < \infty$	μ	σ^2

需要注意的是:

1° 当 X, Y 独立或不相关时, 才有 $\mathrm{E}(XY) = \mathrm{E}(X) \cdot \mathrm{E}(Y)$;

2° 设 c 为常数, 则有 $\mathrm{D}(cX) = c^2 \mathrm{D}(X)$;

3° $\mathrm{D}(X \pm Y) = \mathrm{D}(X) + \mathrm{D}(Y) \pm 2\mathrm{Cov}(X, Y)$, X, Y 独立或不相关时, 才有

$$\mathrm{D}(X \pm Y) = \mathrm{D}(X) + \mathrm{D}(Y).$$

例如, X, Y 独立, 则有 $\mathrm{D}(2X - 3Y) = 4\mathrm{D}(X) + 9\mathrm{D}(Y)$.

相关系数 ρ_{XY} 是一个可以用来描述随机变量 (X, Y) 的两个分量 X, Y 之间的线性关系紧密程度的数字特征.

$$\rho_{XY} = \frac{\mathrm{Cov}(X, Y)}{\sqrt{\mathrm{D}(X)}\sqrt{\mathrm{D}(Y)}} = \frac{\mathrm{E}(XY) - \mathrm{E}(X)\mathrm{E}(Y)}{\sqrt{\mathrm{D}(X)}\sqrt{\mathrm{D}(Y)}} = \mathrm{Cov}(X^*, Y^*),$$

其中 X^*, Y^* 分别是 X, Y 的标准化随机变量.

当 $|\rho_{XY}|$ 较小时, X, Y 的线性相关的程度较低; 当 $|\rho_{XY}|$ 较大时, X, Y 的线性相关的程度较高.

当 $\rho_{XY} > 0$ 时, 称 X 和 Y 正相关, 这时 X 取值较大时 Y 的取值也趋于较大, X 取值较小时 Y 的取值也趋于较小;

当 $\rho_{XY} < 0$ 时, 称 X 和 Y 负相关, 这时 X 取值较大时 Y 的取值反而趋于较小, X 取值较小时 Y 的取值反而趋于较大;

当 $\rho_{XY} = 0$ 时, 称 X, Y 不相关. 不相关是指 X, Y 之间不存在线性关系, 但它们还可能存在除线性关系之外的关系.

X, Y 相互独立, 则 X, Y 一定不相关; 反之, 若 X, Y 不相关, 则 X, Y 不一定相互独立. 特别地, 若 (X, Y) 服从二维正态分布 $N(\mu_1, \mu_2, \sigma_1^2, \sigma_2^2, \rho)$, 则 X 和 Y 不相关与相互独立是等价的, 而二元正态随机变量的相关系数就是参数 ρ.

总 练 习 题

1 对一批产品进行检查, 如查到第 a 件全部为合格品, 就认为这批产品合格; 若在前 a 件中发现不合格品即停止检查, 且认为这批产品不合格, 设产品的数量很大, 可认为每次查到不合格品的概率都是 p. 问每批产品平均要查多少件?

2 设随机变量 X 的概率密度为

$$f(x) = \begin{cases} ax^2 + bx + c, & 0 < x < 1, \\ 0, & \text{其他}, \end{cases}$$

其中 a, b, c 为常数, 且 $E(X) = 0.5, D(X) = 0.15$. 求 a, b, c 的值.

3 设随机变量 X 的概率密度为

$$f(x) = \frac{1}{\pi(1 + x^2)}, \quad -\infty < x < +\infty,$$

求 $Y = \min\{|X|, \sqrt{3}\}$ 的数学期望 $E(Y)$.

4 设随机变量 X 与随机变量 Y 相互独立, 都服从 $N\left(0, \dfrac{1}{2}\right)$ 分布. 求 $E(\||X - Y\||), D(\||X - Y\||)$.

5 设相互独立的两个连续型随机变量 X_1, X_2 的概率密度分别为 $f_1(x), f_2(x)$ 且方差均存在. 随机变量 Y_1 的概率密度函数为 $g(x) = \dfrac{1}{2}[f_1(x) + f_2(x)]$, 随机变量 $Y_2 = \dfrac{1}{2}(X_1 + X_2)$. 试证明 $E(Y_1) = E(Y_2), D(Y_1) > D(Y_2)$.

6 设有随机变量 X, Y, Z, 已知 $E(X) = E(Y) = 1, E(Z) = -1, D(X) = D(Y) = D(Z) = 1, \rho_{XY} = 0, \rho_{XZ} = 0.5, \rho_{YZ} = -0.5$, 求 $E(X + Y + Z)$ 和 $D(X + Y + Z)$.

7 设二维随机变量 (X, Y) 的联合密度函数为

$$f(x, y) = \begin{cases} (x + y)/3, & 0 < x < 1, \ 0 < y < 2, \\ 0, & \text{其他}, \end{cases}$$

求 $\text{Cov}(X, Y)$.

8 设 $X_1, X_2, \cdots, X_n$ 独立同分布且方差 $\sigma^2 > 0$, 令 $Y = \dfrac{1}{n}\sum\limits_{i=1}^{n} X_i$, 求 $\mathrm{Cov}(X_1, Y)$.

9 设 X, Y 都是标准化随机变量, 它们的相关系数 $\rho_{XY} = 1/2$. 令

$$U = aX, \quad V = bX + cY,$$

确定 a, b, c 的值, 使 $\mathrm{D}(U) = \mathrm{D}(V) = 1$, 且 U 和 V 不相关.

10 设二维离散型随机变量 (X, Y) 的联合分布列为

X	Y 0	1	2
0	1/4	0	1/4
1	0	1/3	0
2	1/12	0	1/12

求: (1) $P\{X = 2Y\}$;　　(2) $\mathrm{Cov}(X - Y, Y)$.

数学家高尔顿简介

弗朗西斯·高尔顿

弗朗西斯·高尔顿 (Francis Galton, 1822~1911), 英国人类学家、地理学家、统计学家、心理学家和生物学家.

高尔顿聪慧过人, 6~7 岁时, 对博物学感兴趣, 会按自己的方法对昆虫、矿物标本进行分类; 8 岁时, 被送进寄宿学校正式接受教育; 13 岁时, 设想从事一项"高尔顿飞行计划"; 15 岁时, 在伯明翰市立医院做了两年内科见习医生; 17 岁时, 在伦敦国王学院学习解剖学和植物学, 后又转到剑桥大学三一学院学习自然哲学和数学, 但因身体原因未获学位即离开学校, 后又进入圣乔治医院继续学医. 22 岁时, 因获得父亲可观的遗产, 放弃医业, 决定过一种无拘无束的学者生活, 成为书斋里的"绅士科学家". 1845 年开始, 高尔顿对地理科学发生兴趣. 1850 年, 他与友人先后远赴马耳他、埃及尼罗河流域和南非进行科学考察和探险, 搜集了许多珍贵资料. 1852 年返回英国后逐步开始了他的书斋式的科学研究活动.

高尔顿在统计学方面主要贡献有: 1877 年发表关于种子的研究结果, 指出回归到平均值 (regression toward the mean) 现象的存在, 是回归一词的起源; 第一次使用了相关系数的概念, 并使用字母 "r" 来表示相关系数, 这个传统一直延续至今; 首次发表了关于指纹学的论文和书籍; 将统计学方法引入到生命和社会现象有关的领域中来, "无论何时, 能算就算"; 著有《遗传的天才》《人类才能及其发展的研究》等一系列著作; 三卷本的《弗朗西斯·高尔顿的生平、书信和工作》流传于世.

高尔顿是《物种起源》作者查尔斯·达尔文的表兄, 涉猎科学范围广泛, 被称为 "维多利亚女王时代最博学的人", 皮尔逊有个精彩的表述: "高尔顿比 10 个生物学家中的 9 个更懂数学和物理, 比 20 个数学家中的 19 个更懂生物, 而比 50 个生物学家中的 49 个更懂疾病和畸形儿的知识." 1853 年被选为皇家地理学会会员, 1856 年又被选为皇家学会会员.

第 5 章　大数定律与中心极限定理

在数学中, 我们发现真理的主要工具是归纳和模拟.

——拉普拉斯

在前面章节中, 我们研究了一维随机变量和多维随机变量的概率分布及数字特征. 在实践中和理论上还需要对随机变量序列的极限行为进行研究, 本章主要介绍一些被称作"大数定律"和"中心极限定理"的结果. 大数定律讨论随机变量序列的算术平均向其数学期望的算术平均收敛的问题; 中心极限定理研究大量随机变量和的分布近似服从正态分布的问题.

5.1　大　数　定　律

在第 1 章中已提到随机事件发生的频率具有稳定性, 即在相同条件下进行大量重复试验, 某事件发生的频率趋于该事件的概率. 在实践中, 人们还认识到大量测量值的算术平均值也具有稳定性, 即平均结果的稳定性. 大数定律就是这种规律性的严格表达和论证.

在引入大数定律之前, 首先介绍一个重要的不等式.

5.1.1　切比雪夫不等式

我们知道, 随机变量 X 的期望 $\mathrm{E}(X)$ 和方差 $\mathrm{D}(X)$ 分别反映了 X 的平均特征和离散程度. 那么, 当 $\mathrm{E}(X)$ 和 $\mathrm{D}(X)$ 已知时, 如何估计 X 在期望 $\mathrm{E}(X)$ 附近取值的概率呢? 切比雪夫不等式回答了这个问题.

定理 5.1 (切比雪夫不等式)　设随机变量 X 存在方差, 则对任意的 $\varepsilon > 0$, 有

$$P\big[|X - \mathrm{E}(X)| \geqslant \varepsilon\big] \leqslant \frac{\mathrm{D}(X)}{\varepsilon^2}, \tag{5.1}$$

或

$$P\big[|X - \mathrm{E}(X)| < \varepsilon\big] \geqslant 1 - \frac{\mathrm{D}(X)}{\varepsilon^2}. \tag{5.2}$$

证　引入一个新的随机变量 $Y = \begin{cases} 1, & [X - \mathrm{E}(X)]^2 \geqslant \varepsilon^2, \\ 0, & [X - \mathrm{E}(X)]^2 < \varepsilon^2. \end{cases}$ 显然有 $Y \leqslant$

$\dfrac{[X-\mathrm{E}(X)]^2}{\varepsilon^2}$. 两边求期望得

$$\mathrm{E}(Y) \leqslant \frac{1}{\varepsilon^2}\mathrm{E}\big[[X-\mathrm{E}(X)]^2\big] = \frac{\mathrm{D}(X)}{\varepsilon^2}.$$

注意到 Y 是 0-1 分布随机变量, $\mathrm{E}(Y) = P\{(X-\mathrm{E}(X))^2 \geqslant \varepsilon^2\} = P\{|X-\mathrm{E}(X)| \geqslant \varepsilon\}$, 故有

$$P\{|X-\mathrm{E}(X)| \geqslant \varepsilon\} \leqslant \frac{\mathrm{D}(X)}{\varepsilon^2}.$$

切比雪夫不等式的重要性在于: 当我们只知道随机变量的期望与方差时, 可以给出有关概率的上 (下) 界, 它在理论上有重要意义. 当然, 如果能够直接计算概率的值, 自然不必计算概率的界.

例 5.1 设某医院一天内接待急诊病人数 X 的数学期望 $\mathrm{E}(X) = 10$, 方差 $\mathrm{D}(X) = 10$, 讨论 X 不小于 15 的概率.

解 利用切比雪夫不等式可得

$$P\{X \geqslant 15\} = P\{X - 10 \geqslant 5\} \leqslant P\{|X-10| \geqslant 5\} \leqslant \frac{10}{5^2} = 0.40.$$

如果再进一步假设 X 服从泊松分布 $\mathrm{P}(10)$, 则这个概率可以直接计算, 为

$$P\{X \geqslant 15\} = 1 - \sum_{k=0}^{14} \frac{10^k}{k!}\mathrm{e}^{-10} = 1 - \mathtt{ppois(14,10)} = 0.0835.$$

此例中, 知道 X 的数学期望和方差, 则利用切比雪夫不等式, 能给出所求概率的一个上界. 如果进一步知道 X 的分布, 则可以直接计算所求概率的准确值, 二者相差不小. 可见, 我们只能利用切比雪夫不等式得到概率的界, 而不能得到概率的精确值.

例 5.2 已知某只股票每股价格 X 的数学期望为 10 元, 标准差为 1 元. 讨论这只股票价格不低于 7 元, 且不高于 13 元的概率.

解 所要讨论的是 $P\{7 \leqslant X \leqslant 13\} = P\{|X-10| \leqslant 3\}$ 的大小. 已知 $\mathrm{E}(X) = 10$, $\mathrm{D}(X) = 1^2$. 利用切比雪夫不等式可得

$$P\{|X-10| \leqslant 3\} \geqslant 1 - \frac{1}{3^2} \approx 0.8889.$$

如果我们进一步知晓 $X \sim \mathrm{N}(10,1)$, 则这个概率可以直接计算, 为

$$P\{|X-10| \leqslant 3\} = 2\Phi(3) - 1 = 2*\mathtt{pnorm(3)} - 1 = 0.9973.$$

这个值就是所求概率的准确值, 而 0.8889 是所求概率的一个下界, 是在 X 的具体分布未知的条件下, 对所求概率作出的一个推断.

5.1.2　大数定律的一般形式

"大数定律" 是指在大量试验和观察之下所呈现的规律. 例如, 一所大学里有几万名学生, 如果随意观察一个学生的身高 X_1, 则 X_1 与全校学生的平均身高 a 可能相差甚远. 如果观察 10 个学生身高的平均值, 则其更有可能与 a 更接近; 如观察 100 个学生, 则这 100 人的平均身高将与 a 更加接近些, 这是人们在日常经验中所体会到的规律, 这个规律可以形式化表示为如下定义.

定义 5.1　设 $\{X_n\}$ 为一随机变量序列, 令 $\bar{X}_n = \dfrac{1}{n}\sum\limits_{k=1}^{n} X_k$, 若对任给的 $\varepsilon > 0$, 有

$$\lim_{n\to\infty} P\{|\bar{X}_n - \mathrm{E}(\bar{X}_n)| \geqslant \varepsilon\} = 0, \tag{5.3}$$

或

$$\lim_{n\to\infty} P\{|\bar{X}_n - \mathrm{E}(\bar{X}_n)| < \varepsilon\} = 1, \tag{5.4}$$

则称随机变量序列 $\{X_n\}$ 服从**大数定律** (law of large number).

可见, 大数定律指明了平均结果 $\bar{X}_n$ 的稳定性. 式 (5.3) 表明: 无论给定多么小的 $\varepsilon > 0$, 当 n 很大时, $\bar{X}_n$ 与 $\mathrm{E}(\bar{X}_n)$ 的偏离达到或超过 ε 的可能性很小. 换言之, 人们有很大的把握断言 $\bar{X}_n$ 很接近 $\mathrm{E}(\bar{X}_n)$. 就前面学生身高的例子而言, 若观察了 1000 个学生, 其平均身高与 a 相差无几是一个大概率事件.

下面介绍几个大数定律.

5.1.3　切比雪夫大数定律

定理 5.2 (切比雪夫大数定律)　设随机变量序列 $X_1, X_2, \cdots, X_n, \cdots$ 相互独立, 它们的方差有界, 即存在常数 $C > 0$, 使得 $\mathrm{D}(X_i) \leqslant C, i = 1, 2, \cdots$, 则对任意的 $\varepsilon > 0$, 有

$$\lim_{n\to\infty} P\{|\bar{X}_n - \mathrm{E}(\bar{X}_n)| < \varepsilon\} = 1 \quad 或 \quad \lim_{n\to\infty} P\{|\bar{X}_n - \mathrm{E}(\bar{X}_n)| \geqslant \varepsilon\} = 0,$$

即 $\{X_n\}$ 服从大数定律.

证　利用切比雪夫不等式 (5.2), 并注意到独立随机变量和的方差等于方差的和, 对于任意的 $\varepsilon > 0$, 有

$$1 \geqslant P\{|\bar{X}_n - \mathrm{E}(\bar{X}_n)| < \varepsilon\} \geqslant 1 - \frac{1}{\varepsilon^2}\mathrm{D}\left(\bar{X}_n\right)$$

$$= 1 - \frac{1}{n^2 \varepsilon^2} \sum_{k=1}^{n} D(X_k)$$

$$\geqslant 1 - \frac{1}{n^2 \varepsilon^2} nC = 1 - \frac{C}{n \varepsilon^2} \to 1 \quad (n \to \infty).$$

推论 5.3 设随机变量序列 $X_1, X_2, \cdots, X_n, \cdots$ 相互独立, 且有相同的数学期望和方差, 则 $\{X_n\}$ 服从大数定律.

例 5.3 设 $\{X_n\}$ 为相互独立的随机变量序列, 且

$$P\{X_n = \pm\sqrt{n}\} = \frac{1}{n}, \quad P(X_n = 0) = 1 - \frac{2}{n}, \quad n = 2, 3, \cdots.$$

试证 $\{X_n\}$ 服从大数定律.

证 先由 X_n 的分布计算 $E(X_n)$ 和 $D(X_n)$.

$$E(X_n) = -\sqrt{n} \times \frac{1}{n} + \sqrt{n} \times \frac{1}{n} + 0 \times \left(1 - \frac{2}{n}\right) = 0,$$

$$D(X_n) = E(X_n^2) = n \times \frac{1}{n} + n \times \frac{1}{n} + 0 \times \left(1 - \frac{2}{n}\right) = 2, \quad n = 2, 3, \cdots.$$

可见 $X_n \, (n = 2, 3, \cdots)$ 有相同的数学期望和方差, 由推论 5.3 可知 $\{X_n\}$ 服从大数定律.

5.1.4 伯努利大数定律

定理 5.4 (伯努利大数定律) 设 μ_n 是 n 次伯努利试验中事件 A 出现的次数, p 是事件 A 在每次试验中发生的概率, 则对于任意的 $\varepsilon > 0$, 有

$$\lim_{n \to \infty} P\left\{\left|\frac{\mu_n}{n} - p\right| < \varepsilon\right\} = 1 \quad \text{或} \quad \lim_{n \to \infty} P\left\{\left|\frac{\mu_n}{n} - p\right| \geqslant \varepsilon\right\} = 0.$$

证 令 X_k 表示第 k 次试验中事件 A 出现的次数, 则

$$X_k = \begin{cases} 1, & \text{若第 } k \text{ 次试验出现 } A, \\ 0, & \text{若第 } k \text{ 次试验不出现 } A. \end{cases}$$

显然 $\mu_n = \sum\limits_{k=1}^{n} X_k$, 而 $X_k \, (k = 1, 2, \cdots)$ 相互独立, 且

$$E(X_k) = p, \quad D(X_k) = p(1 - p), \quad k = 1, 2, \cdots.$$

于是由切比雪夫大数定律得

$$P\left\{\left|\frac{\mu_n}{n} - p\right| < \varepsilon\right\} = \lim_{n \to \infty} P\left\{|\bar{X}_n - E(\bar{X}_n)| < \varepsilon\right\} = 1.$$

伯努利大数定律表明, 当试验次数 n 很大时, 事件 A 发生的频率 μ_n/n 与概率 p 有较大偏差的可能性很小. 因而在实际应用中, 当试验次数 n 很大时, 可用事件 A 发生的频率 μ_n/n 作为事件发生概率的近似值. 比如, 人们可以通过从一大批产品中随机抽取 n 件产品, 用这 n 件产品中的不合格的比例作为该批产品不合格率的估计, 依据的就是伯努利大数定律.

从定理证明可见, 伯努利大数定律是切比雪夫大数定律的特例, 即具有 0-1 分布的独立随机变量序列服从大数定律.

5.1.5 辛钦大数定律

可以看出, 切比雪夫大数定律是以切比雪夫不等式为基础的, 所以要求随机变量具有方差. 但是进一步的研究表明, 方差存在这个条件并不是必要的, 下面给出一个独立同分布时的辛钦 (Khinchine) 大数定律.

定理 5.5 (辛钦大数定律)　设随机变量序列 $X_1, X_2, \cdots, X_n, \cdots$ 独立同分布, 其数学期望存在: $\mathrm{E}(X_i) = \mu$, $i = 1, 2, \cdots$. 则对任意的 $\varepsilon > 0$, 有

$$\lim_{n\to\infty} P\left\{|\bar{X}_n - \mu| < \varepsilon\right\} = 1 \quad \text{或} \quad \lim_{n\to\infty} P\left\{|\bar{X}_n - \mu| \geqslant \varepsilon\right\} = 0. \quad (5.5)$$

定理的证明略. 式 (5.5) 也称 $\{\bar{X}_n\}$ 依概率收敛于常数 μ, 记作 $\bar{X}_n \xrightarrow{P} \mu$.

辛钦大数定律表明, 对于独立同分布的随机变量序列, 前 n 个随机变量的算术平均 $\bar{X}_n$ 依概率收敛于它们共同的期望值 μ. 这也就为计算随机变量的期望值提供了一条实际可行的途径.

比如, 要测量某个物理量 μ. 将 μ 设想为某随机变量 X 的数学期望, 对 X 独立重复地观测 n 次, 第 k 次观测值为 X_k, 则 $X_1, X_2, \cdots, X_n$ 相互独立且与 X 同分布. 按照辛钦大数定律, 当 n 足够大时, 可以把 $\bar{X}_n$ 作为 μ 的近似值.

再比如, 要估计全国小学生的平均身高, 只要选择 n 个有代表性的小学生, 测量并计算他们的平均身高 $\bar{X}_n$. 在 n 比较大时, $\bar{X}_n$ 可以作为全国小学生平均身高的近似值.

习　题　5.1

1 已知正常男性成人每毫升血液中白细胞数平均是 7300, 标准差为 700. 利用切比雪夫不等式讨论任意一名男性成人每毫升血液中白细胞数在 5200 到 9400 之间的概率. 如果假定 $X \sim \mathrm{N}(7300, 700^2)$, 又如何?

2 利用切比雪夫不等式确定随机变量与其数学期望之差的绝对值不小于 2 倍标准差的概率的上界.

3 设随机变量 $X \sim \mathrm{B}(n, p)$, 试利用切比雪夫不等式证明

$$P\{|X - np| \geqslant \sqrt{n}\} \leqslant 1/4.$$

4 设随机变量 $X_1, X_2, \cdots, X_n$ 独立同分布, $\mathrm{E}(X_i^k) = \mu_k$, 试利用切比雪夫不等式估计

$$P\left\{\left|\frac{1}{n}\sum_{i=1}^{n}X_i - \mu_1\right| \geqslant \varepsilon\right\}.$$

5 设 $\{X_n\}$ 为独立同分布的随机变量序列, 数学期望为零, 方差为 σ^2. 试证明

$$\frac{1}{n}\sum_{k=1}^{n}X_k^2 \xrightarrow{P} \sigma^2.$$

5.2 中心极限定理

5.2.1 中心极限定理的一般概念

大数定律讨论的是多个随机变量的平均 $\dfrac{1}{n}\sum\limits_{i=1}^{n}X_i$ 的渐近性质 (依概率收敛). 本节讨论独立随机变量和的近似分布.

独立随机变量和的背景是这样的: 有些随机变量可以理解为大量的、相互独立的随机因素作用的总效果. 比如, 工厂加工的零件的误差是人们经常遇到的一个随机变量. 研究表明, 误差的产生是由大量微小的、相互独立的随机因素叠加而成. 其中的因素包括了生产设备的振动与转速的影响、机器装配与磨损的影响、材料的成分与产地的影响、工人的情绪与操作技能的影响、工厂的环境因素、测量的水平等. 这些因素很多, 每个因素对加工零件的精度的影响都是很微小的、随机的, 这些因素的综合影响最后就使加工零件产生误差.

若将很多微小的随机波动记作 $X_1, X_2, \cdots, X_n$, 则误差可以表示为它们的和:

$$S_n = X_1 + X_2 + \cdots + X_n.$$

我们关心的是当 $n \to \infty$ 时, S_n 的极限分布是什么?

为了研究 S_n 的极限分布, 一般先将 S_n 进行标准化. 然后研究标准化后的随机变量的分布收敛于标准正态分布的问题. 回答这个问题的所有定理都称为中心极限定理.

定义 5.2 设随机变量序列 $X_1, X_2, \cdots, X_n, \cdots$ 相互独立, 均存在数学期望和方差: $\mathrm{E}(X_k) = \mu_k$, $\mathrm{D}(X_k) = \sigma_k^2$, $k = 1, 2, \cdots$. 令 $S_n = X_1 + X_2 + \cdots + X_n$ 的标准化随机变量为 Y_n, 即

$$Y_n = \frac{S_n - \mathrm{E}(S_n)}{\sqrt{\mathrm{D}(S_n)}}.$$

如果对任意的 $x \in (-\infty, +\infty)$, 有

$$\lim_{n\to\infty} P\{Y_n \leqslant x\} = \Phi(x) = \frac{1}{\sqrt{2\pi}}\int_{-\infty}^{x} \mathrm{e}^{-\frac{t^2}{2}}\,\mathrm{d}t. \tag{5.6}$$

则称随机变量序列 $\{X_n\}$ 服从中心极限定理 (central limit theorem).

中心极限定理早在 18 世纪由棣莫弗 (De Moivre) 首先提出, 现在内容已经十分丰富, 本节仅介绍几个比较经典的结果.

5.2.2　独立同分布情形的中心极限定理

定理 5.6 (林德伯格–列维中心极限定理)　若 $X_1, X_2, \cdots, X_n, \cdots$ 独立同分布, 且 $\mathrm{E}(X_k) = \mu$, $\mathrm{D}(X_k) = \sigma^2 > 0$ 都存在, 则 $\{X_n\}$ 服从中心极限定理. 即对任意的 $x \in (-\infty, +\infty)$, 有

$$\lim_{n \to \infty} P\left\{ \frac{\sum\limits_{k=1}^{n} X_k - n\mu}{\sigma\sqrt{n}} \leqslant x \right\} = \Phi(x) = \frac{1}{\sqrt{2\pi}} \int_{-\infty}^{x} \mathrm{e}^{-\frac{t^2}{2}} \mathrm{d}t. \tag{5.7}$$

定理的证明略.

这个定理令人 "吃惊" 之处在于: 任何独立同分布的随机变量序列, 无论服从什么分布 (可以是离散型也可以是连续型的), 只要它们非退化且二阶矩存在, 那么它们前 n 项和的标准化随机变量近似服从标准正态分布. 即

$$\frac{\sum\limits_{k=1}^{n} X_k - n\mu}{\sigma\sqrt{n}} \to \sim \mathrm{N}(0, 1) \quad \text{或} \quad \sum_{k=1}^{n} X_k \to \sim \mathrm{N}(n\mu, n\sigma^2). \tag{5.8}$$

记 $\bar{X}_n = \dfrac{1}{n} \sum\limits_{i=1}^{n} X_i$, 可得

$$\frac{\bar{X}_n - \mu}{\sigma/\sqrt{n}} \to \sim \mathrm{N}(0, 1) \quad \text{或} \quad \bar{X}_n \to \sim \mathrm{N}(\mu, \sigma^2/n). \tag{5.9}$$

例 5.4　一部件包括 36 个部分, 每部分的长度是一个随机变量, 它们相互独立且服从同一分布, 其数学期望为 2mm, 标准差为 0.05mm. 规定总长度为 (72 ± 0.5)mm 时产品合格, 试求产品合格的概率.

解　由题意, 设每部分的长度为 X_k, $k = 1, 2, \cdots, 36$, 它们互相独立, 服从同一分布, 且 $\mathrm{E}(X) = 2$, $\mathrm{D}(X) = 0.05^2$, 要求总长度 $S_{36} = \sum\limits_{k=1}^{36} X_k$ 在 $(72 - 0.5, 72 + 0.5)$ 内的概率.

由定理 5.6 知, 即产品合格的概率为

$$P(72 - 0.5 < S_{36} < 72 + 0.5) = P\left\{ -\frac{5}{3} < \frac{S_{36} - 72}{0.05 \times \sqrt{36}} < \frac{5}{3} \right\}$$

$$\approx 2\Phi\left(\frac{5}{3}\right) - 1 = 2*\mathrm{pnorm}(5/3) - 1 = 0.9044.$$

例 5.5 一公寓有 200 户住户, 一户住户拥有汽车数是一个随机变量, 设一户住户没有汽车、有 1 辆汽车、有 2 辆汽车的概率分别为 0.1, 0.6, 0.3. 问需要多少停车位, 才能使每辆汽车都有停车位的概率至少为 0.95?

解 以 X_k 记第 k 个住户拥有的汽车数, 则可以认为 $X_1, X_2, \cdots, X_{200}$ 相互独立, 且有共同的分布列:

X_k	0	1	2
P	0.1	0.6	0.3

易知 $\mathrm{E}(X_k) = 1.2$, $\mathrm{D}(X_k) = 0.36$, $k = 1, 2, \cdots, 200$. 问题就是要确定 N, 使得

$$P\left\{\sum_{k=1}^{200} X_k \leqslant N\right\} \geqslant 0.95.$$

由定理 5.6 知 $X = \sum\limits_{k=1}^{200} X_k$ 近似服从 $\mathrm{N}(240, 72)$. 于是

$$P\left\{\sum_{k=1}^{200} X_k \leqslant N\right\} \approx \Phi\left(\frac{N - 240}{\sqrt{72}}\right).$$

问题归结为确定 N, 使得 $(N - 240)/\sqrt{72} \geqslant \Phi^{-1}(0.95) = \mathtt{qnorm(0.95)} = 1.645$, 解得 $N \geqslant 253.96$. 即需要 254 个车位, 才能使每辆汽车都有车位的概率至少为 0.95.

定理 5.7 (棣莫弗–拉普拉斯中心极限定理) 设随机变量 $\mu_n \sim \mathrm{B}(n, p)$. 则

$$\lim_{n\to\infty} P\left\{\frac{\mu_n - np}{\sqrt{np(1-p)}} \leqslant x\right\} = \Phi(x) = \frac{1}{\sqrt{2\pi}} \int_{-\infty}^{x} \mathrm{e}^{-\frac{t^2}{2}}\, \mathrm{d}t. \tag{5.10}$$

证 将 μ_n 看成 n 个相互独立且有相同分布 $\mathrm{B}(1, p)$ 的随机变量 $X_1, X_2, \cdots, X_n$ 之和, 然后套用定理 5.6 可得.

这个定理是概率论历史上第一个中心极限定理, 它是专门针对二项分布的, 因此也称为二项分布的正态逼近, 其主要应用是二项分布概率的近似计算. 也就是说: 若 $X \sim \mathrm{B}(n, p)$, 则

$$\frac{X - np}{\sqrt{np(1-p)}} \to\sim \mathrm{N}(0, 1) \quad \text{或} \quad X \to\sim \mathrm{N}(np, np(1-p)). \tag{5.11}$$

在实际使用时, 可做如下修正: 设 k 和 l 都是整数, 则

$$P\{k \leqslant X \leqslant l\} = P\{k - 1/2 \leqslant X \leqslant l + 1/2\}$$

$$\approx \Phi\left(\frac{l+1/2-np}{\sqrt{np(1-p)}}\right) - \Phi\left(\frac{k-1/2-np}{\sqrt{np(1-p)}}\right). \tag{5.12}$$

上述处理也是容易理解的, 事实上, 二项分布是离散型分布, 正态分布是连续型分布, 所以用正态分布作为二项分布的近似计算时, 相应区间的左右两边各做适当延伸也是合理的. 出现在 $k-1/2$ 和 $l+1/2$ 中的 $1/2$ 称为连续修正量.

例 5.6　设计算机系统有 120 个终端, 每个终端有 5% 的时间在使用, 若每个终端使用与否是相互独立的, 试求有 10 个或更多终端在使用的概率.

解　设 X 表示 120 个终端中同时使用的数目, 则 $X \sim \mathrm{B}(120, 0.05)$. 我们的问题是要计算 $P(10 \leqslant X \leqslant 120)$, 直接由二项分布解出的准确结果是 `sum(dbinom(10:120, 120, 0.05))`= 0.0786.

现在用棣莫弗–拉普拉斯中心极限定理近似计算, 如果不使用连续修正, 则

$$P\{10 \leqslant X \leqslant 120\} = 1 - P\{X \leqslant 9\} \approx 1 - \Phi\left(\frac{9-6}{\sqrt{120 \times 0.05 \times 0.95}}\right)$$

$$= 1 - \Phi(1.2566) = 1 - \mathtt{pnorm}(1.2566) = 0.1045.$$

若使用连续修正, 则有

$$P\{10 \leqslant X \leqslant 120\} = 1 - P\{X \leqslant 9.5\} \approx 1 - \Phi\left(\frac{9.5-6}{\sqrt{120 \times 0.05 \times 0.95}}\right)$$

$$= 1 - \Phi(1.4660) = 1 - \mathtt{pnorm}(1.4660) = 0.0713.$$

可见连续修正后结果更精确.

例 5.7　设某车间有 400 台同类型的机器, 每台机器的电功率为 Q 千瓦, 设每台机器开动时间为总工作时间的 3/4, 且每台机器的开与停是相互独立的, 为了保证以 0.99 的概率有足够的电力, 问本车间至少要供应多大的电功率?

解　设 X 表示 400 台机器中同时开动的机器数, 则 $X \sim \mathrm{B}(400, 0.75)$. 我们的问题是要计算 $N \cdot Q$, 使得 $P\{X \leqslant N\} \geqslant 0.99$.

直接由二项分布解出 N 的工作量比较大, 现在用棣莫弗–拉普拉斯中心极限定理对概率做近似:

$$P\{X \leqslant N\} = P\{X \leqslant N + 0.5\} \approx \Phi\left(\frac{N - 299.5}{\sqrt{75}}\right).$$

于是要求 $\Phi\left(\dfrac{N-299.5}{\sqrt{75}}\right) \geqslant 0.99$, 即 $\dfrac{N-299.5}{\sqrt{75}} \geqslant \Phi^{-1}(0.99) = \mathtt{qnorm}(0.99) = 2.3263$, 解得

$$N \geqslant 2.3263 \times \sqrt{75} + 299.5 \approx 319.65.$$

所以该车间至少应供 $320Q$ 千瓦的电力才能满足要求.

5.2.3 独立不同分布情形的中心极限定理

前面介绍的中心极限定理要求独立随机变量序列是同分布的, 这个 "同分布" 的假设在实际问题中有时是不满足的. 因而, 有必要进一步研究独立但不一定同分布的中心极限定理, 下面介绍的李雅普诺夫中心极限定理就是其中的一个.

定理 5.8 (李雅普诺夫中心极限定理) 设 $X_1, X_2, \cdots, X_n, \cdots$ 是相互独立的随机变量序列, 又 $\mathrm{E}(X_k) = \mu_k$, $\mathrm{D}(X_k) = \sigma_k^2 > 0$, $k = 1, 2, \cdots$. 记 $B_n^2 = \sum\limits_{k=1}^{n} \sigma_k^2$. 若存在 $\delta > 0$, 使得

$$\lim_{n \to \infty} \frac{1}{B_n^{2+\delta}} \sum_{k=1}^{n} \mathrm{E}(|X_k - \mu_k|^{2+\delta}) = 0, \tag{5.13}$$

则 $\{X_n\}$ 服从中心极限定理.

定理的证明略.

李雅普诺夫中心极限定理说明, 如果一个随机现象由众多的随机因素引起, 且每一因素在总的变化中作用不显著, 则可以推断描述这个随机现象的随机变量近似地服从正态分布. 由于这种情况很普遍, 所以有相当多的一类随机变量服从正态分布, 从而正态分布成为概率统计中最重要的分布.

在实际问题中, 许多所考虑的随机变量通常可以表示成很多个独立的随机变量之和. 例如, 在任意指定时刻, 一个城市的耗电量是大量用户耗电量的总和, 一个物理实验的测量误差是由许多观察不到的、可加的微小误差所合成的, 它们往往近似地服从正态分布. 可见中心极限定理揭示了正态分布的普遍性和重要性, 是应用正态分布来解决各种实际问题的理论基础.

习 题 5.2

1 袋装茶叶用箱机器装袋, 每袋的净重为随机变量, 其期望值为 100g, 标准差为 10g, 一大箱内装 200 袋, 求一箱茶叶净重大于 20.5kg 的概率.

2 一加法器同时收到 20 个噪声电压 V_k ($k = 1, 2, \cdots, 20$), 设它们是相互独立的随机变量, 且都服从 $(0, 10)$ 上的均匀分布, 记 $V = \sum\limits_{k=1}^{20} V_k$, 求 $V > 105$ 的概率.

3 设某考试有 85 道选择题, 每题 4 个选择答案, 只有一个正确. 若需要通过考试, 则必须答对 51 道题以上. 试问某学生靠运气能通过该考试的概率有多大?

4 某保险公司在某地区为 100000 人保险, 规定投保人在年初交纳保险金 30 元. 若投保人死亡, 则保险公司向其家属一次性赔偿 6000 元. 由资料统计知, 该地区人口死亡率为 0.0037. 不考虑其他运营成本, 求保险公司一年从该地区获得不少于 600000 元收益的概率.

5 现有一批种子, 其中良种占 1/6, 今任取 6000 粒, 问能以 0.99 的概率保证这 6000 粒种子中良种所占的比例与 1/6 的差的绝对值不超过多少? 相应的良种粒数在什么范围内?

本 章 小 结

本章主要内容有切比雪夫不等式、大数定律 (切比雪夫大数定律、伯努利大数定律、辛钦大数定律)、中心极限定理 (林德伯格–列维中心极限定理、棣莫弗–拉普拉斯中心极限定理、李雅普诺夫中心极限定理).

切比雪夫不等式　利用期望和方差确定事件 $\{|X - \mathrm{E}(X)| \geqslant \varepsilon\}$ 的概率的上界, 或事件 $\{|X - \mathrm{E}(X)| < \varepsilon\}$ 的概率的下界.

大数定律　大量随机变量平均结果的稳定性.

$$
\text{大数定律}
\begin{cases}
\text{切比雪夫大数定律 (独立, 期望、方差存在, 且方差有界)} \\
\text{伯努利大数定律 (频率依概率收敛于概率值)} \\
\text{辛钦大数定律 (独立同分布, 期望存在)}
\end{cases}
$$

中心极限定理　大量随机变量和的标准化近似服从标准正态分布.

$$
\text{中心极限定理}
\begin{cases}
\text{林德伯格–列维中心极限定理 (独立同分布, 期望、方差存在)} \\
\text{棣莫弗–拉普拉斯中心极限定理 (二项分布的正态逼近)} \\
\text{李雅普诺夫中心极限定理 (独立不同分布, 期望、方差存在)}
\end{cases}
$$

总 练 习 题

1 设随机变量 X 和 Y 的数学期望分别为 -2 和 2, 方差分别为 1 和 4, 相关系数为 -0.5, 利用切比雪夫不等式确定概率 $P\{|X + Y| \geqslant 6\}$ 的上界.

2 设 μ_n 是 n 次独立试验中事件 A 发生的次数, 事件 A 在第 k 次试验中发生的概率为 p_k, 试证

$$
\lim_{n \to \infty} P\left\{ \left| \frac{\mu_n}{n} - \frac{1}{n}\sum_{k=1}^{n} p_k \right| < \varepsilon \right\} = 1, \quad \forall \varepsilon > 0.
$$

3 设 $\{X_n\}$ 是同分布、方差存在的随机变量序列, 而且 X_n 仅与 X_{n-1} 和 X_{n+1} 相关, 而与其他的 X_i 不相关. 试问该随机变量序列 $\{X_n\}$ 是否服从大数定律?

4 在 n 次伯努利试验中, 事件 A 发生的概率均为 0.75, 讨论 n 取何值时, 才能使事件 A 出现的频率在 0.74 到 0.76 的概率至少为 0.90.

(1) 利用切比雪夫不等式求解;　(2) 利用中心极限定理求解.

5 设随机变量 $X_1, X_2, \cdots, X_{10}$ 独立同分布于参数为 1 的泊松分布，$S = \sum_{k=1}^{10} X_k$，要计算概率 $P(S \leqslant 12)$.

(1) 利用泊松分布计算其准确值；

(2) 利用中心极限定理计算其近似值 (不做连续修正)；

(3) 利用中心极限定理计算其近似值 (连续修正).

6 测量某物体的长度时，由于存在测量误差，每次测得的长度只能是近似值. 现进行多次测量，然后取这些测量值的平均值作为实际长度的估计值. 假定 n 个测量值 $X_1, X_2, \cdots, X_n$ 是独立同分布的随机变量，具有共同的期望 μ(即实际长度) 及方差 1，试问要以 95% 的把握可以确信其估计值精确到 ± 0.2 以内，必须测量多少次？

7 掷一颗骰子 100 次，记第 k 次掷出的点数为 $X_k, k = 1, 2, \cdots, 100$，所得点数之平均为 $\bar{X} = \dfrac{1}{100} \sum_{k=1}^{100} X_k$，试求概率 $P\{3 \leqslant \bar{X} \leqslant 4\}$.

8 一份考卷由 99 个题组成，并按由易到难顺序排列. 某学生答对第 1 题的概率为 0.99，答对第 2 题的概率为 0.98. 一般地，他答对第 k 题的概率为 $1 - k/100, k = 1, 2, \cdots, 99$. 假如该学生回答各题目是相互独立的，并且要正确回答至少 60 个题目才算通过考试. 试算该学生通过考试的可能性多大？

数学家伯努利简介

雅各布·伯努利 (Jakob Bernoulli, 1654~1705)，瑞士数学家.

伯努利毕业于巴塞尔大学，1671 年获艺术硕士学位，后获得神学硕士学位，自学数学和天文学；在 1678 年和 1681 年两次遍游欧洲学习旅行，接触了许德、玻意耳、胡克、惠更斯等数学家或科学家；1682 年在巴塞尔开始教授力学；1687 年至逝世，是巴塞尔大学的数学教授.

伯努利首先使用微积分的基础性概念"积分"一词；为常微分方程的积分法奠定了理论基础；创立了变分法；首次给出直角坐标和极坐标下的曲率半径公式；

雅各布·伯努利

提出了诸多数学问题，如悬链线问题、曲率半径公式、伯努利双纽线、伯努利微分方程、等周问题；在概率论奠基性著作《猜度术》中，提出了最早形式的大数定律，即伯努利大数定律.

　　由于"大数定律"的极端重要性, 1913 年 12 月彼得堡科学院曾举行庆祝大会, 纪念"大数定律"诞生 200 周年. 1994 年在瑞士的苏黎世召开第 22 届国际数学家大会, 瑞士邮政发行图案是雅各布·伯努利头像和伯努利大数定律及其几何示意图的纪念邮票. 伯努利惊叹于对数螺线的神奇, 在遗嘱里要求后人将对数螺线刻在自己的墓碑上, 并附以颂词"纵然变化, 依然故我", 用以象征死后永生不朽. 值得一提的是, 伯努利家族是一个数学家辈出的家族. 在 17~18 世纪期间, 伯努利家族共产生过 11 位数学家.

　　伯努利 1699 年当选为巴黎科学院外籍院士, 1701 年入选柏林科学协会会员. 伯努利是被公认的概率论的先驱之一.

第 6 章　数理统计的基本概念

数学是知识的工具, 亦是其他知识工具的源泉.

——笛卡儿

从本章开始, 将开始学习数理统计学的有关内容. 数理统计是一门应用性极强的学科, 它以概率论为理论工具, 研究如何通过实验或观察收集的数据资料, 在设定的统计模型下, 对这些数据进行分析, 从而对所关心的问题进行估计或检验. 本章主要讨论数理统计的基本概念, 包括统计量及其分布和数据资料的描述统计.

6.1　总体与样本

6.1.1　数理统计问题

前 5 章内容构成了概率论的基本内容. 在概率论中, 一般是在随机变量分布已知的情况下, 着重讨论随机变量的性质 (包括数字特征). 但是在实际问题中, 对某个具体的随机变量来说, 如何判断它服从某种分布? 即使已知它服从某种分布, 又该如何确定它的各个参数?

例 6.1　设想有一大批产品, 每件产品要么是合格品要么是次品, 整批产品的次品率记为 p, 它反映了整批产品的质量. 如果从该批产品中任取一件, 用 X 表示其中的次品数, 则 X 服从两点分布 $B(1, p)$, 其中 p 是未知的. 人们对 p 可能会关心如下一些问题:

(1) 估计 p 的大小;

(2) 估计 p 的取值范围;

(3) 判断 p 是否不超过某个值, 如 0.05.

以上问题都属于数理统计研究的内容. 为了回答这些问题, 一般需要从该批产品中随机抽取一部分进行检验, 得到一些数据. 然后根据这部分数据, 对整批产品的次品率记为 p 回答如上一些问题. 可见, 数理统计问题就是由部分推断整体的问题.

6.1.2　总体与样本的概念

在数理统计中, 我们将研究对象的某项数量指标值的全体称为总体 (population); 总体的每个基本单元称为个体 (individual). 例如, 上述的一大批产品的质量 (合格品、次品) 的全体就组成一个总体, 其中每一产品的质量就是一个个体.

为了研究总体的性质, 是否需要对每个个体逐个进行观察? 一般来说, 这样做往往是不现实的, 也是不需要的. 只能抽取一部分个体进行观察试验, 并记录其结果, 然后根据这部分数据来推断整体的情况.

从总体中抽出的一部分个体组成样本 (sample); 样本中所包含个体的数量称为样本容量 (sample size).

为了便于数理处理, 需要把总体和样本进一步地抽象化、数学化. 这种抽象化的过程是概念理解的深化过程.

将总体看作是某个数量指标可能取值的全体, 这些值有大有小, 有的出现的机会大, 有的出现的机会小, 因而可以用一个概率分布来描述总体, 称为总体分布. 而其数量指标就是服从这个分布的随机变量, 每一个个体的数量指标就是这个随机变量的一个取值. 从这个意义上说, 总体就是一个分布, 也是一个随机变量.

比如在例 6.1 中, 我们现在只关心产品是否为次品, 以 0 表示产品为正品, 以 1 表示产品为次品. 设次品率为 p, 那么总体就由一些 1 和一些 0 组成, 这一总体就对应一个参数为 p (未知) 的两点分布 $B(1, p)$. 每个个体值 (0 或 1) 看作随机变量 X 的取值. 这样总体就对应了一个随机变量 X, 对总体的研究就是对 X 的研究.

例 6.2　一本很厚的书的印刷质量指标之一是每个印刷页面中的错误数, 每页都有一个错误数, 整本书的错误数构成一个总体. 这个总体由一些 0, 一些 1, 一些 2, $\cdots$ 构成, 经验表明, 这些值出现的机会可以用泊松分布 $P(\lambda)$ 描述. 如此一来总体就是随机变量 $X \sim P(\lambda)$.

例 6.3　考虑对一个物理量 μ 进行测量, 此时一切可能的测量结果是 $(-\infty, \infty)$, 因而总体是一个取值于 $(-\infty, \infty)$ 的随机变量 X, 由中心极限定理, 通常假设该总体的分布为正态分布 $N(\mu, \sigma^2)$, 其中 (μ, σ) 未知.

为了了解总体的分布, 就要从总体中抽样. 所谓从总体抽取一个个体, 就是对总体 X 进行一次观察 (即进行一次试验), 并记录其结果. 一个非常重要的问题是如何选取样品, 才能使抽样结果有效地、正确地反映出总体的情况? 我们总是假定在相同的条件下对总体 X 进行 n 次重复的、独立的观察, 将 X 次观察结果记为 $X_1, X_2, \cdots, X_n$. 由于 $X_1, X_2, \cdots, X_n$ 是对随机变量 X 观察的结果, 且各次观察是在相同的条件下独立进行的, 于是我们引出以下的样本定义.

定义 6.1　设总体 X 是具有分布函数 $F(x)$ 的随机变量, 若 $X_1, X_2, \cdots, X_n$ 是与 X 具有同一分布函数 $F(x)$ 且相互独立的随机变量, 则称 $X_1, X_2, \cdots, X_n$ 为来自总体 X 的容量为 n 的简单随机样本, 简称样本. 样本的观察值 $x_1, x_2, \cdots, x_n$ 称为样本值.

由定义 6.1 可知, 样本 $X_1, X_2, \cdots, X_n$ 有两个特性.

(1) 要求 $X_1, X_2, \cdots, X_n$ 相互独立, 这个要求意味着每个个体的取值不影响

其他个体的取值;

(2) 要求 $X_1, X_2, \cdots, X_n$ 与总体 X 具有相同的分布, 这意味着每一个个体都有同等机会被选入样本.

样本独立同分布 (independent identically distributed, 简记为 iid) 的假设, 在实际中只能是近似满足.

6.1.3 样本的二重性和样本分布

由于样本是从总体中随机抽取的, 抽样之前无法预知它们的数值, 因此把样本看作 n 个随机变量 $X_1, X_2, \cdots, X_n$. 另外, 在抽取之后就得到了 n 个样本值 $x_1, x_2, \cdots, x_n$, 样本的这种二重性有很大的重要性.

对理论工作者而言, 他们更多注意到样本是随机变量, 因为他们所发展的统计方法应有一定的普遍性, 不只是可用于某些具体样本值. 反之, 对应用工作者而言, 他们虽习惯了把样本看作具体数值, 但仍然不能忽视 "样本是随机变量" 这个背景. 为方便起见, 今后我们通常用大写字母表示样本时, 意味着将样本看作随机变量, 样本值通常用小写字母 (或数字) 表示.

作为 n 个随机变量的样本, $(X_1, X_2, \cdots, X_n)$ 就是一个 n 维随机变量, 其分布就是样本的分布.

根据定义, 若总体 X 具有分布函数 $F(x)$, 则样本 $X_1, X_2, \cdots, X_n$ 的联合分布函数为

$$F^*(x_1, x_2, \cdots, x_n) = F(x_1)F(x_2) \cdots F(x_n). \tag{6.1}$$

若 X 是离散型随机变量, 其分布列为 $p_k = P\{X = a_k\}$, $k = 1, 2, \cdots$, 则样本 $X_1, X_2, \cdots, X_n$ 的联合分布列为

$$P\{X_1 = a_{i_1}, X_2 = a_{i_2}, \cdots, X_n = a_{i_n}\} = p_{i_1} p_{i_2} \cdots p_{i_n}, \tag{6.2}$$

$$i_1, i_2, \cdots, i_n = 1, 2, 3, \cdots.$$

若 X 是连续型随机变量, 其概率密度函数为 $f(x)$, 则样本 $X_1, X_2, \cdots, X_n$ 的联合概率密度函数为

$$f^*(x_1, x_2, \cdots, x_n) = f(x_1)f(x_2) \cdots f(x_n). \tag{6.3}$$

例 6.4 在例 6.1 中, 总体 $X \sim B(1, p) : P\{X = x\} = p^x(1-p)^{1-x}$, $x = 0, 1$.

现有放回地抽 n 个产品检查是否合格, 结果记为 $X_1, X_2, \cdots, X_n$. 则由公式 (6.2), 得 $X_1, X_2, \cdots, X_n$ 的联合概率分布列为

$$P\{X_1 = x_1, X_2 = x_2, \cdots, X_n = x_n\} = \prod_{i=1}^{n} p^{x_i}(1-p)^{1-x_i} = p^{\sum\limits_{i=1}^{n} x_i}(1-p)^{n - \sum\limits_{i=1}^{n} x_i},$$

$$x_1, x_2, \cdots, x_n = 0, 1.$$

例 6.5　设某电子元件的寿命 X 服从参数为 λ 的指数分布, 其概率密度函数为

$$f(x; \lambda) = \begin{cases} \lambda e^{-\lambda x}, & x \geqslant 0, \\ 0, & x < 0. \end{cases}$$

现从一批电子元件中独立地抽取 n 件进行寿命试验, 测得寿命数据为 $X_1, X_2, \cdots, X_n$, 则由公式 (6.3) 可知, $X_1, X_2, \cdots, X_n$ 的联合概率密度函数为

$$f^*(x_1, x_2, \cdots, x_n; \lambda) = \prod_{i=1}^{n} f(x_i; \lambda) = \begin{cases} \lambda^n \exp\left\{ -\lambda \sum_{i=1}^{n} x_i \right\}, & x_1, x_2, \cdots, x_n \geqslant 0, \\ 0. & \text{其他}. \end{cases}$$

这里在密度函数中写出参数 λ, 表示该分布与 λ 有关.

习　题　6.1

1 设某工厂大量生产某种产品, 其不合格品率 p 未知, 每 m 件产品包装为一盒. 为了检查产品质量, 任意抽取 n 盒, 查其中的不合格数, 试说明什么是总体, 什么是样本, 并说明样本的分布.

2 设总体 X 服从正态分布 $N(\mu, \sigma^2)$, $X_1, X_2, \cdots, X_n$ 是来自 X 的样本, 试写出样本的概率密度函数.

3 设总体 X 服从区间 $[a, b]$ 上的均匀分布, $X_1, X_2, \cdots, X_n$ 是来自 X 的样本, 试写出样本的概率密度函数.

4 设总体 X 服从参数为 λ 的泊松分布, $X_1, X_2, \cdots, X_n$ 是来自 X 的样本, 试写出样本的联合分布列.

6.2　统计量和抽样分布

6.2.1　统计量

样本是总体的反映, 样本所含的信息需要进行加工整理, 计算出一些能够概括样本信息的量用于统计推断. 这种由样本计算出来的量, 把样本中与所要解决的问题有关的信息集中起来了.

定义 6.2　设 $X_1, X_2, \cdots, X_n$ 是来自总体 X 的一个样本, $g(x_1, x_2, \cdots, x_n)$ 是一个 n 元函数. 如果 g 中不含有未知参数, 则称 $T = g(X_1, X_2, \cdots, X_n)$ 为一个统计量 (statistic).

例如, 设总体 $X \sim N(\mu, \sigma^2)$. 考虑

$$T = g(X_1, X_2, \cdots, X_n) = \frac{1}{n} \sum_{i=1}^{n} (X_i - \mu)^2,$$

当 μ 是已知量时, T 是一个统计量. 当 μ 是未知量时, T 就不是一个统计量, 因为统计量中不允许含有未知参数.

由定义可知, 统计量是 n 个随机变量的一个函数, 是一个随机变量.

如果 $x_1, x_2, \cdots, x_n$ 是一组样本值, 则 $g(x_1, x_2, \cdots, x_n)$ 是统计量 $g(X_1, X_2, \cdots, X_n)$ 的一个观察值, 可以计算出来. 和样本一样, 我们也往往不去严格区分统计量和统计量的观察值.

下面定义一些常用的统计量.

定义 6.3 设 $X_1, X_2, \cdots, X_n$ 是由总体 X 抽取的简单随机样本. 统计量

$$\bar{X} = \frac{1}{n} \sum_{i=1}^{n} X_i \tag{6.4}$$

称为样本均值 (sample mean); 统计量

$$S^2 = \frac{1}{n-1} \sum_{i=1}^{n} \left(X_i - \bar{X}\right)^2 \tag{6.5}$$

称为样本方差 (sample variance); $S = \sqrt{S^2}$ 称为样本标准差 (sample standard deviation); 统计量

$$M_k = \frac{1}{n} \sum_{i=1}^{n} X_i^k, \quad k = 1, 2, \cdots \tag{6.6}$$

称为样本 k 阶原点矩 (sample kth moment); 统计量

$$M_k' = \frac{1}{n} \sum_{i=1}^{n} \left(X_i - \bar{X}\right)^k, \quad k = 2, 3, \cdots \tag{6.7}$$

称为样本 k 阶中心矩 (sample kth central moment).

显然 $M_1 = \bar{X}$, $M_2' = \dfrac{n-1}{n} S^2$, 当 n 很大时 $M_2' \approx S^2$.

以上各统计量又称为样本的数字特征 (通常是随机变量或观测值), 与总体的数字特征 (通常是常数但未知) 相对应, 其物理意义也对应. 比如, 样本均值反映了数据的集中趋势, 样本方差 (标准差) 反映了数据的离散程度.

在 R 语言中, 用函数 `mean()` 计算样本均值 $\bar{X}$, 用函数 `var()` 和 `sd()` 分别计算样本方差 S^2 和标准差 S. 现举例说明如下:

```
x <- c(75.0, 64.0, 47.4, 66.9, 62.2, 62.2, 58.7, 63.5, 66.6,
       64.0, 57.0, 69.0, 56.9, 50.0, 72.0) # 有15名学生的体重
x.mean<-mean(x)      # 计 算 体 重 平 均 值
x.var<-var(x)        # 计 算 体 重 方 差
x.sd<-sd(x)          # 计 算 体 重 标 准 差
```

执行上述代码, 得到 15 名学生体重的平均值为 62.36, 方差为 56.47, 标准差为 7.51.

样本均值代表了样本的中心趋势, 它有如下两个性质.

定理 6.1   设 $x_1, x_2, \cdots, x_n$ 是一组样本观测值, 则 $\sum_{i=1}^{n}(x_i - \bar{x}) = 0$.

证 $\sum_{i=1}^{n}(x_i - \bar{x}) = \sum_{i=1}^{n} x_i - n\bar{x} = \sum_{i=1}^{n} x_i - \sum_{i=1}^{n} x_i = 0$.

这个性质说明: $\bar{x}$ 是样本 $x_1, x_2, \cdots, x_n$ 的中心, 其计算公式用到了所有的样本 x_i, 且每个样本同等重要 (等权), 每个样本 x_i 与 $\bar{x}$ 的偏差 (也称为离差) 可正可负, 其和为零.

定理 6.2   设 $x_1, x_2, \cdots, x_n$ 是一组样本观测值, 则

$$\sum_{i=1}^{n}(x_i - \bar{x})^2 = \min_{c\in\mathbb{R}}\sum_{i=1}^{n}(x_i - c)^2.$$

证   对任意的常数 c,

$$\sum_{i=1}^{n}(x_i - c)^2 = \sum_{i=1}^{n}(x_i - \bar{x} + \bar{x} - c)^2$$
$$= \sum_{i=1}^{n}(x_i - \bar{x})^2 + n(\bar{x} - c)^2 \geqslant \sum_{i=1}^{n}(x_i - \bar{x})^2.$$

这个定理说明在形如 $\sum_{i=1}^{n}(x_i - c)^2$ 的函数中 (c 是自变量), $\sum_{i=1}^{n}(x_i - \bar{x})^2$ 最小.

下面的定理给出了样本均值的数学期望和方差, 以及样本方差的数学期望, 它与总体的具体分布形式无关. 这些结论在后面的讨论中很有用的.

定理 6.3   设总体 X 具有二阶矩, 记 $E(X) = \mu$, $D(X) = \sigma^2$, 若 $X_1, X_2, \cdots, X_n$ 是来自于这一总体的一个样本, 则

$$E(\bar{X}) = \mu, \quad D(\bar{X}) = \frac{1}{n}\sigma^2, \quad E(S^2) = \sigma^2.$$

证   由数学期望和方差的性质直接计算得

$$E(\bar{X}) = E\Big(\frac{1}{n}\sum_{i=1}^{n}X_i\Big) = \frac{1}{n}\sum_{i=1}^{n}E(X_i) = \frac{1}{n}\sum_{i=1}^{n}\mu = \mu;$$

$$D(\bar{X}) = D\Big(\frac{1}{n}\sum_{i=1}^{n}X_i\Big) = \frac{1}{n^2}\sum_{i=1}^{n}D(X_i) = \frac{1}{n^2}\sum_{i=1}^{n}\sigma^2 = \frac{1}{n}\sigma^2;$$

$$E(S^2) = \frac{1}{n-1}E\left[\sum_{i=1}^{n}\big(X_i - \bar{X}\big)^2\right]$$

$$= \frac{1}{n-1}E\left[\sum_{i=1}^{n}X_i^2 - n\big(\bar{X}\big)^2\right]$$

$$= \frac{1}{n-1}\sum_{i=1}^{n}E(X_i^2) - \frac{n}{n-1}E(\bar{X})^2$$

$$= \frac{1}{n-1}\sum_{i=1}^{n}\big[D(X_i) + E^2(X_i)\big] - \frac{n}{n-1}\big[D(\bar{X}) + E^2(\bar{X})\big]$$

$$= \frac{1}{n-1}\sum_{i=1}^{n}\big(\sigma^2 + \mu^2\big) - \frac{n}{n-1}\Big(\frac{1}{n}\sigma^2 + \mu^2\Big)$$

$$= \frac{1}{n-1}\big(n\sigma^2 + n\mu^2 - \sigma^2 - n\mu^2\big) = \sigma^2.$$

此定理表明, 样本均值的期望与总体期望相同, 而样本均值的方差是总体方差的 $1/n$.

6.2.2 正态总体抽样分布

统计量作为样本的函数, 其分布在统计推断中有非常重要的地位, 统计量的分布为抽样分布 (sampling distribution). 寻找种种统计量的抽样分布或近似分布, 是一件极重要的工作. 一般来说, 要确定一个统计量的精确分布是有一定难度的, 但当总体是正态分布时, 已经有比较完善的结果.

下面我们针对正态总体, 推导与 $\bar{X}$ 和 S^2 这两个统计量相关的一些统计量的分布. 为此, 我们首先需要介绍三个连续型概率分布: χ^2 分布、t 分布、F 分布, 这三个分布被称为统计学的三大抽样分布.

1. χ^2 分布

设 $X_1, X_2, \cdots, X_n$ 是来自总体 $N(0,1)$ 的样本, 则统计量

$$\chi^2 = X_1^2 + X_2^2 + \cdots + X_n^2$$

的分布称为自由度为 n 的 χ^2 分布, 记为 $\chi^2 \sim \chi^2(n)$. $\chi^2(n)$ 分布概率密度函数 (图 6.1) 为

$$f(x) = \begin{cases} \dfrac{1}{2^{n/2}\Gamma(n/2)} x^{n/2-1}\mathrm{e}^{-x/2}, & x > 0, \\ 0, & x \leqslant 0. \end{cases}$$

其中的 $\Gamma(\cdot)$ 是伽马函数, 即 $\Gamma(s) = \displaystyle\int_0^{+\infty} x^{s-1}\mathrm{e}^{-x}\mathrm{d}x, \ s > 0$.

χ^2 分布的两个重要性质:

1° 若 $X \sim \chi^2(n), Y \sim \chi^2(m)$, 则 $X + Y \sim \chi^2(n+m)$;

2° 若 $X \sim \chi^2(n)$, 则 $\mathrm{E}(X) = n, \mathrm{D}(X) = 2n$.

χ^2 分布的分位数: 设 $X \sim \chi^2(n)$, 对于给定的正数 $\alpha \in (0,1)$, 称满足条件

$$P\{X \leqslant \chi^2_\alpha(n)\} = \alpha$$

的数 $\chi^2_\alpha(n)$ 为 $\chi^2(n)$ 分布的 α 分位数 (图 6.2).

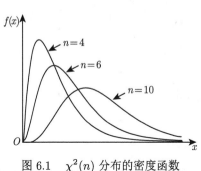

图 6.1　$\chi^2(n)$ 分布的密度函数

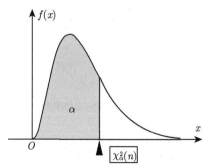

图 6.2　$\chi^2(n)$ 分布的分位数 $\chi^2_\alpha(n)$

R 软件中计算 χ^2 分布概率密度函数、分布函数、分位数函数、产生随机数的函数分别是 dchisq(), pchisq(), qchisq(), rchisq(). 比如 qchisq(0.95, 10) = 18.30704, 表示 $\chi^2_{0.95}(10) = 18.30704$.

2. t 分布

若 $X \sim \mathrm{N}(0,1)$ 和 $Y \sim \chi^2(n)$ 独立, 则随机变量

$$T = \frac{X}{\sqrt{Y/n}}$$

的分布称为自由度为 n 的 t 分布, 记为 $T \sim \mathrm{t}(n)$. $\mathrm{t}(n)$ 分布概率密度函数 (图 6.3) 为

$$f(x) = \frac{\Gamma\big((n+1)/2\big)}{\sqrt{n\pi}\,\Gamma\big(n/2\big)}\left(1+\frac{x^2}{n}\right)^{-\frac{n+1}{2}}, \quad -\infty < x < \infty.$$

t 分布的两个重要性质:

1° $t(n) \to \mathrm{N}(0,1)(n \to \infty)$;

2° 若 $X \sim \mathrm{t}(n)$, 则

$$\mathrm{E}(X) = 0 \quad (n>1), \quad \mathrm{D}(X) = \frac{n}{n-1} \quad (n>2).$$

t 分布的分位数: $X \sim \mathrm{t}(n)$, 对于给定的正数 $\alpha \in (0,1)$, 称满足条件

$$P\{X \leqslant t_\alpha(n)\} = \alpha$$

的数 $t_\alpha(n)$ 为 $\mathrm{t}(n)$ 分布的 α 分位数 (图 6.4).

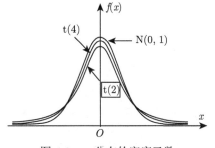

图 6.3　t 分布的密度函数

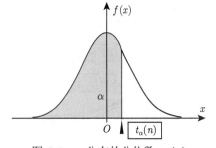

图 6.4　t 分布的分位数 $t_\alpha(n)$

R 软件中计算 t 分布概率密度函数、分布函数、分位数函数、产生随机数的函数分别是 dt(), pt(), qt(), rt(). 如 qt(0.3, 15) = −0.5357, 表示 $t_{0.3}(15) = -0.5357$.

3. F 分布

若 $X \sim \chi^2(n_1)$ 和 $Y \sim \chi^2(n_2)$ 独立, 则随机变量

$$F = \frac{X/n_1}{Y/n_2}$$

的分布称为自由度为 (n_1, n_2) 的 F 分布, 记为 $F \sim \mathrm{F}(n_1, n_2)$. $F \sim \mathrm{F}(n_1, n_2)$ 分布的密度函数 (图 6.5) 为

$$f(x) = \begin{cases} \dfrac{\Gamma\big((n_1+n_2)/2\big)}{\Gamma\big(n_1/2\big)\cdot\Gamma\big(n_2/2\big)}\left(\dfrac{n_1}{n_2}\right)^{\frac{n_1}{2}} x^{\frac{n_1}{2}-1}\left(1+\dfrac{n_1}{n_2}x\right)^{-\frac{n_1+n_2}{2}}, & x>0, \\ 0, & x \leqslant 0. \end{cases}$$

F 分布的两个重要性质:

1° 若 $X \sim F(n_1, n_2)$, 则 $1/X \sim F(n_2, n_1)$;

2° 若 $X \sim t(n)$, 则

$$\mathrm{E}(X) = \frac{n_2}{n_2 - 1} \ (n_2 > 2), \quad \mathrm{D}(X) = \frac{2n_2^2(n_1 + n_2 - 2)}{n_1(n_2 - 2)^2(n_2 - 4)} \ (n_2 > 4).$$

F 分布的分位数: $X \sim F(n_1, n_2)$, 对于给定的正数 $\alpha \in (0, 1)$, 称满足条件

$$P\{X \leqslant F_\alpha(n_1, n_2)\} = \alpha$$

的数 $F_\alpha(n_1, n_2)$ 为 $F(n_1, n_2)$ 分布的 α 分位数 (图 6.6). 易见, $F_\alpha(n_1, n_2) = 1/F_{1-\alpha}(n_2, n_1)$.

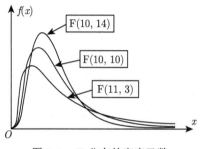

图 6.5   F 分布的密度函数

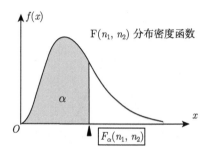

图 6.6   F 分布的分位数 $F_\alpha(n_1, n_2)$

R 软件中计算 F 分布概率密度函数、分布函数、分位数函数、产生随机数的函数分别是 df(), pf(), qf(), rf(). 如, $\mathrm{qf}(0.95, 5, 10) = 3.325835$, 意味着 $F_{0.95}(5, 10) = 3.325835$.

下面给出关于正态总体统计量分布的几个定理, 它们在统计学中具有基础地位.

定理 6.4 (一个正态总体的抽样定理)   设 $X_1, X_2, \cdots, X_n$ 是来自总体 $\mathrm{N}(\mu, \sigma^2)$ 的一个样本, 则

(1) $\bar{X}$ 与 S^2 独立;

(2) $\bar{X} \sim \mathrm{N}(\mu, \sigma^2/n)$ 或 $Z = \dfrac{\bar{X} - \mu}{\sigma/\sqrt{n}} \sim \mathrm{N}(0, 1)$;

(3) $T = \dfrac{\bar{X} - \mu}{S/\sqrt{n}} \sim \mathrm{t}(n - 1)$;

(4) $\dfrac{n - 1}{\sigma^2} S^2 \sim \chi^2(n - 1)$.

证明略.

定理 6.5 (两个正态总体的抽样定理) 设 $X_1, X_2, \cdots, X_n$ 和 $Y_1, Y_2, \cdots, Y_m$ 是分别来自两个总体 $N(\mu_1, \sigma_1^2)$ 和 $N(\mu_2, \sigma_2^2)$ 的样本 $(n \geqslant 2, m \geqslant 2)$, 且上述两样本相互独立, 则

(1) $F = \dfrac{\sigma_2^2 S_1^2}{\sigma_1^2 S_2^2} \sim F(n-1, m-1)$;

(2) 当 $\sigma_1^2 = \sigma_2^2 = \sigma^2$ 时, $T = \dfrac{(\bar{X} - \bar{Y}) - (\mu_1 - \mu_2)}{S_W \sqrt{1/n + 1/m}} \sim t(n+m-2)$,

其中 $\bar{X}, \bar{Y}$ 和 S_1^2, S_2^2 是这两个样本的样本均值和方差, $S_W^2 = \dfrac{(n-1)S_1^2 + (m-1)S_2^2}{n+m-2}$.

证明略.

上述两个定理是关于正态总体统计推断的基础, 以后可能会反复用到.

最后我们指出, 即便总体不是正态分布, 只要 $E(X) = \mu$, $D(X) = \sigma^2$ 存在, 则当 $n \to \infty$ 时, $\bar{X}$ 的渐近分布为 $N(\mu, \sigma^2/n)$.

例 6.6 设总体 X 服从均匀分布 $U(1,5)$, $E(X) = 3$, $D(X) = 4/3$, 若从该总体中抽取容量为 16 的样本, 则样本均值 $\bar{X}$ 的近似分布是正态分布 $N(3, 1/12)$.

6.2.3 最值统计量的分布

样本的最小值、最大值也是常用统计量. 例如, 记录过去 50 年洪水的最高水位及夏天的最高气温都为我们提供了重要信息, 这类统计量在实际和理论中都有广泛的应用. 本节主要讨论连续型总体对应的样本的最值统计量的分布.

定义 6.4 设 $X_1, X_2, \cdots, X_n$ 是抽自总体 X 的一个简单随机样本,

$$X_{(1)} = \min\{X_1, X_2, \cdots, X_n\} \quad \text{和} \quad X_{(n)} = \max\{X_1, X_2, \cdots, X_n\}$$

分别称为最小次序统计量 (smallest order statistic) 和最大次序统计量 (largest order statistic).

定理 6.6 设连续型总体 X 的分布函数和密度函数分别为 $F(x)$ 和 $f(x)$, 则统计量 $X_{(1)}$ 和 $X_{(n)}$ 的分布函数和概率密度函数分别为

$$F_1(x) = P\{X_{(1)} \leqslant x\} = 1 - [1 - F(x)]^n, \quad f_1(x) = n[1 - F(x)]^{n-1} f(x); \quad (6.8)$$

$$F_n(x) = P\{X_{(n)} \leqslant x\} = [F(x)]^n, \quad f_n(x) = n[F(x)]^{n-1} f(x). \quad (6.9)$$

证明略.

例 6.7 设 $X_1, X_2, \cdots, X_n$ 是来自 $U(0, \theta)$ 的样本, 求统计量 $X_{(n)}$ 的概率密度函数.

解 则由定理 6.6 可知统计量 $X_{(n)}$ 的概率密度函数分别为

$$f_n(x) = \frac{nx^{n-1}}{\theta^n}, \quad x \in (0, \theta).$$

从而

$$\mathrm{E}(X_{(n)}) = \int_0^\theta \frac{nx^n}{\theta^n}\mathrm{d}x = \frac{n}{n+1}\theta.$$

习　题　6.2

1 设从总体 X 抽得一个容量为 10 的样本, 其值为

$$2.4,\quad 4.5,\quad 2.0,\quad 1.0,\quad 1.5,\quad 3.4,\quad 6.6,\quad 5.0,\quad 3.5,\quad 4.0.$$

试计算样本均值、样本方差、样本标准差、样本二阶原点矩及样本二阶中心矩.

2 设 $(x_1, x_2, \cdots, x_n)$ 是一组样本观测值, 作变换: $x_i' = d(x_i - c)$, $i = 1, 2, \cdots, n$. 其中 c, d 为常数, 求

(1) 样本均值 $\bar{x} = \dfrac{1}{n}\sum\limits_{i=1}^n x_i$ 和 $\bar{x}' = \dfrac{1}{n}\sum\limits_{i=1}^n x_i'$ 之间的关系;

(2) 样本方差 $s_x^2 = \dfrac{1}{n-1}\sum\limits_{i=1}^n (x_i - \bar{x})^2$ 和 $s_{x'}^2 = \dfrac{1}{n-1}\sum\limits_{i=1}^n (x_i' - \bar{x}')^2$ 之间的关系.

3 若样本观测值 $x_1, x_2, \cdots, x_m$ 的频数分别为 $\mu_1, \mu_2, \cdots, \mu_m$, 试写出计算样本均值 $\bar{x}$ 和样本方差 s^2 的公式 (其中 $\mu_1 + \mu_2 + \cdots + \mu_m = n$).

4 设 $\bar{X}_n$ 和 S_n^2 分别为样本 $X_1, X_2, \cdots, X_n$ 的样本均值和样本方差, 试证:

(1) $\bar{X}_{n+1} = \bar{X}_n + \dfrac{1}{n+1}(X_{n+1} - \bar{X}_n)$;

(2) $S_{n+1}^2 = \dfrac{n-1}{n}S_n^2 + \dfrac{1}{n+1}(X_{n+1} - \bar{X}_n)^2$.

5 设 X_1, X_2, X_3, X_4 为从总体 $N(0, \sigma^2)$ 中随机抽取的样本, 求下面两个统计量的分布.

$$T_1 = \frac{X_1 - X_2}{\sqrt{2}|X_3|}, \quad T_2 = \frac{X_1 - X_2}{|X_3 + X_4|}.$$

6 设 $X_1, X_2, \cdots, X_n\ (n \geqslant 2)$ 为来自总体 $N(0,1)$ 的简单随机样本, 则统计量

$$\frac{(n-1)X_1^2}{\sum\limits_{i=2}^n X_i^2}$$

服从什么分布?

6.3　样本数据及描述统计

在实际问题中, 样本就是一组统计数据. 本节简单介绍一下常用的数据整理与显示的方法, 属于描述统计的范畴.

6.3.1　数据的类型

按照所采用的计量尺度, 可以将统计数据分为定量数据 (quantitative data) 和定性数据 (qualitative data) 两大类. 定性数据常见的有分类数据和顺序数据, 而定量数据也称为数值型数据.

分类数据 (categorical data) 是对事物进行分类的结果, 数据表现为类别, 是用文字来表述的. 例如, 人口按照性别分为男、女两类.

顺序数据 (ordinal data) 也是对事物进行分类的结果, 但这些类别是有顺序的. 例如, 将产品分为一等品、二等品、三等品、次等品等; 考试成绩分为优、良、中、及格、不及格等.

数值型数据 (metric data) 是使用自然或度量衡单位对事物进行测量的结果, 其结果表现为具体的数值.

例如, 一个企业中职工的人数、某种商品的价格、某种产品的次品率、某种钢材的年产量等.

按照被描述对象与时间的关系, 可以将统计数据分为截面数据 (cross-sectional data) 和时间序列数据 (time series data).

截面数据所描述的是现象在某一时刻的状态. 比如, 2020 年 11 月 1 日 0 时中国公民的人数.

时间序列数据所描述的是现象随时间而变化的情况, 例如, 2000~2020 年我国的国内生产总值数据、一个人从出生到 20 岁每年测量一次身高所得数据等.

统计数据分类如图 6.7 所示.

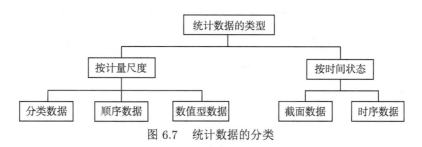

图 6.7 统计数据的分类

区分数据的类型是十分重要的, 因为对不同类型的数据, 我们应该采用不同的统计方式来处理和分析. 例如, 对分类数据, 它只有 "相等" 和 "不相等" 的数学特性, 没有加、减、乘、除的数学特性, 也没有序特性; 对顺序数据, 它除了 "相等" 和 "不相等" 的数学特性外, 又具有一个 "序" 特性, 但没有加、减、乘、除的数学特性.

在对统计数据进行整理时, 不同类型的数据, 适用的处理方法是不同的. 对分类数据和顺序数据主要是做分类整理, 对数值型数据则主要是做分组整理.

6.3.2 频数与频率

对于分类数据而言, 它本身就是对事物的一种分类, 所对应的总体是离散型随机变量.

在整理时, 要列出所有的类别, 算出每一类别的频数和频率等, 并以适当的图形, 如柱形图 (bar chart)、饼图 (pie chart) 等, 进行表示, 以便对数据及其特征有一个初步的了解.

例 6.8   对 100 块焊接完的电路板进行检查, 每块板上不光滑焊点数如表 6.1 所示.

表 6.1   不光滑焊点频数、频率分布表

a_i(不光滑焊点数)	μ_i(频数)	f_i(频率)
1	4	0.04
2	4	0.04
3	5	0.05
4	10	0.10
5	9	0.09
6	15	0.15
7	15	0.15
8	14	0.14
9	9	0.09
10	7	0.07
11	5	0.05
12	3	0.03
合计	100	1

利用表 6.1 中数据可做出频率分布的柱形图 6.8. 由图表可大体知道这批电路板不光滑焊点的分布情况, 即近似地代替 "每块电路板上不光滑焊点个数 X" 的概率分布.

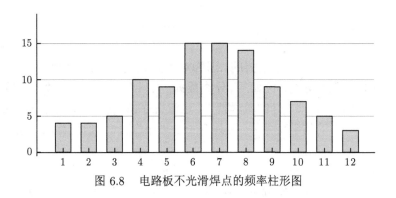

图 6.8   电路板不光滑焊点的频率柱形图

下面的 R 语言代码可以完成画图:

```
a <- c(1:12)
mu <- c(4, 4, 5, 10, 9, 15, 15, 14, 9, 7, 5, 3)
names(mu) <- a    # 每个柱子下面的标记
```

```
barplot(height=mu, space=1)
```

当一组数据对应的总体 X 是连续型时, 或总体 X 为离散型, 但可能取值比较多时, 通常采用将可能取值分组的办法.

例 6.9 随机抽取城市 A 和 B 在某月内交通事故数据, 考察交通事故引起的经济损失如表 6.2 (以万元为单位, 数据已经分组). 由于两个城市抽取样本数不同, 使用频数难以对两城市经济损失进行比较, 用频率作为比较的依据是适宜的 (如图 6.9).

表 6.2   某月城市 A, B 交通事故的经济损失频数和频率分布表

经济损失 (万元)	城市 A		城市 B	
	频数	频率	频数	频率
(0,1]	56	0.15	304	0.19
(1,2]	128	0.34	591	0.37
(2,3]	115	0.30	431	0.27
(3,4]	81	0.21	272	0.17
总计	380	1	1598	1

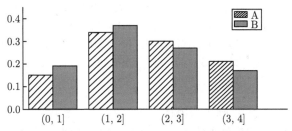

图 6.9   某月城市 A, B 交通事故的经济损失频率柱形图

从频率分布可看出 A, B 两城市在此问题上的相似性和差异. 比如, 两城市都以一次事故经济损失在 1 万 ~ 2 万元的情况较多. 经济损失超过 2 万元或更多时, 其所占比例下降. 同时还可以看出经济损失较小的事故比例, 在城市 B 比城市 A 高, 就是说, 在城市 A 中, 交通事故的后果一般比城市 B 要严重.

6.3.3　直方图

直方图是最常用的一种连续型数据图形表示工具. 直方图多用于描述连续型数据的频数 (率) 分布. 具体步骤如下:

(1) 找出样本观测值 $x_1, x_2, \cdots, x_n$ 中的最小值 $x_{(1)}$ 和最大值 $x_{(n)}$.

(2) 适当选取略小于 $x_{(1)}$ 的数 a 与略大于 $x_{(n)}$ 的数 b, 并用分点 $a = t_0 < t_1 < t_2 < \cdots < t_k = b$ 把区间形成 k 个子区间

$$(t_0, t_1], (t_1, t_2], \cdots, (t_{k-1}, t_k].$$

各个子区间的长度可以相等, 也可以不等; 子区间的个数 k 一般取为 $8 \sim 15$ 个, 太多则由于频率的随机摆动而使分布显得杂乱, 太少则难以显示分布的特征.

(3) 计算样本的观测值 $x_1, x_2, \cdots, x_n$ 落在各子区间内的频率 f_i, $i = 1, 2, \cdots, k$.

(4) 在 x 轴上截取各子区间, 并以各子区间为底作小矩形, 使得各个小矩形的面积等于样本观测值落在该子区间内的频率 f_i, $i = 1, 2, \cdots, k$. 这样作出的所有小矩形就构成了直方图. 所有小矩形的面积的和等于 1.

因为当样本容量 n 充分大时, 总体随机变量 X 落在各个子区间内的频率近似等于其概率, 即

$$f_i \approx P\{t_{i-1} \leqslant X \leqslant t_i\}, \quad i = 1, 2, \cdots, n,$$

所以直方图的上边沿大致地描述了总体 X 的密度函数.

例 6.10　测量 100 个零件的重量如下 (单位: g):

36, 49, 43, 41, 37, 40, 32, 42, 47, 39, 35, 36, 39, 40, 38,
41, 36, 40, 34, 42, 42, 45, 35, 42, 39, 35, 38, 43, 42, 42,
44, 42, 39, 42, 42, 30, 34, 42, 37, 36, 42, 40, 41, 37, 46,
37, 34, 37, 37, 44, 45, 32, 48, 40, 45, 36, 37, 27, 37, 38,
39, 46, 39, 53, 36, 48, 40, 39, 38, 40, 42, 34, 43, 42, 41,
36, 45, 50, 43, 38, 43, 41, 48, 39, 45, 41, 44, 48, 55, 37,
37, 37, 39, 45, 31, 41, 44, 44, 42, 47.

给出零件重量的频率分布, 画出直方图.

解　最小值 $x_{(1)} = 27$, 最大值 $x_{(100)} = 55$. 依如下分点做分组 (每组长度等于 3):

29.5, 32.5, 35.5, 38.5, 41.5, 44.5, 47.5, 50.5, 53.5, 53.5,

计算样本值落入各组的频数和频率, 列于表 6.3 中. 直方图如图 6.10 所示, 需要注意的是, 直方图中各个小矩形的面积等于样本数据落入对应组的频率.

在 R 语言中, 用函数 `hist` 可以制作直方图, 如例 6.10 的直方图使用如下代码实现:

```
x <- c(36, 49, 43, 41, 37, ..., 44, 44, 42, 47)  # 输入100个零
    件的重量
g <- seq(26.5, 56.5, 3)    # 确定分组边界
hist(xx,breaks=g, freq=T, main="", xlab="零件重量", ylab="频率/
    组距")
```

直方图和柱形图有所不同. 首先, 柱形图中长方形高度 (长度) 是各组频率, 宽度固定, 且没有意义; 直方图中长方形面积是各组频率, 宽度表示各组的组距,

其高度和宽度均有意义. 其次, 直方图的各长方形连续排列, 而柱形图通常是分开排列. 最后, 柱形图主要用于展示分类数据, 而直方图则主要用于展示数值型数据.

表 6.3 频数和频率分布表

分组	频数 μ_i	频率 f_i
$(26.5, 29.5]$	1	0.01
$(29.5, 32.5]$	4	0.04
$(32.5, 35.5]$	7	0.07
$(35.5, 38.5]$	23	0.23
$(38.5, 41.5]$	23	0.23
$(41.5, 44.5]$	24	0.24
$(44.5, 47.5]$	10	0.10
$(47.5, 50.5]$	6	0.06
$(50.5, 53.5]$	1	0.01
$(53.5, 56.5]$	1	0.01
总计	100	1.00

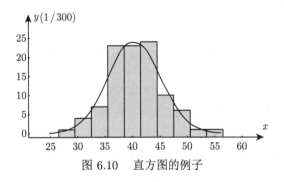

图 6.10 直方图的例子

6.3.4 经验分布函数

设有数值型样本值 $x_1, x_2, \cdots, x_n$, 记 $S(x)$ 是该样本数据落入 $(-\infty, x]$ 的个数, 定义经验分布函数 (empirical distribution function) 为

$$F_n(x) = \frac{1}{n} S(x), \quad -\infty < x < +\infty.$$

例 6.11 从某校新生中抽取 15 名学生, 调查其年龄, 得到容量为 15 样本值

$$18, 18, 17, 19, 18, 19, 16, 17, 18, 20, 18, 19, 19, 18, 17,$$

任意得到经验分布函数为

$$F_n(x) = \begin{cases} 0, & x < 16, \\ 1/15, & 16 \leqslant x < 17, \\ 4/15, & 17 \leqslant x < 18, \\ 10/15, & 18 \leqslant x < 19, \\ 14/15, & 19 \leqslant x < 20, \\ 1, & x \geqslant 20. \end{cases}$$

经验分布函数 $F_n(x)$, 就是由样本数据得到的一个分布函数, 它满足分布函数的所有性质, 并且和总体的分布函数 $F(x)$ 有如下关系.

定理 6.7 (格利文科 (Glivenko) 定理)　当 $n \to \infty$ 时, $F_n(x)$ 以概率 1 关于 x 一致地收敛于 $F(x)$, 即

$$P\left\{ \lim_{n \to \infty} \sup_{-\infty < x < +\infty} |F_n(x) - F(x)| = 0 \right\} = 1.$$

上述事实表明, 当样本容量 n 充分大时, 经验分布函数 $F_n(x)$ 是 $F(x)$ 的一个良好的近似. 从而, 有可能通过样本值来了解总体 X 的情况, 这也是统计推断以样本为依据的理由.

6.3.5　茎叶图

直方图主要用于展示分组数据的分布, 对未分组的原始数据还可以用茎叶图来展示.

茎叶图 (stem-and-leaf display) 由 "茎" 和 "叶" 两部分构成, 其图形是由数字组成, 茎叶图可以反映数据的分布形状及离散状况, 包括分布是否对称, 数据是否集中, 是否有离群点等.

绘制茎叶图的关键是设计好树茎, 常是以该数据的高位数值为树茎, 树叶上保留该数值的末一位数字. 树茎一经确定, 树叶就自然地长在树茎上了. 下面通过例子说明茎叶图的绘制.

例 6.12　某计算机公司在连续的 120 天中, 每天的销量数据 (单位: 台) 如下

234, 143, 187, 161, 150, 228, 153, 166, 154, 174, 156, 203, 159, 198, 160,
152, 161, 162, 163, 196, 164, 226, 165, 165, 187, 141, 214, 149, 178, 223,
218, 179, 215, 180, 175, 196, 155, 167, 168, 211, 168, 170, 180, 171, 233,
172, 210, 172, 172, 194, 173, 196, 174, 165, 175, 233, 175, 190, 207, 176,
183, 225, 178, 234, 153, 179, 144, 179, 188, 172, 181, 182, 182, 177, 184,
185, 186, 186, 178, 187, 237, 187, 205, 188, 177, 189, 209, 189, 190, 175,
191, 173, 194, 189, 195, 195, 163, 196, 176, 196, 160, 197, 197, 174, 198,
200, 201, 202, 158, 203, 188, 206, 171, 208, 192, 210, 168, 211, 172, 213.

我们用茎叶图来展示这批数据. 具体操作过程是这样的: 把每一个数值分为两部分, 前一部分 (百位和十位) 称为**茎**, 后面部分 (个位) 称为**叶**. 比如

$$\text{数值: } 234 \implies \text{分开: } 23|4 \implies \text{茎: } 23 + \text{叶: } 4.$$

图 6.11 就是利用所给数据绘制的茎叶图.

树茎	树叶	数据个数
14	1 3 4 9	4
15	0 2 3 3 4 5 6 8 9	9
16	0 0 1 1 2 3 3 4 5 5 5 6 7 8 8 8	16
17	0 1 1 2 2 2 2 2 3 3 4 4 4 5 5 5 5 6 6 7 7 8 8 8 9 9 9	27
18	0 0 1 2 2 3 4 5 6 6 7 7 7 7 8 8 8 9 9 9	20
19	0 0 1 2 4 4 5 5 6 6 6 6 6 7 7 8 8	17
20	0 1 2 3 3 5 6 7 8 9	10
21	0 0 1 1 3 4 5 8	8
22	3 5 6 8	4
23	3 3 4 4 7	5

图 6.11 某计算机公司销售量数据的茎叶图

茎叶图的外观很像横放的直方图, 但茎叶图中增加了具体的数值, 使我们对数据的具体值一目了然, 从而保留了原始数据的全部信息, 而直方图则不能给出原始的数值.

在 R 语言中, 用函数 stem 可以制作茎叶图, 如例 6.12 的茎叶图用如下代码实现:

```
x <- c(234,143,187,161,150,228,153,166,154,...,213)  # 输入 120
    天销售数据
stem(x)   # 画茎叶图
```

要比较两组样本的分布时, 背靠背的茎叶图是一个简单直观而有效的对比方法.

例 6.13 某工厂两个车间各 40 名员工生产同一种产品, 某一天每名员工的产量数据如下.

甲车间: 50, 52, 56, 61, 61, 62, 64, 65, 65, 65, 67, 67, 67, 68, 71, 72, 74, 74, 76, 76, 77, 77, 78, 82, 83, 85, 87, 88, 90, 91, 86, 92, 86, 93, 93, 97, 100, 100, 103, 105;

乙车间: 56, 66, 67, 67, 68, 68, 72, 72, 74, 75, 75, 75, 75, 76, 76, 76, 76, 78, 78, 79, 80, 81, 81, 83, 83, 83, 84, 84, 84, 86, 86, 87, 87, 88, 92, 92, 93, 95, 98, 107.

现在要对其进行比较.

我们将这些数据放到一个背靠背的茎叶图上, 如图 6.12 所示. 从茎叶图可以看出, 甲车间员工的产量偏少者居多, 而乙车间员工的产量大多位于中间, 乙车间的中位数要高于甲车间, 乙车间各员工的产量比较集中, 而甲车间员工的产量则比较分散.

个数	甲车间		乙车间		个数
	树叶	树茎	树叶		
3	6 2 0	5	6		1
11	8 7 7 7 5 5 5 4 2 1 1	6	6 7 7 8 8		5
9	8 7 7 6 6 4 4 2 1	7	2 2 4 5 5 5 5 6 6 6 6 8 8 9		14
7	8 7 6 6 5 3 2	8	0 1 1 3 3 3 4 4 4 6 6 7 7 8		14
6	7 3 3 2 1 0	9	2 2 3 5 8		5
4	5 3 0 0	10	7		1

图 6.12   某两车间产量的背靠背茎叶图

在 R 语言中, 用宏包 `aplpack` 可制作背靠背的茎叶图, 如例 6.13 的茎叶图用如下代码实现:

```
install.packages("aplpack")
library(aplpack)
x <- c(50,52,56,61,61,62,64,65,65,65,...,105) #输入甲车间40个产
    量数据
y <- c(56,66,67,67,68,68,72,72,74,75,...,107) #输入乙车间40个产
    量数据
stem.leaf.backback(x,y)  # 画背靠背茎叶图
```

6.3.6   箱线图

为了对一组数值型样本值 $x_1, x_2, \cdots, x_n$ 作出整体概括, 首先需要计算五个统计量:

$X_{(1)}$: 最小值;

Q_L: 下四分位数 (样本从小到大排序中, 在 25% 位置数);

M: 中位数 (样本排序最中间的一个数, 或最中间两个数的平均);

Q_U: 上四分位数 (样本从小到大排序中, 在 75% 位置数);

$X_{(n)}$: 最大值.

连接两个四分位数画出一个矩形盒子, 并标记中位数, 再将两个最值点与盒子相连接即得到箱线图, 如图 6.13 所示.

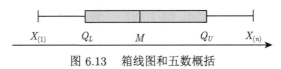

图 6.13   箱线图和五数概括

箱线图通常用来大致描述一组数据的轮廓, 多组数据可以用多个箱线图描述.

例 6.14   设分别随机抽查了 25 名男子和 25 名女子的肺活量 (单位: 升), 数据如下.

女子组: 2.7, 2.8, 2.9, 3.1, 3.1, 3.1, 3.2, 3.4, 3.4, 3.4, 3.4, 3.4, 3.5, 3.5, 3.5, 3.6, 3.7, 3.7, 3.7, 3.8, 3.8, 4.0, 4.1, 4.2, 4.2;

男子组: 4.1, 4.1, 4.3, 4.3, 4.5, 4.6, 4.7, 4.8, 4.8, 5.1, 5.3, 5.3, 5.3, 5.4, 5.4, 5.5, 5.6, 5.7, 5.8, 5.8, 6.0, 6.1, 6.3, 6.7, 6.7.

分别求得五数概括如下.

女子组: $X_{(1)} = 2.7$, $Q_L = 3.2$, $M = 3.5$, $Q_U = 3.7$, $X_{(25)} = 4.2$;

男子组: $X_{(1)} = 4.1$, $Q_L = 4.7$, $M = 5.3$, $Q_U = 5.8$, $X_{(25)} = 6.7$.

画出箱线图如图 6.14 所示. 从图中可见, 男子组的肺活量明显要比女子组的大, 男子组的肺活量数据也明显比女子组分散.

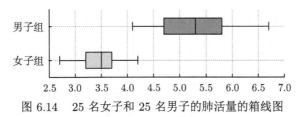

图 6.14   25 名女子和 25 名男子的肺活量的箱线图

习 题 6.3

1 某食品厂对某天生产的罐头抽查了 90 个, 重量数据如下 (单位: g):

342, 340, 348, 346, 343, 342, 346, 341, 344, 348, 346, 346, 340, 344, 342, 344, 345, 340, 344, 344, 336, 348, 344, 345, 332, 342, 342, 340, 350, 343, 347, 340, 344, 353, 340, 340, 356, 346, 345, 346, 340, 339, 342, 352, 342, 350, 348, 344, 350, 335, 340, 338, 345, 345, 349, 336, 342, 338, 343, 343, 341, 347, 341, 347, 344, 339, 347, 348, 343, 347, 346, 344, 345, 350, 341, 338, 343, 339, 343, 346, 342, 339, 343, 350, 341, 346, 341, 345, 344, 342.

(1) 构造该批数据的频率分布表 (分 9 组);

(2) 画出频率直方图.

2 根据调查, 某群体人员的年薪数据如下 (单位: 千元):

$$40.6, \quad 39.6, \quad 37.8, \quad 36.2, \quad 38.8, \quad 38.6, \quad 39.6, \quad 40.0, \quad 34.7, \quad 41.7,$$
$$38.9, \quad 37.9, \quad 37.0, \quad 35.1, \quad 36.7, \quad 37.1, \quad 37.7, \quad 39.2, \quad 36.9, \quad 38.3.$$

试画出茎叶图.

3 某食品厂生产听装饮料, 现从生产线上随机抽取 5 听饮料, 称得其净重 (单位: g) 为

$$351, \quad 347, \quad 355, \quad 344, \quad 351.$$

求其经验分布函数.

本 章 小 结

总体与样本
$$\begin{cases} \text{总体——随机变量 } X, \text{ 或 } X \text{ 的分布} \\ \text{样本——与总体 } X \text{ 有相同分布的 } n \text{ 个独立随机变量 } X_1, X_2, \cdots, X_n \\ \text{样本的分布——样本 } X_1, X_2, \cdots, X_n \text{ 的联合分布} \end{cases}$$

统计量和
抽样分布
$$\begin{cases} \text{统计量——样本的不含未知参数的函数} \\ \text{抽样分布——统计量的分布} \\ \text{正态总体的抽样分布——定理 6.4、定理 6.5} \\ \text{最值统计量的分布——定理 6.6} \end{cases}$$

样本数据及
描述统计
$$\begin{cases} \text{数据类型} \begin{cases} \text{定性数据——分类数据、顺序数据} \\ \text{定量数据——数值型数据} \end{cases} \\ \text{频数与频率——定性数据, 柱状图, 矩形高度等于频率或频数} \\ \text{直方图——定量数据} \\ \text{经验分布函数——分组的定量数据, 矩形面积等于频率} \\ \text{茎叶图——未分组定量数据, 类似直方图} \\ \text{箱线图——定量数据, 五数概括} \end{cases}$$

常用的统计量

样本均值 $\bar{X} = \dfrac{1}{n}\sum\limits_{i=1}^{n} X_i;$ 　　　　　　样本 k 阶原点矩 $M_k = \dfrac{1}{n}\sum\limits_{i=1}^{n} X_i^k;$

样本方差 $S^2 = \dfrac{1}{n-1}\sum\limits_{i=1}^{n}\left(X_i - \bar{X}\right)^2;$ 　样本 k 阶中心矩 $M_k' = \dfrac{1}{n}\sum\limits_{i=1}^{n}\left(X_i - \bar{X}\right)^k.$

三大分布

若 $X_1, X_2, \cdots, X_n \sim \mathrm{iid}\, \mathrm{N}(0,1)$, 则 $X_1^2 + X_2^2 + \cdots + X_n^2 \sim \chi^2(n);$

若 $X \sim \mathrm{N}(0,1)$ 和 $Y \sim \chi^2(n)$ 独立, 则 $\dfrac{X}{\sqrt{Y/n}} \sim \mathrm{t}(n);$

若 $X \sim \chi^2(n_1)$ 和 $Y \sim \chi^2(n_2)$ 独立, 则 $\dfrac{X/n_1}{Y/n_2} \sim \mathrm{F}(n_1, n_2).$

正态总体的抽样分布

一个正态总体的抽样定理 (定理 6.4); 两个正态总体的抽样定理 (定理 6.5).

最值统计量的分布 定理 6.6.

总 练 习 题

1 假设一名射手在完全相同的条件下重复进行了 n 次射击, 考察是否击中目标, 试给出总体和样本的描述, 并指出样本的联合分布.

2 设有 N 个产品, 其中有 M 个次品. 现进行有放回抽样, 定义 X_i 如下

$$X_i = \begin{cases} 1, & \text{第 } i \text{ 次取得次品}, \\ 0, & \text{第 } i \text{ 次取得正品}. \end{cases}$$

求样本 $X_1, X_2, \cdots, X_n$ 的联合分布.

3 设总体 X 具有概率密度函数

$$f(x) = \begin{cases} 6x(1-x), & 0 < x < 1, \\ 0, & \text{其他}. \end{cases}$$

X_1, X_2, X_3 是来自 X 的样本, 试写出 (X_1, X_2, X_3) 的概率密度函数.

4 某公司有 250 名员工, 现在对每名员工从住所到公司上班所需要的时间 (单位: min) 进行了统计, 下面是所得到的数据信息:

所需时间	$0 \sim 10$	$10 \sim 20$	$20 \sim 30$	$30 \sim 40$	$40 \sim 50$
频率	0.10	0.24	0.34		0.14

(1) 将频率分布表补充完整;

(2) 该公司上班所需时间在 30 分钟以上的有多少人?

5 样本 $X_1, X_2, \cdots, X_n$ 的样本均值和样本方差分别记为 $\bar{X}$ 和 S_X^2, 样本 $Y_1, Y_2, \cdots, Y_m$ 的样本均值和样本方差分别记为 $\bar{Y}$ 和 S_Y^2, 现将两个样本合并在一起, 以 $\bar{Z}$ 和 S_Z^2 记合并样本的样本均值和样本方差, 试证:

(1) $\bar{Z} = \dfrac{n\bar{X} + m\bar{Y}}{n+m}$;

(2) $S_Z^2 = \dfrac{(n-1)S_X^2 + (m-1)S_Y^2}{n+m-1} + \dfrac{nm}{(n+m)(n+m-1)}(\bar{X}-\bar{Y})^2$.

6 设 $X_1, X_2, \cdots, X_n$ 为来自总体 X 的样本, 试求: $E(\bar{X})$, $D(\bar{X})$ 及 $E(S^2)$. 设 X 的分布为

(1) 均匀分布 $U(-1,1)$;

(2) 二项分布 $B(10, 0.3)$;

(3) 泊松分布 $P(3)$;

(4) 指数分布 $Exp(2.5)$;

(5) 正态分布 $N(\mu, \sigma^2)$.

7 设总体 $X \sim B(m, \theta)$, $X_1, X_2, \cdots, X_n$ 是来自此总体的一个样本, $\bar{X}$ 为样本均值. 试求 $E\left[\sum\limits_{i=1}^{n}(X_i - \bar{X})^2\right]$.

8 容量为 36 的样本来自 $N(52, 6.3^2)$, 求样本均值 $\bar{X}$ 落在 50.8 到 53.8 之间的概率.

9 设 $X_1, X_2, \cdots, X_n$ 为正态总体 $N(\mu, 16)$ 的样本, 问 n 多大时, 能使得 $P\{|\bar{X}-\mu|<1\} \geqslant 0.95$ 成立?

10 设 $X_1, X_2, \cdots, X_n$ 为正态总体 $N(0,1)$ 的样本, 求下面统计量的抽样分布.

$$Y = \frac{1}{m}\left(\sum_{i=1}^{m} X_i\right)^2 + \frac{1}{n-m}\left(\sum_{i=m+1}^{n} X_i\right)^2.$$

11 设 $X_1, X_2, \cdots, X_{10}$ 为 $N(0, 0.3^2)$ 的一个样本, 求 $P\left\{\sum\limits_{i=1}^{10} X_i^2 > 1.44\right\}$.

12 设 $X_1, X_2, \cdots, X_n$ 为正态总体 $N(0, \sigma^2)$ 的样本, 求下列统计量的抽样分布.

(1) $Y_1 = \dfrac{1}{n}\left(\sum\limits_{i=1}^{n} X_i\right)^2$; (2) $Y_2 = \dfrac{1}{n}\sum\limits_{i=1}^{n} X_i^2$.

13 求总体 $N(20,3)$ 的容量分别为 10, 15 的两个独立样本均值之差的绝对值大于 0.3 的概率.

14 设 $X_1, X_2, \cdots, X_n$ 是从均匀分布 $U(0,5)$ 抽取的样本,求 $\bar{X}$ 的渐近分布.

15 设 $X_1, X_2, \cdots, X_5$ 是来自总体 $N(12,4)$ 的样本. 求:

(1) 样本均值与总体均值之差的绝对值大于 1 的概率;

(2) $P\{X_{(5)} > 15\}$;

(3) $P\{X_{(1)} < 10\}$.

数学家皮尔逊简介

卡尔·皮尔逊

卡尔·皮尔逊 (Karl Pearson, 1857~1936), 英国数学家、生物统计学家.

皮尔逊自幼聪慧异常, 9 岁进入伦敦大学学院学习; 1879 年以优异成绩毕业于剑桥大学, 获数学学士学位, 曾任职于伦敦大学学院应用统计系, 讲授统计学史.

皮尔逊发明了频率分布图, 提出了统计学中广泛应用的矩估计法、卡方检验法. 发表了《在进化论上的数学贡献》等系列论文, 使达尔文的进化论在一般定性叙述的基础上, 有了进一步的数量描述和定性分析; 创立了《生物统计》杂志; 认为统计学的基本问题是"由过去预测未来"; 建立了世界上第一个数理统计实验室; 著有《科学的规范》等著作.

皮尔逊是现代统计科学的创立者, 是 20 世纪初百科全书式的学者.

第 7 章 参数估计

在终极的分析中, 一切知识都是历史; 在抽象的意义下, 一切科学都是数学; 在理性的基础上, 所有的判断都是统计学.

——C.R. 劳

在实际问题中, 我们已知所研究总体分布类型, 但其中的一个或多个参数未知. 如何通过样本来估计未知参数, 就是参数的估计问题. 参数估计有两种常用的方式, 一种为点估计, 就是用一个具体的数值去估计一个未知参数; 另一种为区间估计, 就是把未知参数估计在两个界限 (上限、下限) 之间.

7.1 点 估 计

7.1.1 点估计的概念

设总体 X 的分布函数为 $F(x;\theta)$, 其中 θ 为未知参数, θ 取值范围 Θ 称为参数空间 (parameter space). 我们的任务是, 由样本构造取值于 Θ 的统计量作为未知参数 θ 的估计.

定义 7.1 设 $X_1, X_2, \cdots, X_n$ 是来自总体 X 的一个样本, θ 是总体的待估参数. 我们用一个统计量 $\widehat{\theta} = \widehat{\theta}(X_1, X_2, \cdots, X_n)$ 来估计 θ, 称 $\widehat{\theta}$ 为 θ 的一个估计量 (estimator). 用样本值 $x_1, x_2, \cdots, x_n$ 代入 $\widehat{\theta}$ 得 θ 的估计值 (estimate) $\widehat{\theta}(x_1, x_2, \cdots, x_n)$, 仍用 $\widehat{\theta}$ 表示.

下面介绍两种常用的构造估计量的方法: 矩估计法和最大似然估计法.

7.1.2 矩估计

矩估计法是由统计学家皮尔逊 (K. Pearson) 于 1894 年提出的一种点估计方法.

设总体 X 的分布函数为 $F(x; \theta_1, \theta_2, \cdots, \theta_l)$, 其中 $\theta_1, \theta_2, \cdots, \theta_l$ 为 待估参数, 则通常情况下, X 的 k 阶原点矩 $\mu_k = \mathrm{E}(X^k)$ 也是 $\theta_1, \theta_2, \cdots, \theta_l$ 的函数, 记

$$\mu_k = \mathrm{E}(X^k) = g_k(\theta_1, \theta_2, \cdots, \theta_l), \quad k = 1, 2, \cdots, l. \tag{7.1}$$

设 $X_1, X_2, \cdots, X_n$ 是来自总体 X 的样本, 其 k 阶样本原点矩

$$M_k = \frac{1}{n}\sum_{i=1}^n X_i^k, \quad k = 1, 2, \cdots, l. \tag{7.2}$$

矩估计量是这样得到的: 令前 l 阶样本原点矩与相应的前 l 阶总体原点矩相等, 这样就得到一个联立方程组, 解之, 就得到矩估计量. 具体而言, 就是令

$$\begin{cases} g_1(\theta_1, \theta_2, \cdots, \theta_l) = M_1, \\ g_2(\theta_1, \theta_2, \cdots, \theta_l) = M_2, \\ \qquad \cdots\cdots \\ g_l(\theta_1, \theta_2, \cdots, \theta_l) = M_l. \end{cases} \tag{7.3}$$

可解出 $\widehat{\theta}_k = \widehat{\theta}_k(X_1, X_2, \cdots, X_n), \quad k = 1, 2, \cdots, l$, 然后用 $\widehat{\theta}_k$ 作为 θ_k 的估计, 用这种方法得到的估计称为矩估计 (moment estimation).

例 7.1 设总体 X 的均值 μ 及方差 σ^2 都存在但未知, 又设 $X_1, X_2, \cdots, X_n$ 是来自总体 X 的样本, 求 μ 和 σ^2 的矩估计量.

解 总体的一、二阶矩分别为

$$\mu_1 = \mathrm{E}(X) = \mu, \quad \mu_2 = \mathrm{E}(X^2) = \mathrm{D}(X) + [\mathrm{E}(X)]^2 = \sigma^2 + \mu^2.$$

样本的一、二阶矩分别为 $\bar{X}, \dfrac{1}{n}\sum\limits_{i=1}^n X_i^2$. 由矩估计法得方程组

$$\begin{cases} \mu = \bar{X}, \\ \mu^2 + \sigma^2 = \dfrac{1}{n}\sum\limits_{i=1}^n X_i^2, \end{cases}$$

解得 μ 和 σ^2 的矩估计为

$$\widehat{\mu} = \bar{X}, \quad \widehat{\sigma}^2 = \frac{1}{n}\sum_{i=1}^n X_i^2 - (\bar{X})^2 = \frac{1}{n}\sum_{i=1}^n (X_i - \bar{X})^2 = \frac{n-1}{n}S^2.$$

所得结果表明, 总体均值和方差的矩估计量的表达式与总体分布无关.

使用矩估计法需要注意一个问题是指矩估计量并不是唯一的.

例 7.2 在某炸药制造厂, 一天中发生着火现象的次数 X 是一个随机变量, 假设它服从参数为 $\lambda > 0$ 的泊松分布. 现根据以下的样本值求计参数 λ 的矩估计值.

着火次数 k	0	1	2	3	4	5	6	
天数 n_k	75	90	54	22	6	2	1	$\sum = 250$

解 由于 $X \sim \mathrm{P}(\lambda)$, 其一阶矩为 $\mu_1 = \mathrm{E}(X) = \lambda$. 样本一阶矩也就是样本均值,

$$\bar{x} = \frac{1}{250}[0 \times 75 + 1 \times 90 + 2 \times 54 + 3 \times 22 + 4 \times 6 + 5 \times 2 + 6 \times 1] = 1.216.$$

若令总体一阶矩等于样本一阶矩, 可得 $\widehat{\lambda}_1 = 1.216$.

另外泊松分布的二阶矩为 $\lambda + \lambda^2$, 样本二阶矩为

$$\frac{1}{n}\sum_{i=1}^{n} X_i^2 = \frac{1}{250}[0^2 \times 75 + 1^2 \times 90 + 2^2 \times 54 + 3^2 \times 22 + 4^2 \times 6 + 5^2 \times 2 + 6^2 \times 1]$$

$$= 2.744.$$

若令总体二阶矩等于样本二阶矩, 得 $\lambda^2 + \lambda = 2.744$, 解得 $\widehat{\lambda}_2 = 1.230$, 这样就得到 λ 的两个不同的矩估计. 实用中通常采用低阶矩优先的原则, 即选择 $\widehat{\lambda}_1 = 1.216$.

7.1.3 最大似然估计

最大似然估计的基本思想是: 未知参数 θ 应该取最有利于样本观测结果的值. 其中描述样本观测值出现可能性大小的正是所谓的似然函数 $L(\theta)$, 求最大似然估计关键是写出似然函数 $L(\theta)$ 的表达式, 然后求似然函数 $L(\theta)$ 的最大值点.

下面就离散型总体和连续型总体分别做具体的讨论.

1. 离散型总体的情况

设离散型总体 X 的分布列为 $P\{X = x\} = p(x; \theta)$, θ 的取值范围 Θ 是参数空间. 则得到样本观测值 $x_1, x_2, \cdots, x_n$ 的概率

$$L(\theta) = P\{X = x_1, X = x_2, \cdots, X = x_n\} = \prod_{i=1}^{n} p(x_i; \theta), \quad \theta \in \Theta \qquad (7.4)$$

作为 θ 的函数, 称为似然函数 (likelihood function).

似然函数 $L(\theta)$ 的值意味着样本值 $x_1, x_2, \cdots, x_n$ 出现的可能性大小.

2. 连续型总体的情况

设连续型总体 X 的概率密度函数为 $f(x) = p(x; \theta)$, Θ 是参数空间. 由于这时得到具体样本观测值 $x_1, x_2, \cdots, x_n$ 的概率为零, 故考察样本落在样本观测值

$x_1, x_2, \cdots, x_n$ 某个邻域内的概率, 此概率近似为 $\prod_{i=1}^{n} f(x_i; \theta) \mathrm{d}x_i$, 它是 θ 的函数, 我们的目的是求该函数的最大值点, 这等价于求 $\prod_{i=1}^{n} f(x_i; \theta)$ 最大值点. 因而似然函数为

$$L(\theta) = \prod_{i=1}^{n} f(x_i; \theta), \quad \theta \in \Theta. \tag{7.5}$$

由此可见, 不管是离散型总体还是连续型总体, 只要知道它的概率分布或密度函数, 我们总是可以得到一个关于未知参数 θ 的函数 $L(\theta)$——似然函数.

有了似然函数之后, 就取 $L(\theta)$ 最大值点 $\widehat{\theta}$ 作为 θ 的估计, 即

$$\widehat{\theta} = \arg\max_{\theta \in \Theta} L(\theta) \tag{7.6}$$

称 $\widehat{\theta}(x_1, x_2, \cdots, x_n)$ 为参数 θ 的最大似然估计值, 称统计量 $\widehat{\theta}(X_1, X_2, \cdots, X_n)$ 为参数 θ 的最大似然估计量 (maximum likelihood estimator).

在求似然函数的最大值点时, 为了方便通常给似然函数取对数 $\ln L(\theta)$, 称之为对数似然函数 (loglikelihood function). 显然 $L(\theta)$ 和 $\ln L(\theta)$ 具有相同的最大值点.

综上, 求最大似然估计量的步骤归结如下:

(1) 写出似然函数 $L(\theta)$, 或对数似然函数 $\ln L(\theta)$;

(2) 对各未知参数求 (偏) 导数并令其为零, 得似然方程 (组);

(3) 解似然方程 (组), 得到似然函数的驻点, 进一步验证其为似然函数的最大值点;

(4) 得到最大似然估计值 (量).

注意: 若似然函数不能或不方便求导数, 则须用其他方法求出其最大值点.

例 7.3 设一个盒子里有五个大小形状相同的球, 其中有些是白色的, 有些是黑色的. 为了估计白色球的比例 θ, 有放回地抽样检查 3 个球, 得到 2 个白球 1 个黑球. 写出似然函数, 并用它来确定 θ 的最大似然估计.

解 显然 θ 的取值范围 (参数空间) 为 1/5, 2/5, 3/5, 4/5. 样本观测值为 $x = ($白 w, 白 w, 黑 h$)$, 相应的似然函数为

$$L(\theta; x = (\mathrm{w}, \mathrm{w}, \mathrm{h})) = P(\mathrm{w}; \theta) \times P(\mathrm{w}; \theta) \times P(\mathrm{h}; \theta).$$

对于不同的 θ, 似然函数 $L(\theta; x)$ 的取值为

$$L(1/5; x) = \frac{1}{5} \times \frac{1}{5} \times \frac{4}{5} = \frac{4}{125};$$

$$L(2/5; x) = \frac{2}{5} \times \frac{2}{5} \times \frac{3}{5} = \frac{12}{125};$$

$$L\left(3/5;x\right)=\frac{3}{5}\times\frac{3}{5}\times\frac{2}{5}=\frac{18}{125};$$

$$L\left(4/5;x\right)=\frac{4}{5}\times\frac{4}{5}\times\frac{1}{5}=\frac{16}{125}.$$

由于 $\theta=3/5$ 使得似然函数值达到最大, 所以当样本观测值为 $x=(白 \text{w}, 白 \text{w},$ 黑 h) 时, 白色球的比例 θ 的最大似然估计为 $\widehat{\theta}=3/5$.

例 7.4　设总体 $X\sim \mathrm{N}(\mu,\sigma^2)$, $X_1,X_2,\cdots,X_n$ 为 X 的一个样本, 求 μ,σ^2 的最大似然估计量.

解　总体 X 的概率密度为

$$f(x)=\frac{1}{\sqrt{2\pi}\sigma}\mathrm{e}^{-\frac{(x-\mu)^2}{2\sigma^2}},$$

似然函数为

$$L(\mu,\sigma^2)=\prod_{i=1}^{n}f(x_i)=\prod_{i=1}^{n}\frac{1}{\sqrt{2\pi}\sigma}\mathrm{e}^{-\frac{(x_i-\mu)^2}{2\sigma^2}}=\left(\frac{1}{\sqrt{2\pi}}\right)^n\cdot\left(\frac{1}{\sigma^2}\right)^{\frac{n}{2}}\cdot\mathrm{e}^{-\frac{1}{2\sigma^2}\sum\limits_{i=1}^{n}(x_i-\mu)^2},$$

取对数为

$$\ln L(\mu,\sigma^2)=-n\ln\sqrt{2\pi}-\frac{n}{2}\ln(\sigma^2)-\frac{1}{2\sigma^2}\sum_{i=1}^{n}(x_i-\mu)^2.$$

分别对 μ,σ^2 求偏导数, 得到似然方程组

$$\begin{cases}\dfrac{1}{\sigma^2}\sum\limits_{i=1}^{n}(x_i-\mu)=0,\\[2mm]-\dfrac{n}{2\sigma^2}+\dfrac{1}{2\sigma^4}\sum\limits_{i=1}^{n}(x_i-\mu)^2=0.\end{cases}$$

解得 $\mu=\dfrac{1}{n}\sum\limits_{i=1}^{n}x_i$, $\sigma^2=\dfrac{1}{n}\sum\limits_{i=1}^{n}(x_i-\bar{x})^2$. 进一步验证其为似然函数的最大值点, 故 μ,σ^2 的最大似然估计量分别为

$$\widehat{\mu}=\frac{1}{n}\sum_{i=1}^{n}X_i=\bar{X},\quad \widehat{\sigma}^2=\frac{1}{n}\sum_{i=1}^{n}(X_i-\bar{X})^2.$$

例 7.5　设 $X_1,X_2,\cdots,X_n$ 为来自总体 X 的一个样本, 总体 X 的概率密度为

$$f(x) = \begin{cases} \theta x^{\theta-1}, & 0 < x < 1, \\ 0, & \text{其他,} \end{cases}$$

其中 $\theta > 0$ 是未知参数, 求 θ 的最大似然估计量.

解 似然函数为

$$L(\theta) = \prod_{i=1}^{n} f(x_i) = \begin{cases} \displaystyle\prod_{i=1}^{n} \theta x_i^{\theta-1}, & 0 < x_1, x_2, \cdots, x_n < 1, \\ 0, & \text{其他.} \end{cases}$$

最大似然估计只要考虑 $L(\theta)$ 的非零部分最大即可, 所以

$$L(\theta) = \prod_{i=1}^{n} \theta x_i^{\theta-1} = \theta^n \left(\prod_{i=1}^{n} x_i\right)^{\theta-1},$$

取对数, 得

$$\ln L(\theta) = n\ln\theta + (\theta-1)\sum_{i=1}^{n}\ln x_i,$$

再求导数并令其为零, 得

$$\frac{\mathrm{d}\ln L(\theta)}{\mathrm{d}\theta} = n\frac{1}{\theta} + \sum_{i=1}^{n}\ln x_i = 0,$$

解似然方程, 得 $\theta = \dfrac{-n}{\displaystyle\sum_{i=1}^{n}\ln x_i}$. 进一步验证其为似然函数的最大值点, 于是参数 θ

的最大似然估计量为 $\widehat{\theta} = \dfrac{-n}{\displaystyle\sum_{i=1}^{n}\ln X_i}$.

例 7.6 从一大批产品中任取 50 件, 发现有 2 件废品, 试求这批产品的废品率 p 的最大似然估计.

解 设每次取样结果用 X 表示, $X = \begin{cases} 1, & \text{取得废品,} \\ 0, & \text{取得正品.} \end{cases}$ 则 $X \sim \mathrm{B}(1,p)$, X

的分布列为

$$P\{X = x\} = p^x(1-p)^{1-x}, \quad x = 0, 1.$$

对于观测值 $x_1, x_2, \cdots, x_n$, 似然函数为

$$L(p) = \prod_{i=1}^{n} P\{X = x_i\} = \prod_{i=1}^{n} p^{x_i}(1-p)^{1-x_i} = p^{\sum\limits_{i=1}^{n} x_i}(1-p)^{n-\sum\limits_{i=1}^{n} x_i},$$

取对数得对数似然函数 $\ln L(p) = n\bar{x} \ln p + n(1-\bar{x})\ln(1-p)$, 对 p 求导数并令其等于 0, 得似然方程

$$\frac{n\bar{x}}{p} - \frac{n(1-\bar{x})}{1-p} = 0,$$

解此方程得 $p = \bar{x}$, 进一步验证其为似然函数的最大值点, 于是 p 的最大似然估计值为 $\widehat{p} = \bar{x} = \dfrac{1}{n}\sum\limits_{i=1}^{n} x_i$.

现在观测到 50 个值 $x_1, x_2, \cdots, x_{50}$, 其中有 48 个是 0, 2 个是 1, 故废品率的估计值为 $\widehat{p} = 2/50 = 4\%$.

习 题 7.1

1 设总体 $X \sim B(n, p)$, $0 < p < 1$, $X_1, X_2, \cdots, X_n$ 为其样本, 求参数 p 的矩估计量.

2 设 $X_1, X_2, \cdots, X_n$ 为来自总体 X 的一个样本, 总体 X 的概率密度为

$$f(x) = \begin{cases} \theta x^{\theta-1}, & 0 < x < 1, \\ 0, & \text{其他}, \end{cases}$$

其中 $\theta > 0$ 是未知参数, 求参数 θ 的矩估计量.

3 设总体 X 的分布列为

X	1	2	3
P	$1 - 2\theta$	θ	θ

其中 $\theta\,(0 < \theta < 0.5)$ 为未知参数, 已知样本值 $x_1 = 1$, $x_2 = 1$, $x_3 = 2$, 求参数 θ 的矩估计量和最大似然估计量.

4 设总体 X 的概率分布为

X	0	1	2	3
P	θ^2	$2\theta(1-\theta)$	θ^2	$1 - 2\theta$

其中未知参数 $\theta \in (0, 0.5)$, 现有样本值: 3, 1, 3, 0, 3, 1, 2, 3. 求 θ 的最大似然估计值.

5 设总体 X 的概率密度函数为

$$f(x; \theta) = \frac{\theta^2}{x^3} \exp\left\{-\frac{\theta}{x}\right\}, \quad x > 0,$$

其中 $\theta > 0$ 是未知参数, $X_1, X_2, \cdots, X_n$ 为来自总体 X 的样本, 求:

(1) θ 的矩估计量;　　(2) θ 的最大似然估计量.

7.2 评价估计量的准则

一般而言, 一个未知参数的估计量不止一个, 因而需要比较和选择. 统计学中评价估计量的标准有许多, 对于同一估计量使用不同的评价标准可能会得到完全不同的结论. 因此, 在评价一个估计量时, 要说明是在哪个标准下, 否则作出的评价无意义. 下面我们讨论三个常用的评价标准.

7.2.1 无偏性

定义 7.2 设 $\widehat{\theta} = \widehat{\theta}(X_1, X_2, \cdots, X_n)$ 是 θ 的一个估计量, Θ 是参数空间, 若对任意的 $\theta \in \Theta$, 都有

$$\mathrm{E}_\theta\big[\widehat{\theta}(X_1, X_2, \cdots, X_n)\big] = \theta,$$

则称 $\widehat{\theta}$ 为 θ 的无偏估计量 (unbiased estimator), 称

$$B_n(\theta) = \mathrm{E}_\theta\big[\widehat{\theta}(X_1, X_2, \cdots, X_n)\big] - \theta$$

为估计量 $\widehat{\theta}$ 的偏差 (bias), 当 $B_n(\theta) \neq 0$ 时, 称 $\widehat{\theta}$ 为 θ 的有偏估计量 (biased estimator); 如果对任意的 $\theta \in \Theta$, 有

$$\lim_{n \to \infty} \mathrm{E}_\theta\big[\widehat{\theta}(X_1, X_2, \cdots, X_n)\big] = \theta, \tag{7.7}$$

则称 $\widehat{\theta}$ 为 θ 的渐近无偏估计量 (asymptotic unbiased estimator).

上述定义中数学期望符号中出现的下标 θ, 意味着结果与 θ 有关, 以后类似记号意义相同.

估计量的无偏性是指没有系统性的偏差. 比如用一架天平称重时, 误差来源有两个: 一是天平自身结构制造上的问题, 使它在称重时, 倾向于偏重或偏轻, 这种误差属于系统误差; 二是由于操作上和其他偶然性原因, 使称出的结果出现误差, 这种误差属于随机误差. 无偏性的要求是没有系统误差, 但随机误差总是存在的.

例 7.7 设总体为泊松分布 $\mathrm{P}(\lambda)$, 其中 λ 是未知参数, $X_1, X_2, \cdots, X_n$ 是样本, 证明:

(1) $\bar{X}$ 是 λ 的无偏估计量;

(2) $2\bar{X}$ 是 2λ 的无偏估计量;

(3) $\bar{X}^2$ 是 λ^2 的有偏估计量.

证明 我们知道, 若 $X \sim \mathrm{P}(\lambda)$, 则 $\mathrm{E}(X) = \mathrm{D}(X) = \lambda$.

(1) 由于 $\mathrm{E}(\bar{X}) = \mathrm{E}(X) = \lambda$, 故 $\bar{X}$ 是 λ 的无偏估计量.

(2) 由于 $\mathrm{E}(2\bar{X}) = 2\mathrm{E}(X) = 2\lambda$, 故 $2\bar{X}$ 是 2λ 的无偏估计量.

(3) 由于 $\mathrm{E}(\bar{X}^2) = \mathrm{D}(\bar{X}) + [\mathrm{E}(\bar{X})]^2 = \dfrac{1}{n}\mathrm{D}(X) + \lambda^2 = \dfrac{1}{n}\lambda + \lambda^2$, 故 $\bar{X}^2$ 是 λ^2 的有偏估计量. 而且, 因为 $\dfrac{1}{n}\lambda + \lambda^2 \to \lambda^2$ $(n \to \infty)$, 因而 $\bar{X}^2$ 是 λ^2 的渐近无偏估计.

例 7.8 判断例 7.1 中总体 X 的均值 μ 和方差 σ^2 的矩估计量的无偏性.

解 由例 7.1 知均值 μ 和方差 σ^2 的矩估计量分别为 $\hat{\mu} = \bar{X}$, $\hat{\sigma}^2 = \dfrac{n-1}{n}S^2$. 由于

$$\mathrm{E}(\hat{\mu}) = \mathrm{E}(\bar{X}) = \mu; \quad \mathrm{E}(\hat{\sigma}^2) = \mathrm{E}\left(\frac{n-1}{n}S^2\right) = \frac{n-1}{n}\sigma^2,$$

所以 $\hat{\mu} = \bar{X}$ 是 μ 的无偏估计, $\hat{\sigma}^2 = \dfrac{n-1}{n}S^2$ 是 σ^2 的有偏估计 (偏小)、是 σ^2 的渐近无偏估计.

上述结论与总体的分布类型没有关系. 只要总体均值存在, 样本均值总是它的无偏估计; 只要总体方差存在, 样本方差总是其无偏估计.

7.2.2 有效性

一个未知参数可能有多个无偏估计量, 在这些估计量中哪个更好? 事实上, 无偏性只表明估计值在被估参数的真值附近波动, 而没有反映出波动幅度的大小, 为了保证估计值集中在被估参数的真值附近, 即分散程度小, 就要求估计量的方差越小越好.

定义 7.3 设 $\widehat{\theta}_1$ 和 $\widehat{\theta}_2$ 是 θ 的两个无偏估计, 如果对任意的 $\theta \in \Theta$, 都有

$$\mathrm{D}_\theta(\widehat{\theta}_1) \leqslant \mathrm{D}_\theta(\widehat{\theta}_2), \tag{7.8}$$

且至少有一个 $\theta \in \Theta$ 使上述不等式严格成立, 则称估计量 $\widehat{\theta}_1$ 比 $\widehat{\theta}_2$ 有效.

例 7.9 设总体服从区间 $[0, \theta]$ 上的均匀分布, $X_1, X_2, \cdots, X_n$ 为取自该总体的容量为 n 的样本, 对未知参数 θ 的两个估计量:

$$\widehat{\theta}_1 = 2\bar{X}, \quad \widehat{\theta}_2 = \frac{n+1}{n}X_{(n)}.$$

(1) 试验证 $\widehat{\theta}_1$ 和 $\widehat{\theta}_2$ 均为 θ 的无偏估计. (2) 指出哪一个更有效.

证 (1) 由于

$$\mathrm{E}(\widehat{\theta}_1) = 2\mathrm{E}(\bar{X}) = \theta,$$

$$\mathrm{E}(\widehat{\theta}_2) = \frac{n+1}{n}\mathrm{E}(X_{(n)}) = \frac{n+1}{n}\int_0^\theta x\frac{nx^{n-1}}{\theta^n}\mathrm{d}x = \theta.$$

故 $\widehat{\theta}_1$ 和 $\widehat{\theta}_2$ 均为 θ 的无偏估计.

(2) 分别计算 $\widehat{\theta}_1$ 和 $\widehat{\theta}_2$ 的方差:

$$\mathrm{D}(\widehat{\theta}_1) = 4\mathrm{D}(\bar{X}) = \frac{4}{n} \times \frac{\theta^2}{12} = \frac{\theta^2}{3n},$$

$$\mathrm{E}(X_{(n)}^2) = \int_0^\theta x^2 \frac{nx^{n-1}}{\theta^n} \mathrm{d}x = \frac{n}{n+2}\theta^2,$$

$$\mathrm{D}(\widehat{\theta}_2) = \mathrm{E}\left[(\widehat{\theta}_2)^2\right] - \theta^2 = \left(\frac{n+1}{n}\right)^2 \mathrm{E}(X_{(n)}^2) - \theta^2 = \frac{\theta^2}{(n+2)n}.$$

显然当 $n > 1$ 时, $\dfrac{1}{(n+2)n} < \dfrac{1}{3n}$, 故 $\widehat{\theta}_2$ 比 $\widehat{\theta}_1$ 有效.

7.2.3 相合性

无偏性和有效性都是在样本量 n 一定的前提下讨论的, 度量在平均意义下估计量 $\widehat{\theta}$ 与参数 θ 之间的接近程度. 但是如果我们有足够多的样本, 随着样本量的不断增大, 完全可以要求估计量逼近参数真实值, 这就是相合性. 为了表示估计量与样本量 n 有关, 有时候记估计量为 $\widehat{\theta}_n$.

定义 7.4 设 $\widehat{\theta}_n = \widehat{\theta}_n(X_1, X_2, \cdots, X_n)$ 是参数 θ 的一个估计量序列, 若当 $n \to \infty$ 时, $\widehat{\theta}_n$ 依概率收敛于 θ, 即对任意 $\varepsilon > 0$, 有

$$\lim_{n\to\infty} P\{|\widehat{\theta}_n - \theta| \geqslant \varepsilon\} = 0 \quad \text{或} \quad \lim_{n\to\infty} P\{|\widehat{\theta}_n - \theta| < \varepsilon\} = 1, \tag{7.9}$$

则称 $\widehat{\theta}_n$ 为 θ 的相合估计 (consistent estimator).

相合性反映了估计量在大样本时的特性, 即样本值与被估参数的真值相互吻合的程度. 只要样本容量 n 足够大, 估计量 $\widehat{\theta}$ 与被估参数 θ 有较大偏差的可能性非常小. 如果一个估计量没有相合性, 那么无论样本容量多大, 也不可能把未知参数估计到任意预定的精度.

由辛钦大数定律可知, 样本的 k 阶矩 $M_k = \dfrac{1}{n} \sum\limits_{i=1}^{n} X_i^k$ 是总体 k 阶矩 $\mu_k = \mathrm{E}(X^k)$ 的相合估计. 下面定理给出了相合性的一个充分条件, 具体证明略.

定理 7.1 设 $\widehat{\theta}_n = \widehat{\theta}_n(X_1, X_2, \cdots, X_n)$ 是 θ 的一个估计量序列, 若

$$\lim_{n\to\infty} \mathrm{E}_\theta(\widehat{\theta}_n) = \theta, \quad \lim_{n\to\infty} \mathrm{D}_\theta(\widehat{\theta}_n) = 0,$$

则 $\widehat{\theta}_n$ 是 θ 的相合估计.

例 7.10 总体 $X \sim \mathrm{U}(0, \theta)$, 证明最大次序统计量 $X_{(n)}$ 是 θ 的相合估计.

证　我们知道 $X_{(n)}$ 的密度函数为

$$f_n(x) = \frac{n}{\theta^n} x^{n-1}, \quad 0 < x < \theta.$$

而且

$$\mathrm{E}(X_{(n)}) = \frac{n}{n+1}\theta \to \theta, \quad \mathrm{D}(X_{(n)}) = \frac{n}{(n+1)^2(n+2)}\theta^2 \to 0.$$

由定理 7.1 可知, $X_{(n)}$ 是 θ 的相合估计.

习　题　7.2

1 设总体 X 的方差 $\mathrm{D}(X) = \sigma^2$ 存在, $X_1, X_2, \cdots, X_{n_1}$ 与 $Y_1, Y_2, \cdots, Y_{n_2}$ 分别来自总体 X 的两个独立样本, 记 $\bar{X} = \sum\limits_{i=1}^{n_1} X_i$, $\bar{Y} = \sum\limits_{i=1}^{n_2} Y_i$ 分别为两个样本的样本均值, 试证明

$$S_w^2 = \frac{\sum\limits_{i=1}^{n_1}(X_i - \bar{X})^2 + \sum\limits_{i=1}^{n_2}(Y_j - \bar{Y})^2}{n_1 + n_2 - 2}$$

是 σ^2 的无偏估计量.

2 设总体 X 服从指数分布, 其概率密度为

$$f(x;\theta) = \begin{cases} \theta^{-1}\mathrm{e}^{-x/\theta}, & x > 0, \\ 0, & \text{其他}, \end{cases}$$

其中参数 $\theta > 0$ 为未知, 又设 $X_1, X_2, \cdots, X_n$ 是来自总体 X 的样本.

(1) 试证 $\bar{X}$ 和 $nX_{(1)}$ 都是 θ 的无偏估计量;

(2) 试证当 $n > 1$ 时, 估计量 $\bar{X}$ 较 $nX_{(1)}$ 有效.

3 总体 $X \sim \mathrm{N}(\mu, \sigma^2)$, 其中 μ 已知, 考虑 σ^2 的两个估计量:

$$S_0^2 = \frac{1}{n}\sum_{i=1}^{n}(X_i - \mu)^2, \quad S^2 = \frac{1}{n-1}\sum_{i=1}^{n}(X_i - \bar{X})^2.$$

试证明 S_0^2 和 S^2 都是 σ^2 的无偏估计, 且 S_0^2 比 S^2 有效.

4 设 X_1, X_2, X_3, X_4 为来自总体 X 的一个样本, 考虑 $\mu = \mathrm{E}(X)$ 的如下三个估计量

$$\hat{\mu}_1 = \frac{1}{3}\sum_{i=1}^{3}X_i, \quad \hat{\mu}_2 = \frac{1}{4}\sum_{i=1}^{4}X_i, \quad \hat{\mu}_3 = \frac{1}{5}X_1 + \frac{1}{5}X_2 + \frac{2}{5}X_3 + \frac{1}{5}X_4.$$

验证它们都是 μ 的无偏估计, 哪个最有效?

5 设从总体 X 中抽取样本容量分别为 m 和 n 的两个独立样本, $\bar{X}_1$ 和 $\bar{X}_2$ 分别为这两个样本的样本均值, 已知 $\mathrm{E}(X) = \mu$, $\mathrm{D}(X) = \sigma^2$.

(1) 试证明: 对于任意的常数 t, $\hat{\mu}(t) = t\bar{X}_1 + (1-t)\bar{X}_2$ 为 μ 的无偏估计量;

(2) 试确定常数 t_0, 使得 $\hat{\mu}(t_0)$ 是 $\hat{\mu}(t)$ 中最有效的估计量.

7.3 区间估计 (置信区间)

参数的点估计方法是用一个确定的值 (或一个点) 去估计未知参数, 从而能够得到未知参数的一个近似值. 但是, 这种近似值的精确程度和误差范围都没有给出, 这是点估计的缺陷, 而区间估计可以在一定程度上弥补这一不足.

7.3.1 基本概念与方法

待估参数 θ 的区间估计, 就是要设法找出两个统计量 $\widehat{\theta}_1 < \widehat{\theta}_2$, 一旦有了样本值后, 就能算出 $\widehat{\theta}_1$ 和 $\widehat{\theta}_2$ 的具体值, 把 θ 估计在 $\widehat{\theta}_1$ 与 $\widehat{\theta}_2$ 之间.

定义 7.5 设 $\widehat{\theta}_1 = \widehat{\theta}_1(X_1, X_2, \cdots, X_n)$ 和 $\widehat{\theta}_2 = \widehat{\theta}_2(X_1, X_2, \cdots, X_n)$ 是两个统计量, 如果对于给定的 $\alpha \in (0,1)$, 有

$$P_\theta\{\widehat{\theta}_1 \leqslant \theta \leqslant \widehat{\theta}_2\} \geqslant 1 - \alpha, \tag{7.10}$$

则称随机区间 $[\widehat{\theta}_1, \widehat{\theta}_2]$ 为 θ 的一个置信水平 (confidence level) 为 $1 - \alpha$ 的置信区间 (confidence interval).

置信区间不同于一般的区间, 它是随机区间, 对于不同的样本值得到不同的区间. 在这些区间中有的包含参数的真值, 有些则不包含. 当置信水平为 $1 - \alpha$ 时, 这个区间包含 θ 的真值的概率至少为 $1 - \alpha$. 如 $\alpha = 0.05$, 置信水平为 95%, 说明 $[\widehat{\theta}_1, \widehat{\theta}_2]$ 以 95% 以上的概率包含 θ 的真值. 粗略地说, 在随机区间 $[\widehat{\theta}_1, \widehat{\theta}_2]$ 的 100 个观察中, 至少有 95 个区间包含 θ 的真值, 这就是置信水平的频率解释.

在实际操作中, 当总体 X 是连续型时, 对于给定的 α, 我们总是按照 $P_\theta\{\widehat{\theta}_1 \leqslant \theta \leqslant \widehat{\theta}_2\} = 1 - \alpha$ 构造置信区间. 而当总体 X 是离散型时, 对于给定的 α, 通常不存在区间 $[\widehat{\theta}_1, \widehat{\theta}_2]$ 使得 $P_\theta\{\widehat{\theta}_1 \leqslant \theta \leqslant \widehat{\theta}_2\}$ 恰好等于 $1 - \alpha$. 此时, 我们去找区间 $[\widehat{\theta}_1, \widehat{\theta}_2]$ 使得 $P_\theta\{\widehat{\theta}_1 \leqslant \theta \leqslant \widehat{\theta}_2\}$ 不小于 $1 - \alpha$, 且尽可能地等于 $1 - \alpha$.

在有些应用中, 我们只关心参数的上限或下限. 如估计产品的次品率, 更关心其上限. 估计铁矿中含铁的百分比, 更关心其下限. 与这种情形相对应, 我们有以下定义.

定义 7.6 设 $\bar{\theta} = \bar{\theta}(X_1, X_2, \cdots, X_n)$ 是 θ 的一个上限估计, $0 < \alpha < 1$. 若对任意的 $\theta \in \Theta$, 有

$$P_\theta\{\theta \leqslant \bar{\theta}\} \geqslant 1 - \alpha, \tag{7.11}$$

则称 $\bar{\theta}$ 为 θ 的置信水平为 $1 - \alpha$ 的置信上限 (或上界). 设 $\underline{\theta} = \underline{\theta}(X_1, X_2, \cdots, X_n)$ 是 θ 的一个下限估计, $0 < \alpha < 1$. 若

$$P_\theta\{\theta \geqslant \underline{\theta}\} \geqslant 1 - \alpha, \tag{7.12}$$

则称 $\underline{\theta}$ 为 θ 的置信水平为 $1 - \alpha$ 的置信下限 (或下界).

从式 (7.10)、式 (7.11)、式 (7.12) 可以看出: 确定区间估计 (或上、下限), 牵涉到计算概率. 这概率与总体分布及统计量 $\widehat{\theta}_1, \widehat{\theta}_2$ 的形式有关.

未知参数 θ 的置信区间的最常用方法是**枢轴量法**, 其步骤如下.

(1) 构造一个样本 $X_1, X_2, \cdots, X_n$ 和 θ 的函数 $W = W(X_1, X_2, \cdots, X_n, \theta)$, 使得 W 的分布不依赖于 θ 以及其他未知参数, 称具有这种性质的函数 W 为枢轴量 (pivotal quantity) 或枢轴 (pivot). 这就是说, 随机变量 W 对所有的 θ 具有相同的分布.

(2) 对于给定的置信水平 $1 - \alpha$, 给出两个常数 a, b, 使得

$$P\{a \leqslant W \leqslant b\} \geqslant 1 - \alpha. \tag{7.13}$$

注意这里 W 的分布与 θ 无关, 因而式 (7.13) 中的概率与 θ 无关, 故省去下标 θ.

(3) 若能将不等式 $a \leqslant W \leqslant b$ 等价变形为 $\widehat{\theta}_1 \leqslant \theta \leqslant \widehat{\theta}_2$, 其中 $\widehat{\theta}_1$ 和 $\widehat{\theta}_2$ 都是统计量, 则

$$P\{\widehat{\theta}_1 \leqslant \theta \leqslant \widehat{\theta}_2\} \geqslant 1 - \alpha. \tag{7.14}$$

这表明 $[\widehat{\theta}_1, \widehat{\theta}_2]$ 是 θ 的一个置信水平为 $1 - \alpha$ 的置信区间.

7.3.2   单个正态总体参数的区间估计

设 $X_1, X_2, \cdots, X_n$ 为来自于总体 $N(\mu, \sigma^2)$ 的样本, 对给定的置信水平 $1 - \alpha$, 我们来分别研究参数 μ 和 σ^2 的区间估计.

1. 当 σ^2 已知时, 求 μ 的置信区间

考虑 μ 的点估计 $\bar{X} \sim N(\mu, \sigma^2/n)$, 由正态总体的抽样定理, 枢轴量取为 $W = \dfrac{\bar{X} - \mu}{\sigma/\sqrt{n}} \sim N(0, 1)$. 确定 $a < b$, 使得

$$P\{a \leqslant W \leqslant b\} = \Phi(b) - \Phi(a) = 1 - \alpha.$$

由于 $a \leqslant W \leqslant b$ 等价于 $\bar{X} - b\sqrt{\sigma^2/n} \leqslant \mu \leqslant \bar{X} - a\sqrt{\sigma^2/n}$, 故 μ 的 $1 - \alpha$ 置信区间为

$$\left[\bar{X} - b\sqrt{\sigma^2/n}, \ \bar{X} - a\sqrt{\sigma^2/n}\right].$$

置信区间的一个自然原则是区间越短越精确. 现在上述区间 (平均) 长度为 $(b - a)\sigma/\sqrt{n}$, 考虑到 $N(0, 1)$ 的密度函数为单峰对称的, 在 $\Phi(b) - \Phi(a) = 1 - \alpha$ 的约束下, 当 $b = -a = z_{1-\alpha/2}$ 时, $(b - a)\sigma/\sqrt{n}$ 达到最小 (图 7.1). 其中 $z_{1-\alpha/2}$ 是标准正态 $N(0, 1)$ 的 $1 - \alpha/2$ 分位数, 在 R 语言中, 可用函数 `qnorm()` 直接计算. 从而所求置信区间为

$$\left[\bar{X} - z_{1-\alpha/2}\sqrt{\sigma^2/n}, \ \bar{X} + z_{1-\alpha/2}\sqrt{\sigma^2/n}\right]. \tag{7.15}$$

根据置信上、下限的定义, 类似可以推导出 μ 的一个置信水平为 $1 - \alpha$ 的置信上、下限. 其中置信上限为: $\bar{X} + z_{1-\alpha}\sqrt{\sigma^2/n}$, 置信下限为: $\bar{X} - z_{1-\alpha}\sqrt{\sigma^2/n}$.

例 7.11 某零件的长度服从正态分布, 从某天生产的一批零件中随机抽取 9 个, 测其平均长度 $\bar{x} = 21.4\mathrm{cm}$, 已知总体标准差 $\sigma = 0.15\,\mathrm{cm}$, 求这批零件平均长度 μ 的 0.95 置信区间.

解 由已知条件 $1 - \alpha = 0.95$, $\alpha = 0.05$, $z_{0.975} = \mathrm{qnorm}(0.975) = 1.96$, 于是 μ 的 0.95 置信区间为

$$\left[\bar{x} - 1.96\sqrt{0.0225/9},\ \bar{x} + 1.96\sqrt{0.0225/9}\right] = [21.302,\ 21.498].$$

2. 当 σ^2 未知时, 求 μ 的置信区间

以样本方差 S^2 代替 σ^2, 由正态分布抽样定理可知, 枢轴量可取为 $W = \dfrac{\bar{X} - \mu}{\sqrt{S^2/n}} \sim \mathrm{t}(n-1)$. 完全类似于上一段的情形, 可得到 μ 的 $1 - \alpha$ 置信区间为

$$\left[\bar{X} - t_{1-\alpha/2}(n-1)\sqrt{S^2/n},\ \bar{X} + t_{1-\alpha/2}(n-1)\sqrt{S^2/n}\right]. \tag{7.16}$$

其中 $t_{1-\alpha/2}(n-1)$ 是自由度为 $n-1$ 的 t 分布的分位数 (图 7.2). 在 R 语言中, 可用函数 qt() 直接计算.

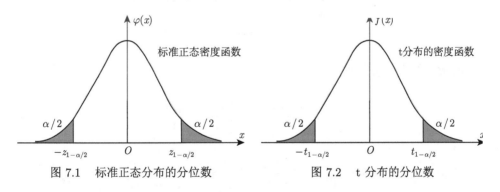

图 7.1　标准正态分布的分位数　　　　图 7.2　t 分布的分位数

类似地, 置信上限: $\bar{X} + t_{1-\alpha}(n-1)\sqrt{S^2/n}$; 置信下限: $\bar{X} - t_{1-\alpha}(n-1)\sqrt{S^2/n}$.

例 7.12 随机采访了 25 名消费者, 得知平均消费额 $\bar{x} = 80$ 元, 样本标准差为 $s = 12$ 元. 已知消费额服从正态分布, 求平均消费额 μ 的 0.95 置信区间.

解 由已知条件 $1 - \alpha = 0.95$, $\alpha = 0.05$, $t_{1-\alpha/2}(n-1) = t_{0.975}(24) = \mathrm{qt}(0.975, 24) = 2.0639$, 于是由式 (7.16) 得 μ 的 0.95 置信区间为 $[75.05,\ 84.95]$.

3. 求 σ^2 的置信区间

此时, 也可以分 μ 已知与否两种情况来讨论 σ^2 的置信区间, 但是实际中 μ 已知而 σ^2 未知的情形极少出现, 故这里只讨论 μ 未知的情形.

由于 σ^2 的点 (无偏) 估计量为 S^2, 由正态分布的抽样定理知, 可取 $\dfrac{(n-1)S^2}{\sigma^2}$ $\sim \chi^2(n-1)$ 为枢轴量. 确定 a,b, 使得

$$P\left\{a \leqslant \frac{(n-1)S^2}{\sigma^2} \leqslant b\right\} = 1-\alpha.$$

考虑到 χ^2 分布是偏态的, 置信区间的平均长度最短很难实现, 一般采用等尾置信区间. 取 $a = \chi^2_{\alpha/2}(n-1)$, $b = \chi^2_{1-\alpha/2}(n-1)$. 其中 $\chi^2_{\alpha/2}(n-1)$ 和 $\chi^2_{1-\alpha/2}(n-1)$ 分别是 χ^2 分布的 $\alpha/2$ 和 $1-\alpha/2$ 分位数 (图 7.3). 在 R 语言中, 可用函数 `qchisq()` 直接计算.

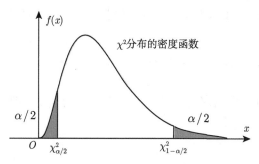

图 7.3 χ^2 分布的分位数

于是 σ^2 的置信区间为

$$\left[\frac{(n-1)S^2}{\chi^2_{1-\alpha/2}(n-1)}, \ \frac{(n-1)S^2}{\chi^2_{\alpha/2}(n-1)}\right]. \tag{7.17}$$

类似地, 置信下限为 $\dfrac{(n-1)S^2}{\chi^2_{1-\alpha}(n-1)}$; 置信上限为 $\dfrac{(n-1)S^2}{\chi^2_{\alpha}(n-1)}$.

例 7.13   对一种电子产品的某项技术指标进行抽验. 从产品中随机抽取 10 件, 测试结果如下:

$$10.1, \ 10.0, \ 9.8, \ 10.5, \ 9.7, \ 10.1, \ 9.9, \ 10.3, \ 10.2, \ 9.9.$$

假设这种产品的该项指标标准服从正态分布, 求方差 σ^2 的 0.95 的置信区间.

解   由已知条件 $\bar{X} = 10.05$, $S^2 = 0.0583$, $S = 0.24$, $\alpha = 0.05$, χ^2 分布分位数 $\chi^2_{0.025}(9) = \mathtt{qchisq}(0.025, 9) = 2.70$, $\chi^2_{0.975}(9) = \mathtt{qchisq}(0.975, 9) = 19.02$.
于是由 (7.17) 计算得 σ^2 的 0.95 的置信区间为 [0.028, 0.194].

7.3.3 两个正态总体参数的区间估计

设某产品的某项质量指标 X 服从正态分布. 由于工艺的改进、原料的不同、设备以及操作人员的变动等都会引起总体均值、方差的变化, 我们希望估计这种变化的大小. 这就是两个正态总体参数的区间估计问题.

设 $X_1, X_2, \cdots, X_{n_1}$ 和 $Y_1, Y_2, \cdots, Y_{n_2}$ 为分别来自总体 $N(\mu_1, \sigma_1^2)$ 和 $N(\mu_2, \sigma_2^2)$ 的两组相互独立的样本, 样本均值、方差分别记为 $\bar{X}, S_1^2$ 和 $\bar{Y}, S_2^2$.

1. 当 σ_1^2 和 σ_2^2 已知时, 求 $\mu_1 - \mu_2$ 的置信区间

$\bar{X} - \bar{Y}$ 作为 $\mu_1 - \mu_2$ 的点估计, 是无偏的, 且

$$\bar{X} - \bar{Y} \sim N\left(\mu_1 - \mu_2, \frac{\sigma_1^2}{n_1} + \frac{\sigma_2^2}{n_2}\right).$$

与前面单个正态总体情形完全类似, $\mu_1 - \mu_2$ 的 $1 - \alpha$ 置信区间为

$$\left[\bar{X} - \bar{Y} - z_{1-\alpha/2}\sqrt{\frac{\sigma_1^2}{n_1} + \frac{\sigma_2^2}{n_2}}, \ \bar{X} - \bar{Y} + z_{1-\alpha/2}\sqrt{\frac{\sigma_1^2}{n_1} + \frac{\sigma_2^2}{n_2}}\right]. \tag{7.18}$$

2. 当 $\sigma_1^2 = \sigma_2^2 = \sigma^2$, 但 σ^2 未知时, 求 $\mu_1 - \mu_2$ 的置信区间

由两个正态总体的抽样定理知, 此时可取枢轴量

$$\frac{(\bar{X} - \bar{Y}) - (\mu_1 - \mu_2)}{S_W\sqrt{\dfrac{1}{n_1} + \dfrac{1}{n_2}}} \sim t(n_1 + n_2 - 2).$$

其中 $S_W^2 = \dfrac{(n_1-1)S_1^2 + (n_2-1)S_2^2}{n_1 + n_2 - 2}$, 从而类似于单个正态总体情形, 得 $\mu_1 - \mu_2$ 的置信区间 (注意简写)

$$\left[\bar{X} - \bar{Y} \pm t_{1-\alpha/2}(n_1 + n_2 - 2)S_W\sqrt{\frac{1}{n_1} + \frac{1}{n_2}}\right]. \tag{7.19}$$

3. 求方差比 σ_1^2/σ_2^2 的置信区间

取 S_1^2/S_2^2 估计 σ_1^2/σ_2^2, 由两个正态总体的抽样定理知, 可取枢轴量 $\dfrac{\sigma_1^2 S_2^2}{\sigma_2^2 S_1^2} \sim F(n_2 - 1, n_1 - 1)$. 考虑到 F 分布是偏态的, 采用等尾置信区间:

$$P\left\{F_{\alpha/2}(n_2 - 1, n_1 - 1) \leqslant \frac{\sigma_1^2 S_2^2}{\sigma_2^2 S_1^2} \leqslant F_{1-\alpha/2}(n_2 - 1, n_1 - 1)\right\} = 1 - \alpha.$$

其中 $F_{\alpha/2}$, $F_{1-\alpha/2}$ 分别是 F 分布的 $\alpha/2$ 分位数和 $1-\alpha/2$ 分位数 (图 7.4). 在 R 语言中, 可用函数 qf() 直接计算.

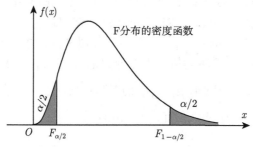

图 7.4   F 分布的分位数

经不等式变形, 即得到 σ_1^2/σ_2^2 的 $1-\alpha$ 置信区间为

$$\left[F_{\alpha/2}(n_2-1,n_1-1)\frac{S_1^2}{S_2^2}, \quad F_{1-\alpha/2}(n_2-1,n_1-1)\frac{S_1^2}{S_2^2}\right]. \tag{7.20}$$

例 7.14   某车间有两台自动机床加工一类零件, 假设零件尺寸服从正态分布. 现在从两个班次的产品中分别检查了 5 个和 6 个零件尺寸, 得其数据如下.
甲班: 5.06, 5.08, 5.03, 5.00, 5.07; 乙班: 4.98, 5.03, 4.97, 4.99, 5.02, 4.95.
试求两班加工零件尺寸的方差比 σ_1^2/σ_2^2 的 0.95 置信区间.

解   这里, $n_1 = 5$, $n_2 = 6$, $1-\alpha = 0.95$, 算得 $S_1^2 = 0.00037$, $S_2^2 = 0.00092$,

$$F_{0.025}(5,4) = \text{qf}(0.025, 5, 4) = 0.1354, \quad F_{0.975}(5,4) = \text{qf}(0.975, 5, 4) = 9.3645.$$

故 σ_1^2/σ_2^2 的 0.95 置信区间为

$$\left[F_{0.025}(5,4)\frac{S_1^2}{S_2^2}, F_{0.975}(4,5)\frac{S_1^2}{S_2^2}\right] = [0.0545, \ 3.7662].$$

习　题　7.3

1 某车间生产滚珠, 从长期实践中知道, 滚珠直径服从正态分布, 方差为 0.04. 从某天的产品里随机抽取 6 个, 量得直径如下 (单位: mm):

14.70, 15.0, 14.90, 14.80, 15.20, 15.10.

分别求置信水平为 99% 和 90% 的均值 μ 的置信区间.

2 某单位职工每天的医疗费服从正态分布 $N(\mu, \sigma^2)$, 现抽查 25 天统计得 $\bar{x} = 170$ 元, $s = 30$ 元, 求该单位职工每天医疗费用均值 μ 的置信水平为 90% 的置信区间.

3 某机床加工的零件长度 $X \sim N(\mu, \sigma^2)$, 今抽查 16 个零件, 测得长度 (单位: mm) 如下:

12.15, 12.12, 12.01, 12.08, 12.09, 12.16, 12.03, 12.01,

12.06, 12.13, 12.07, 12.11, 12.08, 12.01, 12.03, 12.06.

在置信度为 0.95 的条件下试求总体方差 σ^2 的置信区间.

4 为了在常条件下, 检验一种杂交作物的两种新处理方案, 在同一地区随机地选择 8 块地段, 在各试验地段, 按两种方案试验作物, 这 8 块地段的单位面积产量是 (单位: kg):

一号方案产量: 86, 87, 56, 93, 84, 93, 75, 79;

二号方案产量: 80, 79, 58, 91, 77, 82, 74, 66.

假设两种产量都服从正态分布, 分别为 $N(\mu_1, \sigma_1^2)$ 和 $N(\mu_2, \sigma_2^2)$, 其中 $\sigma_1^2 = \sigma_2^2 = \sigma^2$ 但 σ^2 未知, 求 $\mu_1 - \mu_2$ 的置信水平为 95% 的置信区间.

5 假设人体身高服从正态分布, 今抽样检测甲、乙两地区 18~25 岁女子身高得数据如下: 甲地抽取 10 名, 样本均值 1.64 m, 样本标准差 0.2 m; 乙地抽取 10 名, 样本均值 1.62 m, 样本标准差 0.4 m. 试求两正态方差比的置信水平为 95% 的置信区间.

本 章 小 结

点估计和区间估计是参数估计的两种形式. 点估计是用一个统计量估计未知参数, 区间估计是用一个随机区间估计未知参数.

1. 点估计求法

(1) 矩法——令样本矩与相应的总体矩相等, 解得到矩估计量.

(2) 最大似然法——求 (对数) 似然函数的最大值点, 得最大似然估计量.

2. 估计量的评价准则

(1) 无偏性——$E_\theta(\hat\theta) = \theta$, $\forall \theta \in \Theta$.

(2) 有效性——两个无偏估计 $\hat\theta_1$ 比 $\hat\theta_2$ 有效: $D(\hat\theta_1) \leqslant D(\hat\theta_2)$, 且有 $\theta \in \Theta$ 使严格不等号成立.

(3) 相合性——$\hat\theta$ 依概率收敛于 θ.

3. 区间估计 (置信区间)

(1) 一般方法——枢轴量法.

(2) 正态总体参数的置信区间 (表 7.1).

表 7.1 正态总体 $N(\mu, \sigma^2)$ 参数的置信区间

待估参数	其他参数	枢轴量及分布	置信区间
μ	σ^2 已知	$\dfrac{\bar X - \mu}{\sigma/\sqrt n} \sim N(0,1)$	$\left[\bar X \pm z_{1-\alpha/2}\dfrac{\sigma}{\sqrt n}\right]$
μ	σ^2 未知	$\dfrac{\bar X - \mu}{S/\sqrt n} \sim t(n-1)$	$\left[\bar X \pm t_{1-\alpha/2}(n-1)\dfrac{S}{\sqrt n}\right]$
σ^2	μ 未知	$\dfrac{(n-1)S^2}{\sigma^2} \sim \chi^2(n-1)$	$\left[\dfrac{(n-1)S^2}{\chi^2_{1-\alpha/2}(n-1)}, \dfrac{(n-1)S^2}{\chi^2_{\alpha/2}(n-1)}\right]$

总 练 习 题

1 设 $X \sim \mathrm{P}(\lambda)$, 求 λ 的最大似然估计.

2 设 $X_1, X_2, \cdots, X_n$ 为来自总体 X 的一个样本, 总体 X 的期望 $\mu\,(\neq 0)$ 存在.

(1) 当 a 为何值时, $\widehat{\mu} = \dfrac{1}{2017} X_1 + a X_2$ 为 μ 的无偏估计量?

(2) 若 $\widehat{\mu} = \dfrac{1}{n} \sum\limits_{i=1}^{n} a_i X_i$ 为 μ 的无偏估计量, 则 a_i 应满足什么关系?

3 设总体 $X \sim \mathrm{N}(\mu, \sigma^2)$, 现从 X 中抽得样本值 $x_1, x_2, \cdots, x_9$ 满足 $\sum\limits_{i=1}^{9} x_i = 16.2$, $\sum\limits_{i=1}^{9} x_i^2 = 40.32$, 试求 μ 的置信水平为 90% 的置信区间.

4 设总体 $X \sim \mathrm{U}(0, \theta)$, 其中 $\theta > 0$ 为未知参数, $X_1, X_2, \cdots, X_n$ 为来自总体 X 的样本, 试求:

(1) θ 的矩估计量与最大似然估计.

(2) $Y = 2\theta + 1$ 的矩估计量与最大似然估计.

(3) $Z = \mathrm{e}^{\theta}$ 的最大似然估计.

5 已知某种灯泡的寿命服从正态分布, 现从一批灯泡中随机抽取 16 只, 测得其使用寿命的平均值为 $\bar{x} = 1490$, 标准差 $s = 24.77$. 建立该批灯泡平均寿命 0.95 的置信区间.

6 为了解灯泡使用时数的均值 μ 及标准差 σ, 测量 10 个灯泡得 $\bar{x} = 1500$ 小时, $s = 20$ 小时. 如果已知灯泡的使用时数服从正态分布 $\mathrm{N}(\mu, \theta^2)$, 分别求 μ 和 σ 的 0.95 置信区间.

7 设总体 X 的概率密度为

$$f(x; \theta) = \frac{3x^2}{\theta^3}, \quad 0 < x < \theta,$$

其中 $\theta > 0$ 为未知参数, 设 X_1, X_2, X_3 为来自于该总体的一个简单随机样本, $T = \max\{X_1, X_2, X_3\}$.

(1) 求 T 的概率密度函数; (2) 求 a 的值, 使得 aT 为 θ 的无偏估计量.

8 设总体 X 的概率密度函数为

$$f(x; \theta) = \begin{cases} \dfrac{1}{2\theta}, & 0 < x < \theta, \\[2mm] \dfrac{1}{2(1-\theta)}, & \theta \leqslant x < 1, \\[2mm] 0, & 其他. \end{cases}$$

$X_1, X_2, \cdots, X_n$ 是来自于该总体 X 的简单随机样本, $\bar{X}$ 是样本均值.

(1) 求参数 θ 的矩估计量;

(2) 判断 $4\bar{X}^2$ 是否为 θ^2 的无偏估计量, 并说明理由.

9 总体 $X \sim U(\theta, 2\theta)$, 其中 $\theta > 0$ 是未知参数, $X_1, X_2, \cdots, X_n$ 是来自于该总体的样本. 证明 $\widehat{\theta} = \dfrac{2}{3}\bar{X}$ 是参数 θ 的无偏估计和相合估计.

10 设总体 X 的概率密度函数为

$$f(x;\theta) = \begin{cases} 6x\theta^{-3}(\theta - x), & 0 < x < \theta, \\ 0, & \text{其他}. \end{cases}$$

$X_1, X_2, \cdots, X_n$ 是取自总体 X 的简单随机样本.

(1) 求 θ 的矩估计量 $\widehat{\theta}$; (2) 求 $\widehat{\theta}$ 的方差 $D(\widehat{\theta})$.

11 设总体 X 的分布函数为

$$F(x;\beta) = \begin{cases} 1 - x^{-\beta}, & x > 1, \\ 0, & x \leqslant 1. \end{cases}$$

其中 $\beta > 1$ 是未知参数, $X_1, X_2, \cdots, X_n$ 为来自总体 X 的样本, 求:

(1) β 的矩估计量; (2) β 的最大似然估计量.

数学家费希尔简介

罗纳德·费希尔 (Ronald Fisher, 1890~1962), 英国统计与遗传学家.

费希尔在统计学方面的主要贡献有: 在《孟德尔遗传假定下的亲戚之间的相关性》(*The Correlation Between Relatives on the Supposition of Mendelian Inheritance*) 的论文中用亲属间的相关说明了连续变异的性状可以用孟德尔定律来解释, 从而解决了遗传学中孟德尔学派和生物统计学派的争论; 提出了方差分析的原理和方法, 并应用于试验设计, 阐明了最大似然性方法以及随机化、重复性和统计控制的理论, 指出自由度作为检查 K. 皮尔逊制定的统计

罗纳德·费希尔

表格的重要性. 此外, 还阐明了各种相关系数的抽样分布, 并进行过显著性检验研究; 提出的一些数学原理和方法对人类遗传学、进化论和数量遗传学的基本概念及农业、医学方面的试验均有很大影响. 例如遗传力的概念, 就是在费希尔提出的将性状分解为加性效应、非加性 (显性) 效应和环境效应的理论基础上建立起来的. 主要著作有《自然选择的遗传理论》《试验设计》《近交的理论》及《统计方法和科学推断》等.

现在学术界公认: 1890 年之前是统计学的萌芽时期; 1890~1920 年称为 K. 皮尔逊时代; 1920~1936 年称为费希尔时代; 1937~1949 年称为 E. 皮尔逊时代; 1950 年之后称为现代时期. 毫无疑问, 费希尔是现代统计科学的奠基人之一.

第 8 章　假设检验

我相信总有一天, 生物学家作为非数学家会在需要数学分析时毫不迟疑地使用它.

——K. 皮尔逊

在实际工作中经常遇到如下问题.

(1) 有一批产品, 规定产品的次品率为 2%, 经过抽样检查, 如何判断这批产品是否合格?

(2) 对某生产工艺进行了改革, 对工艺改革前后的产品进行抽样检验, 如何分析抽样的结果, 判断工艺改革是否提高了产品质量?

例如, 对于问题 (2), 假设工艺改革后产品质量有所提高, 由于随机因素的影响, 工艺改革后的每一件产品不一定都比老工艺生产的产品质量好. 抽样检验的结果很可能是互有好坏. 在这种情况下就不能通过简单的比较来下结论, 而需要有一套科学的方法. 这就是假设检验 (hypothesis testing).

假设检验是对总体 X 的概率分布或分布参数做某种假设, 然后以样本为依据, 以统计量为工具去推断这个假设是否成立, 从而利用样本所蕴含的信息对总体情况进行推断. 它是统计推断的另一项重要组成部分, 是参数估计的延续.

假设检验可分为参数假设检验和非参数假设检验两部分. 参数假设检验是总体分布函数 $F(x; \theta)$ 的类型已知, 只是对其中未知参数提出某种假设并加以检验. 非参数假设检验是对未知总体的分布函数的形式或性质提出某种假设所进行的检验. 本书只涉及参数假设检验.

8.1　假设检验的基本概念

8.1.1　统计假设与检验法则

定义 8.1　统计假设 (statistical hypothesis) 是指关于一个或多个总体分布或其参数的一个陈述. 一个假设检验问题中两个互补的假设分别称为原假设 (null hypothesis) 和备择假设 (alternative hypothesis), 分别记为 H_0 和 H_1.

需要注意的是, 这里的假设做出的是关于总体的陈述, 这个陈述可以正确, 也可以不正确. 为判断一个统计假设是否正确, 需要从总体中抽取样本, 据此样本信息做出判决.

例 8.1　要检验一批产品的次品率 p 是否超过 0.03, 把 "$p \leqslant 0.03$" 作为原假设, "$p > 0.03$" 作为备择假设, 可以表示为

$$H_0 : p \leqslant 0.03 \quad \leftrightarrow \quad H_1 : p > 0.03. \tag{8.1}$$

为了判断上述假设的真伪, 从这批产品中抽取若干个, 记其中所含的次品数为 X, 则一个自然的想法是: X 取值越小, 对 H_0 越有利; X 取值越大, 对 H_0 越不利, 大到一定程度, 就认为 H_0 这个假设不正确, 即"拒绝"或"否定"这个假设.

一般地, 在检验问题 $H_0 \leftrightarrow H_1$ 中, 要做出判断, 必须从样本 $X_1, X_2, \cdots, X_n$ 出发, 制定一个法则, 一旦样本的观察值 $x_1, x_2, \cdots, x_n$ 确定后, 利用我们所构造的法则做出判断: 拒绝 H_0 或不拒绝 H_0.

定义 8.2　对给定的检验问题 $H_0 \leftrightarrow H_1$, 一个检验法则 (简称检验) 是指要确定:

(1) 对于哪些样本值应该拒绝 H_0; (2) 对于哪些样本值应该不拒绝 H_0.

检验法则本质上是把样本 $(X_1, X_2, \cdots, X_n)$ 可能的取值范围 $\mathscr{X}$ 划分成两个不相交的子集 $\mathscr{X}_0$ 和 $\mathscr{X}_1$, 使得当样本观测值 $(x_1, x_2, \cdots, x_n) \in \mathscr{X}_1$ 时, 拒绝原假设 H_0(即接受 H_1); 当 $(x_1, x_2, \cdots, x_n) \in \mathscr{X}_0$ 时, 不拒绝原假设 H_0. $\mathscr{X}_1$ 和 $\mathscr{X}_0$ 分别称为检验问题 $H_0 \leftrightarrow H_1$ 的拒绝域和接受域.

例 8.2 (例 8.1 续)　为了判断假设 (8.1) 的真伪, 从这批产品中抽取 100 个, 记其中所含的次品数为 X, 则 X 的所有可能取值范围是 $\mathscr{X} = \{0, 1, 2, \cdots, 100\}$, 拒绝域和接受域可以分别取为 $\mathscr{X}_1 = \{6, 7, \cdots, 100\}$ 和 $\mathscr{X}_0 = \{0, 1, 2, \cdots, 5\}$.

8.1.2　两类错误

当根据样本值对一个假设做出判断时, 由于样本有随机性, 这个判断有可能犯错误. 例如, 一批产品次品率只有 0.01, 对这批产品而言, "$p \leqslant 0.03$" 的假设正确. 但由于抽样的随机性, 样本中也可能包含较多的次品, 而导致拒绝 "$p \leqslant 0.03$", 这就犯了错误. 反过来, 当假设不成立时, 也有可能被错误地接受了. 自然, 我们希望尽量减少犯这种错误的可能性, 而这也正是假设检验的主要目标.

在统计学上把可能犯的错误分为两类: 一类是原假设 H_0 为真, 但却被拒绝了, 称为第一类错误 (type I error) 或拒真错误; 另一类是原假设 H_0 不真, 但却被接受了, 称为第二类错误 (type II error) 或纳伪错误. 表 8.1 列出了检验的各种情况和两类错误.

表 8.1　检验的两类错误

判决结果	总体真实情况	
	H_0 为真	H_1 为真
不拒绝 H_0	正确	犯第二类错误
拒绝 H_0	犯第一类错误	正确

例 8.3 (例 8.2 续) 对于例 8.2 中给定的检验法则, 其犯两类错误的概率分别为

$$P\{拒真\} = P\{当 H_0 \text{ 为真时拒绝 } H_0\} = P\{当 p \leqslant 0.03 \text{ 时 } X \geqslant 6\};$$

$$P\{纳伪\} = P\{当 H_0 \text{ 不真时接受 } H_0\} = P\{当 p > 0.03 \text{ 时 } X \leqslant 5\}.$$

人们当然希望犯两类错误的概率同时都很小. 但是, 若减少犯一类错误的概率, 则犯另一类错误的概率往往增大. 若要使犯两类错误的概率都减小, 除非增加样本容量.

在实际使用时, 通常人们总是控制犯第一类错误的概率, 使它不大于 α. α 大小的选取应根据实际情况而定, 当人们宁可"纳伪"而不愿"拒真"时, 则应把 α 取得很小, 如 0.01, 甚至 0.001; 反之, 则可把 α 取得大些. 这种只对犯第一类错误的概率加以控制, 而不考虑犯第二类错误的概率的检验, 称为显著性检验, α 称为显著性水平.

例 8.4 (例 8.3 续) 由例 8.3 中犯第一类错误的概率, 考察检验的显著性水平, 注意到 $X \sim \mathrm{B}(100, p)$, 显然有

$$P\{拒真\} = P\{当 p \leqslant 0.03 \text{ 时 } X \geqslant 6\} \leqslant \sum_{k=6}^{100} 0.03^k 0.97^{100-k} \approx 0.0808.$$

这个 0.0808 就是拒绝域为 $\{6, 7, \cdots, 100\}$ 的检验的显著性水平.

如果想显著性水平更小, 就应取更小的拒绝域. 比如取 H_0 的拒绝域为 $\{7, 8, \cdots, 100\}$, 则对应检验犯第一类错误的概率

$$P\{拒真\} = P\{当 p \leqslant 0.03 \text{ 时 } X \geqslant 7\} \leqslant \sum_{k=7}^{100} 0.03^k 0.97^{100-k} \approx 0.0312.$$

即, 拒绝域为 $\{7, 8, \cdots, 100\}$ 的检验的显著性水平为 0.0312.

实际上, 通常是先给定显著性水平 α, 据此确定检验的拒绝域.

8.1.3 假设检验的基本思想和步骤

对于给定的假设检验问题 $H_0 \leftrightarrow H_1$, 要控制一个检验法则犯第一类错误的概率, 也就是要构造拒绝域, 使得在原假设 H_0 成立时, 样本落入该拒绝域的概率很小 (不超过显著性水平 α).

如果样本实际值落入了拒绝域, 就意味着一个概率很小的事件在一次试验中发生了, 而这是不大可能的, 故应该拒绝原假设 H_0.

以上处理方法的基本思想是应用小概率原理. 所谓小概率原理, 是指发生概率很小的随机事件在一次试验中是几乎不可能发生的.

在假设 H_0 成立的条件下, 如果出现了概率很小的事件, 就怀疑 H_0 不成立! 这里, 显著性水平 α 的意义是将概率不超过 α 的事件当作一次试验中实际不会发生的 "小概率事件", 从而当这样的事件发生时就拒绝原假设 H_0. α 的大小视具体情况而定, 通常 α 取 0.1, 0.05, 0.01, 0.005 等值.

依据假设检验的基本思想, 假设检验过程大体分为以下 4 个步骤.

(1) 根据实际问题, 提出原假设 H_0 和备择假设 H_1;

(2) 确定检验统计量以及拒绝域的形式;

(3) 对于给定的显著性水平 α, 按 "$P\{$当H_0为真时拒绝$H_0\} \leqslant \alpha$" 确定拒绝域.

(4) 根据样本值作出判断, 是拒绝 H_0, 还是不拒绝 H_0.

8.1.4 检验的 p 值

根据假设检验的基本步骤, 对于事先给定的显著性水平 α, 确定一个拒绝域, 只要样本观测值落于拒绝域, 就拒绝原假设 H_0, 而不区分样本观测值离临界值的远近. 这一点反映了假设检验这种统计推断形式的粗糙性, p 值是对这种情况的一个补救.

p 值是当原假设 H_0 成立时, 我们能够得到现有观测数据以及 "更极端" 观测数据的概率. 这里 "更为极端" 的含义与具体的假设检验问题有关, 常见有如下三种情形.

(1) 如果检验统计量 T 的取值越大, 对原假设 H_0 越不利, 现有一组观测值 $x_1, x_2, \cdots, x_n$, 那么 "更为极端" 的含义就是统计量 T 的取值大于等于现有观测值 $t_0 = T(x_1, x_2, \cdots, x_n)$, 检验的 p 值就是原假设 H_0 成立的条件下, $\{T \geqslant t_0\}$ 的概率.

(2) 如果检验统计量 T 的取值越小, 对原假设 H_0 越不利, 现有一组观测值 $x_1, x_2, \cdots, x_n$, 那么 "更为极端" 的含义就是统计量 T 的取值小于等于现有观测值 $t_0 = T(x_1, x_2, \cdots, x_n)$, 检验的 p 值就是原假设 H_0 成立的条件下, $\{T \leqslant t_0\}$ 的概率.

(3) 如果检验统计量 $|T|$ 的取值越大, 对原假设 H_0 越不利, 现有一组观测值 $x_1, x_2, \cdots, x_n$, 那么 "更为极端" 的含义就是统计量 $|T|$ 的取值大于等于现有观测值 $|t_0| = |T(x_1, x_2, \cdots, x_n)|$, 检验的 p 值就是原假设 H_0 成立的条件下, $\{|T| \geqslant |t_0|\}$ 的概率.

例 8.5 (例 8.1 续) 为了判断假设 (8.1) 的真伪, 从这批产品中抽取 100 个, 发现有 9 个次品, 由于 X 取值越大, 对 H_0 越不利, 检验的 p 值就是原假设 H_0 成立的条件下, $\{X \geqslant 9\}$ 的概率. 即

$$p \text{ 值} = P\{\text{当 } p \leqslant 0.03 \text{ 时 } X \geqslant 9\} \leqslant \sum_{k=9}^{100} 0.03^k 0.97^{100-k} \approx 0.0032.$$

p 值是样本观测值的函数, 是样本观测值与原假设 H_0 之间不一致性程度的一个度量. p 值越小, 说明样本数据与原假设 H_0 之间不一致性程度越大, 得到现有数据的概率越小, 越有把握拒绝原假设.

在实际操作中, 事先指定显著性水平 α, 将其与 p 值进行比较, 就可以确定是否应该拒绝原假设. 具体而言:

$$\text{如果 } p \text{ 值} \leqslant \alpha, \text{拒绝 } H_0; \quad \text{如果 } p \text{ 值} > \alpha, \text{不拒绝 } H_0.$$

习 题 8.1

1 在一个假设检验问题中, 如果接受了原假设, 则可能犯哪一类错误? 如果拒绝了原假设, 则又可能犯哪一类错误?

2 在产品检验时, 原假设 H_0: 产品合格. 为了使 "次品混入合格品" 的可能性很小, 显著性水平 α 应取大些还是小些?

3 在一个假设检验问题中, 若显著性水平 $\alpha = 0.01$ 时拒绝了原假设 H_0, 则 $\alpha = 0.05$ 时可否拒绝原假设 H_0? 若显著性水平 $\alpha = 0.05$ 时不能拒绝原假设 H_0, 则 $\alpha = 0.01$ 时可否拒绝原假设 H_0?

4 设 $X_1, X_2, \cdots, X_n$ 是来自 $N(\mu, 1)$ 的样本, 考虑如下假设检验问题:

$$H_0 : \mu = 2 \leftrightarrow H_1 : \mu = 3.$$

检验的拒绝域为 $\{\bar{X} \geqslant 2.6\}$.

(1) 当 $n = 16$ 时, 求该检验犯两类错误的概率;

(2) 当 $n = 16$, 且 $\bar{X} = 2.5$ 时, 求该检验的 p 值;

(3) 如果要控制犯第二类错误的概率不超过 0.01, 样本容量 n 有何要求?

8.2 单个正态总体均值与方差的假设检验

很多现象可以用正态分布描述, 因此关于正态总体参数的假设检验是实用中常见的问题, 本节对此做专门讨论.

8.2.1 σ^2 已知, 检验关于 μ 的假设

设 $X_1, X_2, \cdots, X_n$ 是来自于正态总体 $N(\mu, \sigma^2)$ 的样本, 假定 σ^2 已知, $\bar{X}$ 和 S^2 分别为样本均值和样本方差, 关于 μ 的假设检验问题常见的有如下三个:

$$H_0 : \mu \leqslant \mu_0 \leftrightarrow H_1 : \mu > \mu_0; \tag{8.2}$$

$$H_0 : \mu \geqslant \mu_0 \leftrightarrow H_1 : \mu < \mu_0; \tag{8.3}$$

$$H_0 : \mu = \mu_0 \leftrightarrow H_1 : \mu \neq \mu_0, \tag{8.4}$$

其中 μ_0 是已知常数, 前两个为单边假设, 后一个为双边假设.

对于单边假设 (8.2), 样本均值 $\bar{X}$ 的取值越大, 对原假设 H_0 越不利, 越倾向于拒绝 H_0. 由正态总体的抽样定理可知, $\bar{X} \sim \mathrm{N}(\mu, \sigma^2/n)$, 即当 $\mu = \mu_0$ 时, 有

$$Z = \frac{\bar{X} - \mu_0}{\sigma/\sqrt{n}} \sim \mathrm{N}(0, 1).$$

从而该问题的显著性水平为 α 的检验拒绝域为

$$\{Z > z_{1-\alpha}\} = \left\{ \bar{X} > \mu_0 + \frac{\sigma}{\sqrt{n}} z_{1-\alpha} \right\}, \tag{8.5}$$

其中 $z_{1-\alpha}$ 是标准正态分布的 $1-\alpha$ 分位数, 即 $z_{1-\alpha} = \Phi^{-1}(1-\alpha) = \mathtt{qnorm}(1-\alpha)$.

对于单边假设 (8.3), 样本均值 $\bar{X}$ 的取值越小, 对原假设 H_0 越不利, 越倾向于拒绝 H_0. 从而该问题的显著性水平为 α 的检验拒绝域为

$$\{Z < -z_{1-\alpha}\} = \left\{ \bar{X} < \mu_0 - \frac{\sigma}{\sqrt{n}} z_{1-\alpha} \right\}. \tag{8.6}$$

对于双边假设 (8.4), 样本均值 $\bar{X}$ 偏离 μ_0 越大, 对原假设 H_0 越不利, 越倾向于拒绝 H_0. 对于给定的显著性水平 α, 类似可得到检验的拒绝域为

$$\left\{ |Z| > z_{1-\alpha/2} \right\} = \left\{ |\bar{X} - \mu_0| > \frac{\sigma}{\sqrt{n}} z_{1-\alpha/2} \right\}. \tag{8.7}$$

例 8.6 一台包装机装洗衣粉, 额定标准重量为 500g, 根据以往的经验, 包装机的实际装袋重量服从正态分布 $\mathrm{N}(\mu, 15^2)$, 为检验包装机工作是否正常, 随机抽取 9 袋, 称得洗衣粉净重数据如下 (单位: g):

$$497, 506, 518, 524, 488, 517, 510, 515, 516.$$

若取显著性水平 $\alpha = 0.01$, 问该包装机工作是否正常?

解 此问题属于检验问题 (8.4), 其拒绝域由式 (8.7) 给出. 这里 $n = 9$, $\mu_0 = 500$, $\sigma = 15$, 经计算

$$Z = \frac{\bar{X} - \mu_0}{\sigma} \sqrt{n} = \frac{510.1111 - 500}{15} \sqrt{9} = 2.0222.$$

分位数 $z_{1-\alpha/2} = z_{0.995} = \mathtt{qnorm}(0.995) = 2.5758$. 可见样本值落在接受域内, 故不能拒绝 H_0, 即不能认为包装机工作异常.

检验的 p 值 $= P\{|Z| \geqslant 2.0222\} = 2[1 - \Phi(2.0222)] = 2[1 - \mathtt{pnorm}(2.0222)] = 0.0432$.

8.2.2 σ^2 未知, 检验关于 μ 的假设

对于正态总体 $N(\mu, \sigma^2)$, 当方差 σ^2 未知时, 要检验有关均值 μ 的种种假设, 常见的检验问题与已知方差时相同. 解决问题的基本思想也和 σ^2 已知时几乎完全一样, 不同之处有以下两点.

(1) 由于 σ^2 未知, 需要用 $S^2 = \dfrac{1}{n-1}\sum_{i=1}^{n}(X_i - \bar{X})^2$ 去估计之.

(2) 由正态总体的抽样定理可知, 在 $\mu = \mu_0$ 下, 可得

$$T = \frac{\bar{X} - \mu_0}{S/\sqrt{n}} \sim t(n-1).$$

与此相对应, 凡是前面出现标准正态分布分位数之处, 由 t 分布所决定的相应值代替. 现将各种情况下的检验法则列于表 8.2 中, 其中 $t_{1-\alpha}(n-1)$ 是自由度为 $n-1$ 的 t 分布的 $1-\alpha$ 分位数.

表 8.2　单个正态总体均值的假设检验

原假设 H_0	备择假设 H_1	σ^2	拒绝域
$\mu \leqslant \mu_0$	$\mu > \mu_0$	已知	$\dfrac{\bar{X} - \mu_0}{\sigma}\sqrt{n} > z_{1-\alpha}$
		未知	$\dfrac{\bar{X} - \mu_0}{S}\sqrt{n} > t_{1-\alpha}(n-1)$
$\mu \geqslant \mu_0$	$\mu < \mu_0$	已知	$\dfrac{\bar{X} - \mu_0}{\sigma}\sqrt{n} < -z_{1-\alpha} = z_\alpha$
		未知	$\dfrac{\bar{X} - \mu_0}{S}\sqrt{n} < -t_{1-\alpha}(n-1) = t_\alpha(n-1)$
$\mu = \mu_0$	$\mu \neq \mu_0$	已知	$\dfrac{|\bar{X} - \mu_0|}{\sigma}\sqrt{n} > z_{1-\alpha/2}$
		未知	$\dfrac{|\bar{X} - \mu_0|}{S}\sqrt{n} > t_{1-\alpha/2}(n-1)$

例 8.7　某工厂断言该厂生产的小型马达在正常负载条件下平均消耗电流不会超过 0.8A. 现随机抽取 16 台马达, 发现它们消耗电流平均是 0.92A, 而由这 16 个样本算出的标准差是 0.32A. 假定这种马达的电流消耗 X 服从正态分布, 并取检验水平 $\alpha = 0.05$, 问根据这一抽样结果, 能否否定厂方的断言?

解　本题假定了 $X \sim N(\mu, \sigma^2)$, σ^2 未知, 厂方的断言是 $\mu \leqslant 0.8$, 如以此作为原假设, 则得假设检验问题:

$$H_0: \mu \leqslant 0.8 \leftrightarrow H_1: \mu > 0.8.$$

原假设 H_0 的拒绝域为

$$T = \frac{\bar{X} - \mu_0}{S}\sqrt{n} > t_{1-\alpha}(n-1),$$

其中 $t_{1-\alpha}(n-1) = t_{0.95}(15) = \mathtt{qt}(0.95, 15) = 1.7531$, 经计算,

$$T = \frac{\bar{X} - \mu_0}{S}\sqrt{n} = \frac{0.92 - 0.8}{0.32}\sqrt{16} = 1.5.$$

因而不应当拒绝原假设 H_0. 就是说, 在所得数据和所给的检验水平下, 没有充分的理由否定厂方的断言, 不能拒绝 $\mu \leqslant 0.8$.

检验的 p 值 $= P\{T \geqslant 1.5\} = 1 - \mathtt{pt}(1.5, 15) = 0.0772$.

现在若把厂方所断言的对立面 (即 $\mu \geqslant 0.8$) 作为原假设, 则得假设检验问题:

$$H_0 : \mu \geqslant 0.8 \ \leftrightarrow \ H_1 : \mu < 0.8.$$

此问题的拒绝域为

$$T = \frac{\bar{X} - \mu_0}{S}\sqrt{n} < -t_{1-\alpha}(n-1),$$

其中 $t_{1-\alpha}(n-1) = t_{0.95}(15) = 1.7531$, $\frac{\bar{X} - \mu_0}{S}\sqrt{n} = 1.5$. 因此不能拒绝原假设 $\mu \geqslant 0.8$.

检验的 p 值 $= P\{T \leqslant 1.5\} = \mathtt{qt}(1.5, 15) = 0.9228$.

我们看到, 随着问题提法的不同 (把哪一个断言作为原假设), 统计检验的结果似乎截然相反. 这一点可能使一些对统计思想不了解的人感到迷惑不解. 事实上, 这里有一个着眼点不同的问题. 当把 "厂方断言正确" 作为原假设时, 我们是根据该厂以往的表现和信誉, 对其断言已有较大的信任, 只有很不利于它的观察结果才能改变我们的看法, 因而难以拒绝这个断言. 反之, 当把 "厂方断言不正确" 作为原假设时, 我们一开始就对该厂产品持怀疑态度, 只有很有利于该厂的观察结果才能改变我们的看法. 因此在所得观察数据并非决定性地偏于一方时, 我们的着眼点决定了所下的结论.

再打一个通俗的比喻: 某人是嫌疑犯, 有些不利于他的证据, 但并不是起决定作用的. 若我们要求 "只有决定性的不利于他的证据才能判他有罪" (称为无罪论证), 否则他将被判为无罪. 反之, 若要求 "只有决定性的有利于他的证据才能判他无罪" (称为有罪论证), 否则他将被判有罪. 在这里, 也是着眼点的不同决定了判决结果, 这类事情在日常生活中比比皆是, 不足为奇.

例 8.8 某市居民上周平均伙食费为 355 元, 随机抽取 49 个居民, 他们本周的伙食费平均为 367 元, 由这 49 个样本算出的标准差为 35 元. 假定该市居民周伙食费 X 服从正态分布, 试分别在显著性水平 $\alpha = 0.05$ 和 $\alpha = 0.01$ 之下, 检验 "本周该市居民平均伙食费较上周无变化" 的假设.

解　此题中 $X \sim \mathrm{N}(\mu, \sigma^2)$, σ^2 未知, 检验问题:

$$H_0 : \mu = 355 \ \leftrightarrow \ H_1 : \mu \neq 355.$$

样本容量 $n = 49$, $\bar{X} = 367$, $S = 35$. 原假设的拒绝域为

$$|T| = \frac{|\bar{X} - \mu_0|}{S} \sqrt{n} > t_{1-\alpha/2}(n-1),$$

而

$$\frac{|\bar{X} - \mu_0|}{S} \sqrt{n} = \frac{|367 - 355|}{35} \sqrt{49} = 2.4,$$

$$t_{1-\alpha/2}(n-1) = t_{1-\alpha/2}(48) = \begin{cases} \mathrm{qt}(0.975, 48) = 2.0106, & \alpha = 0.05, \\ \mathrm{qt}(0.995, 48) = 2.6822, & \alpha = 0.01. \end{cases}$$

若取 $\alpha = 0.05$, 则应拒绝 H_0, 即断言: 本周居民平均伙食费较上周有显著变化.

若取 $\alpha = 0.01$, 则不拒绝 H_0, 即断言: 本周居民平均伙食费较上周无显著变化.

检验的 p 值 $= P\{|T| \geqslant 2.4\} = 2 * \mathrm{pt}(-2.4, 48) = 0.0203$.

在两个情况下的结论之所以不同, 原因在于 $\alpha = 0.01$ 的显著性比 $\alpha = 0.05$ 高. 换言之, 当我们取 $\alpha = 0.01$ 时, 等于是要求必须有更有力的证据 (较之取 $\alpha = 0.05$ 而言) 才能做出拒绝原假设的结论. 现我们表面上的证据是: 抽查 49 人, 结果发现平均伙食费上升了 12 元, 这样的证据是否足够呢? 我们得出结论: 取 $\alpha = 0.05$, 就够了, 而取 $\alpha = 0.01$ 就不够.

以上两例都是这样的情况: 同一批数据可以做出不同的统计结论, 要看问题的提法和条件如何. 这对通常的 "非此即彼" 的思想方法来说, 会觉得难以接受, 而在统计推断中则比较常见 (事实上, 在生活中也是常见的, 只是人们未必注意到罢了).

8.2.3　检验关于 σ^2 的假设

有关方差 σ^2 的假设检验问题常见的有以下三个:

$$H_0 : \sigma^2 \leqslant \sigma_0^2 \ \leftrightarrow \ H_1 : \sigma^2 > \sigma_0^2; \tag{8.8}$$

$$H_0 : \sigma^2 \geqslant \sigma_0^2 \ \leftrightarrow \ H_1 : \sigma^2 < \sigma_0^2; \tag{8.9}$$

$$H_0 : \sigma^2 = \sigma_0^2 \ \leftrightarrow \ H_1 : \sigma^2 \neq \sigma_0^2, \tag{8.10}$$

这里 σ_0^2 是给定的已知数.

由正态总体的抽样定理, 可得在 $\sigma^2 = \sigma_0^2$ 下, 有

$$\chi^2 = \frac{(n-1)S^2}{\sigma_0^2} \sim \chi^2(n-1).$$

以假设 (8.10) 为例, 上述检验统计量 χ^2 的越大或越小, 对原假设 H_0 越不利, 因而假设 (8.10) 的水平为 α 的拒绝域为

$$\left\{ \frac{(n-1)S^2}{\sigma_0^2} < \chi^2_{\alpha/2}(n-1) \ \text{或} \ \frac{(n-1)S^2}{\sigma_0^2} > \chi^2_{1-\alpha/2}(n-1) \right\},$$

其中 $\chi^2_{\alpha/2}(n-1)$ 和 $\chi^2_{1-\alpha/2}(n-1)$ 分别是自由度为 $n-1$ 的 t 分布的 $\alpha/2$ 分位数和 $1-\alpha/2$ 分位数.

类似地, 可以讨论假设 (8.8) 和假设 (8.9) 两个检验问题, 结果如表 8.3 所示.

表 8.3   单个正态总体方差的假设检验

待检验假设	拒绝域
$H_0 : \sigma^2 \leqslant \sigma_0^2 \leftrightarrow H_1 : \sigma^2 > \sigma_0^2$	$(n-1)S^2/\sigma_0^2 > \chi^2_{1-\alpha}(n-1)$
$H_0 : \sigma^2 \geqslant \sigma_0^2 \leftrightarrow H_1 : \sigma^2 < \sigma_0^2$	$(n-1)S^2/\sigma_0^2 < \chi^2_{\alpha}(n-1)$
$H_0 : \sigma^2 = \sigma_0^2 \leftrightarrow H_1 : \sigma^2 \neq \sigma_0^2$	$(n-1)S^2/\sigma_0^2 < \chi^2_{\alpha/2}(n-1)$ 或 $(n-1)S^2/\sigma_0^2 > \chi^2_{1-\alpha/2}(n-1)$

例 8.9   某厂在出品的汽车蓄电池说明书上写明使用寿命的标准差不超过 0.9 年. 如果随机抽取 10 只蓄电池, 发现样本标准差是 1.2 年, 假设使用寿命服从正态分布, 并取水平 $\alpha = 0.05$, 试检验厂方说明书上所写是否可信.

解   以 $H_0 : \sigma^2 \leqslant 0.9^2 = 0.81$ 作为原假设, 备择假设为 $H_1 : \sigma^2 > 0.81$. 此处 $n = 10$, $S = 1.2$, 有

$$(n-1)S^2/\sigma_0^2 = 9 \times 1.2^2/0.81 = 16.$$

χ^2 分布的分位数为 $\chi^2_{1-\alpha}(n-1) = \chi^2_{0.95}(9) = \mathtt{qchisq(0.95,9)} = 16.9190$, 由于 $16 < 16.9190$. 在给定的水平 0.05 之下, 不能否定 H_0, 故尚无足够理由否定厂方说明书所写的内容.

检验的 p 值 $= P\{\chi^2 \geqslant 16\} = \mathtt{1-pchisq(16,9)} = 0.0669.$

此处我们以 $\sigma^2 \leqslant 0.81$ 作为原假设, 背景是: 该厂的产品在市场上已经通过了一段时间, 其信誉尚好, 故除非有足够理由不想怀疑厂方所说. 反之, 若该厂是一个新厂, 其产品信誉并未建立, 这时我们就可能要求有令人信服的证据才能接受厂方所说的结论. 为此可以把 α 值提高, 如提高到 0.1, 0.2 甚至 0.5. 在本例中当 α 提高到 0.1 时, 已不能通过检验. 因此看来, 实测结果已经对厂方所说的结论相当不利.

习 题 8.2

1 某厂对废水进行处理, 要求某种有毒物质的浓度不超过 $19\mathrm{ml/m^3}$. 抽样检查得 10 个数据, 其样本均值 $\bar{X} = 17.1$, 假设有毒物质的含量服从正态分布, 且已知方差 $\sigma^2 = 8.5$. 问在显著性水平 $\alpha = 0.05$ 下处理后的废水是否合格?

2 糖厂用自动打包机打包, 每包标准重量为 $100\,\mathrm{kg}$, 每天开工后需检验一次打包机是否正常工作. 某日开工后测 9 包重量 (单位: kg):

$$99.3, 98.7, 100.5, 101.2, 98.3, 99.7, 99.5, 102.1, 100.5.$$

问在显著性水平 $\alpha = 0.05$ 下打包机工作是否正常? 已知包重服从正态分布.

3 某厂生产镍合金线, 其抗拉强度的均值为 $10620\,\mathrm{kg}$. 今改进工艺后生产一批镍合金线, 抽取 10 根, 测得抗拉强度 (kg) 为

$$10512, 10623, 10668, 10554, 10776, 10707, 10557, 10581, 10666, 10670.$$

且认为抗拉强度服从正态分布, 取 $\alpha = 0.05$, 问新生产的镍合金线抗拉强度是否比过去生产的镍合金线抗拉强度要高?

4 正常人的脉搏平均为 72 次/分, 某医生测得 10 例慢性四乙基铅中毒患者的脉搏 (次/分):

$$54, 67, 68, 78, 70, 66, 67, 70, 65, 69.$$

已知脉搏服从正态分布. 问在水平 $\alpha = 0.05$ 下, 四乙基铅中毒患者和正常人的脉搏有无显著差异?

5 某种导线, 要求电阻的标准差不得超过 $0.005\,\Omega$. 今在生产的一批导线中取样品 9 根, 测得样本标准差为 $0.007\,\Omega$. 设总体为正态分布, 在显著性水平 $\alpha = 0.05$ 下, 能认为这批导线的标准差显著偏大吗?

8.3 两个正态总体均值与方差的假设检验

设有两个总体 $X \sim \mathrm{N}(\mu_1, \sigma_1^2)$ 和 $Y \sim \mathrm{N}(\mu_2, \sigma_2^2)$, $X_1, X_2, \cdots, X_{n_1}$ 和 $Y_1, Y_2, \cdots, Y_{n_2}$ 分别是来自总体 X 和 Y 的样本, 两样本也相互独立. 它们的样本均值和样本方差分别为 $\bar{X}, S_1^2$ 和 $\bar{Y}, S_2^2$.

8.3.1 方差已知时均值的检验

现在我们假定 σ_1^2 和 σ_2^2 已知, 考虑有关 μ_1 和 μ_2 的如下三个假设检验问题:

$$H_0 : \mu_1 \leqslant \mu_2 \;\leftrightarrow\; H_1 : \mu_1 > \mu_2; \qquad (8.11)$$

$$H_0 : \mu_1 \geqslant \mu_2 \;\leftrightarrow\; H_1 : \mu_1 < \mu_2; \qquad (8.12)$$

$$H_0 : \mu_1 = \mu_2 \;\leftrightarrow\; H_1 : \mu_1 \neq \mu_2. \qquad (8.13)$$

由 $\bar{X} \sim \mathrm{N}(\mu_1, \sigma_1^2)$, $\bar{Y} \sim \mathrm{N}(\mu_2, \sigma_1^2)$ 且两者独立, 可知, 在 $\mu_1 = \mu_2$ 下, 有

$$Z = \frac{\bar{X} - \bar{Y}}{\sqrt{\sigma_1^2/n_1 + \sigma_2^2/n_2}} \sim \mathrm{N}(0, 1).$$

以假设 (8.13) 为例, 上述检验统计量 Z 越大或越小, 对原假设 H_0 越不利, 因而假设 (8.13) 的水平为 α 的拒绝域为

$$\left\{\frac{|\bar{X}-\bar{Y}|}{\sqrt{\sigma_1^2/n_1+\sigma_2^2/n_2}}>z_{1-\alpha/2}\right\}=\left\{|\bar{X}-\bar{Y}|>z_{1-\alpha/2}\sqrt{\frac{\sigma_1^2}{n_1}+\frac{\sigma_2^2}{n_2}}\right\}. \quad (8.14)$$

其中 $z_{1-\alpha/2}$ 是标准正态分布的 $1-\alpha/2$ 分位数.

类似地分析可得出假设 (8.11) 和假设 (8.12) 两个检验问题的拒绝域, 结果见表 8.4.

表 8.4 两个正态总体的均值的假设检验

待检验假设	方差	拒绝域
$\mu_1 \leqslant \mu_2 \leftrightarrow \mu_1 > \mu_2$	已知	$\bar{X}-\bar{Y}>z_{1-\alpha}\sqrt{\dfrac{\sigma_1^2}{n_1}+\dfrac{\sigma_2^2}{n_2}}$
	未知但相等	$\bar{X}-\bar{Y}>S_W\sqrt{\dfrac{n_1+n_2}{n_1n_2}}\cdot t_{1-\alpha}(k)$
$\mu_1 \geqslant \mu_2 \leftrightarrow \mu_1 < \mu_2$	已知	$\bar{X}-\bar{Y}<-z_{1-\alpha}\sqrt{\dfrac{\sigma_1^2}{n_1}+\dfrac{\sigma_2^2}{n_2}}$
	未知但相等	$\bar{X}-\bar{Y}<-S_W\sqrt{\dfrac{n_1+n_2}{n_1n_2}}\cdot t_{1-\alpha}(k)$
$\mu_1 = \mu_2 \leftrightarrow \mu_1 \neq \mu_2$	已知	$|\bar{X}-\bar{Y}|>z_{1-\alpha/2}\sqrt{\dfrac{\sigma_1^2}{n_1}+\dfrac{\sigma_2^2}{n_2}}$
	未知但相等	$|\bar{X}-\bar{Y}|>S_W\sqrt{\dfrac{n_1+n_2}{n_1n_2}}\cdot t_{1-\alpha/2}(k)$

注: $k=n_1+n_2-2$.

例 8.10 在漂白工艺中要考察温度对针织品断裂强力的影响. 在 70℃ 与 80℃ 下分别重复做了八次试验, 测得断裂强力的数据的平均值分别为 20.4 kg 和 19.4 kg. 且已知断裂强力服从正态分布, $\sigma_1^2 = 0.8$, $\sigma_2^2 = 0.7$. 取显著性水平 $\alpha = 0.05$, 问 70℃ 与 80℃ 下的强力有无显著性差异?

解 此处要在水平 $\alpha = 0.05$ 下检验假设 $H_0: \mu_1 = \mu_2 \leftrightarrow H_1: \mu_1 \neq \mu_2$. 属于检验问题 (8.13), 其中 $\sigma_1^2 = 0.8$, $\sigma_2^2 = 0.7$, $n_1 = n_2 = 8$, 拒绝域为

$$\left\{\frac{|\bar{X}-\bar{Y}|}{\sqrt{\sigma_1^2/n_1+\sigma_2^2/n_2}}>z_{1-\alpha/2}\right\}.$$

标准正态分布分位数 $z_{1-\alpha/2} = z_{0.975} = \mathtt{qnorm}(0.975) = 1.96$, 而

$$\frac{|\bar{X}-\bar{Y}|}{\sqrt{\sigma_1^2/n_1+\sigma_2^2/n_2}} = \frac{|20.4-19.4|}{\sqrt{0.8/8+0.7/8}} = 2.3094.$$

可见样本落入拒绝域, 拒绝 H_0, 认为强力有显著差异. 进一步可以认为, 70℃ 下的强力大于 80℃ 下的强力.

检验的 p 值 $= P\{|Z| \geqslant 2.3094\} = 2[1-\varPhi(2.3094)] = 2*(1-\text{pnorm}(2.3094))$ $= 0.0209.$

8.3.2 方差未知但相等时均值的检验

已知 $\sigma_1^2 = \sigma_2^2 = \sigma^2$, 但 σ^2 未知, 要检验假设 (8.11)、假设 (8.12) 和假设 (8.13). 由两个正态总体的抽样定理可知, 当 $\mu_1 = \mu_2$ 时, 有

$$T = \frac{\bar{X} - \bar{Y}}{S_W \sqrt{1/n_1 + 1/n_2}} \sim t(n_1 + n_2 - 2). \tag{8.15}$$

仍以假设 (8.13) 为例, 上述检验统计量 T 越大或越小, 对原假设 H_0 越不利, 从而得假设 (8.13) 的拒绝域为

$$\left\{ \frac{|\bar{X} - \bar{Y}|}{S_W \sqrt{1/n_1 + 1/n_2}} > t_{1-\alpha/2}(n_1 + n_2 - 2) \right\}, \tag{8.16}$$

其中 $t_{1-\alpha/2}(n_1 + n_2 - 2)$ 是自由度为 $n_1 + n_2 - 2$ 的 t 分布的 $1 - \alpha/2$ 分位数.

类似地分析可得出假设 (8.11) 和假设 (8.12) 两个检验问题的拒绝域, 结果见表 8.4.

例 8.11 某种物品在处理前后分别取样分析其含脂率, 得到数据如下.

处理前: 0.29, 0.18, 0.31, 0.30, 0.36, 0.32, 0.28, 0.12, 0.30, 0.27;

处理后: 0.15, 0.13, 0.09, 0.07, 0.24, 0.19, 0.04, 0.08, 0.20, 0.12, 0.24.

假定处理前后含脂率都服从正态分布且方差不变, 问处理前后含脂率的均值有无显著变化 (取显著性水平 $\alpha = 0.05$).

解 设处理前后含脂率的均值为 μ_1 和 μ_2. 要在水平 $\alpha = 0.05$ 下检验假设

$$H_0 : \mu_1 = \mu_2 \ \leftrightarrow \ H_1 : \mu_1 \neq \mu_2.$$

其中 $\sigma_1^2 = \sigma_2^2 = \sigma^2$(未知), $n_1 = 10$, $n_2 = 11$. 拒绝域为式 (8.16).

t 分布分位数 $t_{1-\alpha/2}(n_1 + n_2 - 2) = t_{0.975}(19) = \text{qt}(0.975,19) = 2.093$, 经计算

$$|T| = \frac{|\bar{X} - \bar{Y}|}{S_W \sqrt{1/n_1 + 1/n_2}} = \frac{|0.2730 - 0.1409|}{\sqrt{0.004879}\sqrt{1/10 + 1/11}} \approx 4.3281.$$

可见样本落入拒绝域, 拒绝 H_0, 认为处理前后含脂率的均值有显著变化.

检验的 p 值 $= P\{|T| \geqslant 4.3281\} = 2*\text{pt}(-4.3281) = 0.000362.$

8.3.3　方差的检验

常用的有关方差 σ_1^2 和 σ_2^2 的假设检验问题有

$$H_0 : \sigma_1^2 \leqslant \sigma_2^2 \;\leftrightarrow\; H_1 : \sigma_1^2 > \sigma_2^2; \tag{8.17}$$

$$H_0 : \sigma_1^2 \geqslant \sigma_2^2 \;\leftrightarrow\; H_1 : \sigma_1^2 < \sigma_2^2; \tag{8.18}$$

$$H_0 : \sigma_1^2 = \sigma_2^2 \;\leftrightarrow\; H_1 : \sigma_1^2 \neq \sigma_2^2. \tag{8.19}$$

由两个正态总体的抽样定理可知, 当 $\sigma_1^2 = \sigma_2^2$ 时,

$$F = \frac{S_1^2}{S_2^2} \sim \mathrm{F}(n_1 - 1, n_2 - 1).$$

以假设 (8.17) 为例, 上述检验统计量 F 越大, 对原假设 H_0 越不利, 从而得假设 (8.17) 的拒绝域为

$$\left\{ \frac{S_1^2}{S_2^2} > F_{1-\alpha}(n_1 - 1, n_2 - 1) \right\}. \tag{8.20}$$

其中 $F_{1-\alpha}(n_1 - 1, n_2 - 1)$ 是自由度为 $(n_1 - 1, n_2 - 1)$ 的 F 分布的 $1 - \alpha$ 分位数.

假设 (8.18) 与假设 (8.17) 并无区别, 因 $\sigma_1^2 \geqslant \sigma_2^2$ 可改写为 $\sigma_2^2 \leqslant \sigma_1^2$, 只需改变编号, 就回到假设 (8.17) 的情形. 假设 (8.19) 可类似讨论, 注意到其为双边检验即可, 我们把结果总结在表 8.5 中.

表 8.5　两正态总体方差的假设检验

待检验假设	拒绝域
$H_0 : \sigma_1^2 \leqslant \sigma_2^2 \leftrightarrow H_1 : \sigma_1^2 > \sigma_2^2$	$S_1^2/S_2^2 > F_{1-\alpha}(n_1 - 1, n_2 - 1)$
$H_0 : \sigma_1^2 \geqslant \sigma_2^2 \leftrightarrow H_1 : \sigma_1^2 < \sigma_2^2$	$S_2^2/S_1^2 > F_{1-\alpha}(n_2 - 1, n_1 - 1)$
$H_0 : \sigma_1^2 = \sigma_2^2 \leftrightarrow H_1 : \sigma_1^2 \neq \sigma_2^2$	$S_1^2/S_2^2 > F_{1-\alpha/2}(n_1 - 1, n_2 - 1)$ 或 $S_2^2/S_1^2 > F_{1-\alpha/2}(n_2 - 1, n_1 - 1)$

注: $F_{\alpha/2}(n_1 - 1, n_2 - 1) = 1/F_{1-\alpha/2}(n_2 - 1, n_1 - 1)$.

S_1^2/S_2^2 是两个样本方差之比, 因此, 表 8.5 中的检验常称为 "方差比检验", 又因为这个检验要用到 F 分布, 故又常称为 F-检验. 同样, 凡用到 t 分布的检验常称为 t-检验, 凡用到标准正态分布的检验常称为 Z-检验.

例 8.12　在甲厂抽 10 个样品, 算出其样本方差 $S_1^2 = 4.38$, 在乙厂抽 12 个样品, 算出其样本方差为 $S_2^2 = 1.56$, 在水平 $\alpha = 0.05$ 下, 根据所得样本去检验假

设 $H_0 : \sigma_1^2 \leqslant \sigma_2^2$ (σ_1^2, σ_2^2 分别是甲厂、乙厂产品质量的方差, 又假设各厂产品质量都服从正态分布).

解 原假设的拒绝域为式 (8.20), 此处 $n_1 = 10$, $n_2 = 12$, $S_1^2 = 4.38$, $S_2^2 = 1.56$, $F = S_1^2 / S_2^2 = 2.81$, F 分布分位数 $F_{1-\alpha}(n_1 - 1, n_2 - 1) = F_{0.95}(9, 11) =$ qf(0.95,9,11) $= 2.8962$, 故尚不能拒绝 H_0.

检验的 p 值 $= P\{F \geqslant 2.81\} = 1 - $pf(2.81,9,11)$ = 0.0548$.

从表面上看, S_1^2 接近 S_2^2 的 3 倍, 但仍不能否定 $\sigma_1^2 \leqslant \sigma_2^2$, 这是因为, 样本方差作为总体方差的估计, 只有在样本容量足够大时, 才比较准确. 在样本容量 (10, 12) 下, 比值 S_1^2 / S_2^2 作为 σ_1^2 / σ_2^2 的估计有很大的误差, 故即使该比值达到 3, 我们也没有足够的把握解释为是由于 $\sigma_1^2 > \sigma_2^2$, 因此, 方差比检验只有在样本容量相当大时才有实际意义.

8.3.4 成对数据比较检验法

我们首先通过两个实例解释本段要讨论的主题.

例 8.13 设有两个玉米品种 A, B, 要比较它们的平均亩产量, 按 8.3.1~8.3.3 节所讨论的检验两个正态总体均值的方法, 我们可以准备 $n_1 + n_2$ 块形状面积相同的地块, 其中 n_1 块种植品种 A, 得亩产 $X_1, X_2, \cdots, X_{n_1}$; 另 n_2 块种植品种 B, 得亩产 $Y_1, Y_2, \cdots, Y_{n_2}$. 然后按 8.3.1~8.3.3 节的检验方法去处理. 这样做有一个前提, 就是 $n_1 + n_2$ 个地块的条件必须一致, 假如分配给品种 A 的那 n_1 块地比较肥沃, 或其他条件较好, 则即使 A 品种不优于 B, 试验结果也可能有利于 A.

改进的方法是取 n 对地块, 每一对为两个条件一致的地块, 其中一块种植 A, 另一块种植 B(哪一块给 A 可随机选定). 这样设计时, 每一个品种都不会占地利之便, 而试验就不会有系统偏差. 这里, 只要求每一对地块条件一致, 不同对的地块条件不必一致, 因而较容易办到.

例 8.14 有两台光谱仪, 用来测量材料中某种金属的含量, 为鉴定它们的测量结果有无显著差异, 制备了 9 件试块 (它们的成分各不相同), 现在分别用这两台仪器对每一试块测量一次, 得到 9 对观测值, 如表 8.6 所示. 现在如何判断这两台仪器的测量结果是否有显著差异?

总结以上两例, 我们就可以提出一般模型: 设有两个需要进行比较的处理, "处理" 一词的含义在此很广泛. 如例 8.13 中, 每个品种是一个处理; 在例 8.14 中, 不同光谱仪测量是不同的处理等. 选择 n 对 "试验单元", 每对中的两个试验单元条件尽可能一致, 而不同对之间则不要求一致. 在每个对内, 随机地决定把其中一个试验单元给处理 1, 另一个给处理 2, 经过试验, 观察各处理在每个试验单元上的试验结果, 如表 8.7 所示.

表 8.6   例 8.14 成对数据的记录

序号	光谱仪 X_2	光谱仪 X_1	差 $Y = X_2 - X_1$
1	0.20	0.10	0.10
2	0.30	0.21	0.09
3	0.40	0.52	-0.12
4	0.50	0.32	0.18
5	0.60	0.78	-0.18
6	0.70	0.59	0.11
7	0.80	0.68	0.12
8	0.90	0.77	0.13
9	1.00	0.89	0.11

表 8.7   成对记录的数据结构

对子	处理 1	处理 2	差 $Y_i = X_{2i} - X_{1i}$
1	X_{11}	X_{21}	Y_1
2	X_{12}	X_{22}	Y_2
$\vdots$	$\vdots$	$\vdots$	$\vdots$
n	X_{1n}	X_{2n}	Y_n

这里的 Y_i 就是在第 i 对试验单元中, 所观察到的处理 2 优于处理 1 的量 (为方便计, 我们假定观察值越大越好). 这个量不是由于试验条件上的差别而来, 因为每对内两个试验单元条件已尽量一致了. 我们假定 Y_i 服从正态分布 $N(\mu, \sigma^2)$, 而 μ 就表示处理 2 平均优于处理 1 的量. 这样一来, 两处理的比较就归结为对 μ 的检验问题, 例如:

(1) 两处理效果一样: $\mu = 0$;

(2) 处理 1 不优于处理 2: $\mu \geqslant 0$;

(3) 处理 1 不劣于处理 2: $\mu \leqslant 0$;

(4) 处理 2 平均优于处理 1 的量为 μ_0: $\mu = \mu_0$;

(5) 处理 2 平均优于处理 1 的量不超过 μ_0: $\mu \leqslant \mu_0$;

(6) 处理 2 平均优于处理 1 的量不小于 μ_0: $\mu \geqslant \mu_0$.

因此, 问题回到我们已经讨论过的单个正态总体的均值的检验. 下面我们来看几个具体例子.

例 8.15 (例 8.14 续)   假定 $Y = X_2 - X_1 \sim N(\mu, \sigma^2)$, 试在显著性水平 $\alpha = 0.01$ 下, 检验判断这两台仪器的测量结果是否有显著差异.

解   问题归结为假设检验问题:

$$H_0 : \mu = 0 \ \leftrightarrow \ H_1 : \mu \neq 0.$$

此处并未假定 σ^2 已知, 故用 t-检验. 拒绝域为

$$\left\{|T| = \frac{|\bar{Y} - 0|}{S_Y/\sqrt{n}} > t_{1-\alpha/2}(n-1)\right\}.$$

由所观察的这 9 个 Y_i 值, 算出

$$\frac{|\bar{Y} - 0|}{S_Y/\sqrt{n}} = \frac{0.06}{0.1227/\sqrt{9}} = 1.467.$$

又 $t_{1-\alpha/2}(n-1) = t_{0.995}(8) = \text{qt}(0.995,8) = 3.3554 > 1.467$, 故不拒绝 H_0, 即不能认为两台仪器的测量结果有显著差异.

检验的 p 值 $= P\{|T| \geqslant 1.467\} = \text{2*pt(-1.467,8)} = 0.1805$.

例 8.16 为了确定一种特殊的热处理 A 能否减少脱脂牛奶中的细菌数, 随机地抽取 12 个牛奶样本, 测定它在热处理 A 前后的细菌数, 直接从显微镜下观察结果的对数, 记在表 8.8 的二、三列. 试在显著性水平 $\alpha = 0.05$ 下, 检验热处理 A 有无效果.

表 8.8 例 8.16 成对数据的记录

样本	前	后	差 Y_i(后 − 前)
1	6.98	6.95	−0.03
2	7.08	6.94	−0.14
3	8.34	7.17	−1.17
4	5.30	5.15	−0.15
5	6.26	6.28	0.02
6	6.67	6.81	0.04
7	7.03	6.59	−0.44
8	5.56	5.34	−0.22
9	5.97	5.98	0.01
10	6.64	6.51	−0.13
11	7.03	6.84	−0.19
12	7.69	6.99	−0.70

解 此处每一样品在处理 A 前后的观察值自然形成一个对, 因而适合用成对比较法去处理. 新的一点是, 在形成每个对的差之前, 先把各处理的试验结果取对数, 这一点只能解释为: 据经验, 这样做可使变化后的数据更接近于正态. 这类通过变化以改善正态性的做法, 在统计实践中很常用. 此外, 所用的变化也很多, 除对数外, 取平方根、反正弦等也不少见, 依具体情况而定.

现假定 Y_i 服从正态分布 $N(\mu, \sigma^2)$, σ^2 未知. 把原假设定为 "热处理 A 无效", 即

$$H_0: \mu \geqslant 0 \leftrightarrow H_1: \mu < 0.$$

由 12 个 Y_i 值算出 $\bar{Y} = -0.258$, $S = 0.357$. 又 $t_{1-\alpha}(n-1) = t_{0.95}(11) =$ qt(0.95,11) = 1.7959, 而

$$T = \frac{\bar{Y} - \mu_0}{S}\sqrt{n} = \frac{-0.258}{0.357}\sqrt{12} = -2.51 < -t_{0.95}(11).$$

可见应拒绝 H_0, 即在所给水平 0.05 下, 热处理 A 在降低细菌数方面的效果, 在统计上达到显著.

检验的 p 值 $= P\{T \leqslant -2.51\} =$ pt(-2.51,11) = 0.0145.

例 8.17 某农场打算在棉田中采用一种价格较高的新肥料, 只有在新肥料比原肥料亩产增加 $10\,\mathrm{kg}$ 以上皮棉时, 在经济上才有利. 现选择 9 对地块, 每一对包含条件很接近的两小块地, 其中一块施新肥料, 另一块施原肥料. 试验结果如表 8.9 所示, 试在水平 $\alpha = 0.05$ 下, 决定该农场是否应采用新肥料.

表 8.9 例 8.17 成对数据的记录

地块序号	施新肥料后产量	施原肥料后产量	差 Y_i(新 − 旧)
1	134.8	121.2	13.6
2	145.6	133.2	12.4
3	136.8	129.8	7.0
4	132.0	123.6	8.4
5	141.6	123.4	18.2
6	139.2	134.4	4.8
7	134.4	124.8	9.6
8	137.8	122.6	15.2
9	125.2	113.4	11.8

解 假定 Y_i 服从正态分布 $\mathrm{N}(\mu, \sigma^2)$, σ^2 未知, 把 "农场不应采用新肥料" 作为原假设, 这意味着检验:

$$H_0 : \mu \leqslant 10 \quad \leftrightarrow \quad H_1 : \mu > 10.$$

由 9 个 Y_i 值算出 $\bar{Y} = 11.22$, $S = 4.21$. 又 $t_{1-\alpha}(n-1) = t_{0.95}(8) =$ qt(0.95,8) = 1.8595, 而

$$T = \frac{\bar{Y} - \mu_0}{S}\sqrt{n} = \frac{11.22 - 10}{4.21}\sqrt{9} = 0.869 < t_{0.95}(8).$$

不能拒绝原假设, 即在当前试验结果下, 新肥料的效果不显著.

检验的 p 值 $= P\{T \geqslant 0.869\} =$ pt(-0.869,8) = 0.2051.

表面上看, 采用新肥料亩产平均增加 $11.22\,\mathrm{kg}$, 比 $10\,\mathrm{kg}$ 多, 可是, 该数字超过 10 不多, 而试验规模又小, 故在统计上看, 所估计的亩产增量 ($11.22\,\mathrm{kg}$) 是否反映本质, 尚难确定.

若以 "农场应采用新肥料" 即 "$\mu \geqslant 10$" 作为原假设, 则检验结果是不拒绝这个原假设, 正好与上述结论相反. 这时如果接受 "$\mu \geqslant 10$", 只是说明试验结果与 "平均亩产增加 $10\,\mathrm{kg}$ 以上" 能 "相容", 而不是有力地支持它. 我们曾不厌其烦地多次解释这一点, 望读者注意.

至此我们对假设检验问题已经积累了一定的经验. 对于一检验问题, 首先要建立原假设 H_0 和备择假设 H_1; 其次是构造出一个合适的统计量, 在原假设成立的条件下, 这个统计量的分布是已知的 (如正态分布、t 分布、F 分布等); 最后是对给定的显著性水平 α, 在线计算得出相应的分位点, 确定一个临界域, 从而给出检验法则.

也就是说, 统计量在临界域内取值是一个小概率 (α) 事件, 而根据 "小概率事件在一次试验中认为不可能发生" 这一实际推断原理, 现在在一次试验或观察中出现了, 我们甘冒犯第一类错误的风险而拒绝原假设 H_0.

习 题 8.3

1 设甲、乙两煤矿所出煤的含灰率分别可认为服从正态分布 $N(\mu_1, 7.5)$ 和 $N(\mu_2, 2.6)$, 为检验这两个煤矿的煤含灰率有无显著差异, 从两矿中各取样若干份, 分析结果 (%) 为

甲矿: $24.3, 20.8, 23.7, 21.3, 17.4;$　　乙矿: $18.2, 16.9, 20.2, 16.7.$

试在水平 $\alpha = 0.05$ 之下, 检验 "含灰率无差异" 这个假设.

2 出租汽车公司为决定购买 A 牌轮胎还是 B 牌轮胎, 在两种牌子的轮胎中各随机选取 12 个进行测试, 观察轮胎的最大行驶里程. 得如下数据.

A: $\bar{X} = 23600\,\mathrm{km}$, $S_1 = 3200\,\mathrm{km}$; B: $\bar{Y} = 24800\,\mathrm{km}$, $S_2 = 3700\,\mathrm{km}$.

取水平 $\alpha = 0.05$, 检验两种牌子轮胎的最大行驶里程有无显著差异 (假设总体服从正态分布且方差相等).

3 为了比较测定污水中氯气含量的两种方法, 特在各种场合收集到 8 个污水水样, 每个水样均用这两种方法测定氯气含量 (单位: mg/L), 具体数据如下:

水样	1	2	3	4	5	6	7	8
方法 1	0.36	1.35	2.56	3.92	5.35	8.33	10.70	10.91
方法 2	0.39	0.84	1.76	3.35	4.69	7.70	10.52	10.92

试在水平 $\alpha = 0.05$ 下,

(1) 用成对数据处理方法检验两种测定方法是否有显著差异;

(2) 两个正态总体检验两种测定方法是否有显著差异.

4 从两台机器所加工的同一种零件中分别抽取 11 个和 9 个样品测量其尺寸为 (单位: cm)

第一台机器: $6.2, 5.7, 6.5, 6.0, 6.3, 5.8, 5.7, 6.0, 6.0, 5.8, 6.0;$

第二台机器: $5.6, 5.9, 5.6, 5.7, 5.8, 6.0, 5.5, 5.7, 5.5.$

已知零件尺寸服从正态分布. 问在显著性水平 $\alpha = 0.05$ 下加工精度 (方差) 是否有显著性差异?

5 两台机器所加工的同一种零件, 从中分别抽取 14 个和 12 个样品测量其尺寸, 得样本方差分别为 $S_1^2 = 15.46, S_2^2 = 9.66$, 且两样本独立. 设两台机器所加工的零件尺寸服从正态分布, 试在显著性水平 $\alpha = 0.05$ 下检验如下假设

$$H_0 : \sigma_1^2 \leqslant \sigma_2^2 \leftrightarrow H_1 : \sigma_1^2 > \sigma_2^2.$$

6 检验了 26 匹马, 测得每 $100\,\mathrm{ml}$ 的血清中, 所含的无机磷平均为 $3.29\,\mathrm{ml}$, 标准差为 $0.27\,\mathrm{ml}$. 又检验了 18 头羊, 每 $100\,\mathrm{ml}$ 的血清中含无机磷平均为 $3.96\,\mathrm{ml}$, 标准差为 $0.40\,\mathrm{ml}$. 设马和羊的血清中含无机磷的量服从正态分布. 试在显著性水平 $\alpha = 0.05$ 下检验马和羊的血清中含无机磷的量有无显著性差异?

本 章 小 结

本章主要内容有假设检验的基本概念、单个正态总体参数的假设检验、两个正态总体参数的假设检验.

假设检验 基本概念
$$\begin{cases} \text{假设——关于总体的陈述} \\ \text{检验——确定原假设 } H_0 \text{ 拒绝域的一个法则} \\ \text{两类错误——拒真错误和纳伪错误} \\ \text{检验的 } p \text{ 值——检验统计量取得当前值或者 "更极端" 值的概率} \\ \text{假设检验的基本思想——小概率原理} \end{cases}$$

单个正态总体参数的假设检验
$$\begin{cases} \text{均值 } \mu \text{ 的检验} \begin{cases} \sigma^2 \text{ 已知——} Z\text{-检验} \\ \sigma^2 \text{ 未知——} t\text{-检验} \end{cases} \\ \text{方差 } \sigma^2 \text{ 的检验——} \chi^2\text{-检验} \end{cases}$$

两个正态总体 参数的检验
$$\begin{cases} \text{均值之差的检验} \begin{cases} \sigma_1^2, \sigma_2^2 \text{ 已知——} Z\text{-检验} \\ \sigma_1^2, \sigma_2^2 \text{ 未知但相等——} t\text{-检验} \end{cases} \\ \text{方差齐性检验——} F\text{-检验} \end{cases}$$

总 练 习 题

1 在某城市随机抽取 400 个居民询问对某项措施的意见, 如果其中有多于 220 人但少于 260 人同意, 我们就接受 "全市居民有 60% 的人同意" 的假设. 这样做犯第一类错误的概率是多少? 如果实际上全市仅有 48% 居民同意, 那么用此检验法, 犯第二类错误的概率是多少?

2 设 $X_1, X_2, \cdots, X_{16}$ 是来自 $\mathrm{N}(\mu, 4)$ 的样本, 考虑如下假设检验问题:

$$H_0 : \mu = 6 \leftrightarrow H_1 : \mu \neq 6.$$

当 $|\bar{X} - 6| > C$ 时, 拒绝 H_0. 试确定 C 的值, 使得检验的显著性水平为 0.05, 并求该检验在 $\mu = 6.5$ 时犯第二类错误的概率.

3 有一批木材, 其小头直径服从正态分布, 且标准差为 2.6cm, 按规格要求, 小头平均直径要在 12cm 以上才能算一等品. 现在从中随机抽取 100 根, 测得其小头直径平均数为 12.8cm. 问在 $\alpha = 0.05$ 的水平下, 能否认为该批木材属于一等品?

4 设总体为正态分布 $\mathrm{N}(\mu, \sigma^2)$, 已知 $\sigma^2 = 2.5$. 今欲检验如下假设

$$H_0 : \mu \geqslant 15 \quad \leftrightarrow \quad H_1 : \mu < 15.$$

在显著性水平 $\alpha = 0.05$ 下, 要求当 H_1 中的 $\mu \leqslant 13$ 时犯第二类错误的概率不超过 0.05, 求所需的样本容量.

5 设有两个正态总体 $X \sim \mathrm{N}(\mu_1, \sigma_1^2)$, $Y \sim \mathrm{N}(\mu_2, \sigma_2^2)$, $X_1, X_2, \cdots, X_{n_1}$ 和 $Y_1, Y_2, \cdots, Y_{n_2}$ 分别是来自总体 X 和 Y 的样本, 两样本也相互独立. 它们的样本均值和样本方差分别为 $\bar{X}, S_1^2$ 和 $\bar{Y}, S_2^2$. 现在我们假定 σ_1^2 和 σ_2^2 已知, 考虑有关 μ_1 和 μ_2 的如下假设检验问题:

$$H_0 : \mu_1 \leqslant 2\mu_2 \quad \leftrightarrow \quad H_1 : \mu_1 > 2\mu_2,$$

试给出上述假设检验问题的检验统计量和拒绝域.

6 从某校学生中选取 25 名参加英文词汇训练. 在年初和年底各进行一场阅读考试, 从下列成绩中是否能得出词汇训练是有效的? 取水平 $\alpha = 0.05$ (设两次考试分数之差服从正态分布).

学生	1	2	3	4	5	6	7	8	9	10	11	12	13	14	15	16	17	18	19	20	21	22	23	24	25
年初	65	72	64	43	55	84	72	52	49	80	38	93	77	62	69	58	45	90	60	54	72	49	53	82	66
年底	67	70	72	50	52	86	80	50	62	81	56	90	78	64	72	57	55	88	62	52	70	53	56	84	70

7 设有两个正态总体 $X \sim \mathrm{N}(\mu_1, \sigma^2)$, $Y \sim \mathrm{N}(\mu_2, \sigma^2)$, $X_1, X_2, \cdots, X_{n_1}$ 和 $Y_1, Y_2, \cdots, Y_{n_2}$ 分别是来自总体 X 和 Y 的样本, 两样本也相互独立. 它们的样本均值和样本方差分别为 $\bar{X}, S_1^2$ 和 $\bar{Y}, S_2^2$. 考虑有关 μ_1 和 μ_2 的如下假设检验问题:

$$H_0 : \mu_1 - \mu_2 \leqslant 2.5 \quad \leftrightarrow \quad H_1 : \mu_1 - \mu_2 > 2.5.$$

试给出上述假设检验问题的检验统计量和拒绝域.

8 用过去的铸造法, 所造的零件的强度平均值是 $52.8 \, \mathrm{g/mm^2}$, 标准差是 1.6. 为了降低成本, 改变了铸造方法, 抽取 9 个样品, 测其强度 $(\mathrm{g/mm^2})$ 为

$$51.9, 53.0, 52.7, 54.1, 53.2, 52.3, 52.5, 51.1, 54.1.$$

假设强度服从正态分布, 试在水平 $\alpha = 0.05$ 下, 判断强度的均值和标准差有没有显著变化. (提示: 先判断"$\sigma = 1.6$"是否成立, 然后再判断"$\mu = 52.8$"是否成立.)

数学家切比雪夫简介

切比雪夫 (Chebyshev, 1821~1894) 俄国数学家、力学家.

切比雪夫

　　　　1837 年, 16 岁的切比雪夫进入莫斯科大学学习, 曾以《方程根的计算》的论文, 获得塞勒勃良奖章; 1846 年通过了硕士论文《论概率论的基础分析》(*An Essay on the Elementary Analysis of the Theory of Probability*) 的答辩, 还以博士论文《论同余式》获得彼得堡科学院的杰米多夫奖; 1847 年到彼得堡大学任教, 1859 年被选为彼得堡科学院院士. 他还是英国皇家学会会员, 法兰西科学院、柏林皇家科学院、瑞士皇家科学院的院士.

　　　　切比雪夫发表过如《地图的结构》《平均值》《概率论一个一般命题的初等证明》《概率论的两个定理》等 70 多篇科学论文, 内容涉及数论、概率论、函数近似理论、机械原理和积分学等方面; 证明了贝特朗公式、关于自然数列中素数分布的定理、大数定律的一般公式以及中心极限定理等, 利用多项式逼近连续函数, 创立了切比雪夫多项式, 对数学科学的发展具有重要意义; 主要著作包括《关于确定不超过定值的质数个数》《关于质数》《几何作图》《论平行四边形》等.

　　切比雪夫自幼就对机械有浓厚的兴趣, 应用函数逼近论的理论与算法亲自设计与制造机器, 他一生共设计 40 余种机器和 80 余种这些机器的变种, 其中有可以模仿动物行走的步行机、自动变换船桨入水和出水角度的划船机、度量大圆弧曲率并实际绘出大圆弧的曲线规, 还有压力机、筛分机、选种机、自动椅和不同类型的手摇计算机.

　　切比雪夫是彼得堡数学学派的奠基人和领袖, 在概率论、解析数学论和函数逼近论领域的开创性工作, 从根本上改变了法国、德国等传统数学大国的数学家对俄国数学的看法.

第 9 章　方差分析与回归分析

　　统计学不只是一种方法或技术, 还包含世界观的成分——它是看待世界上万事万物的一种方法, 我们常讲某事从统计的观点看如何如何, 指的就是这个意思、但统计思想有一个发展的过程. 因此, 统计思想 (或观点) 的养成不单需要学习一些具体的知识, 还要能够从发展的眼光, 把这些知识连缀成一个有机的、清晰的图景, 获得一种历史的厚重感.

——陈希孺

　　方差分析和回归分析都是数理统计中具有广泛应用的内容. 本章对它们的最基本部分作一介绍.

9.1　单因素方差分析

　　在科学实验、生产过程和社会活动中, 我们经常遇到这样的问题: 影响某个量 (产量、质量等) 的原因是多种多样的. 例如, 在化工生产中, 影响结果的因素有配方、设备、温度、压力、催化剂、操作人员等. 需要通过观察或试验来判断哪些因素是重要的、有显著影响的, 哪些因素是次要的、无显著影响的. 方差分析 (analysis of variance, ANOVA) 就是用来解决这类问题的统计方法. 它是费希尔首先使用到农业试验, 后来发现这种方法的应用十分广泛, 成功应用于很多方面. 例如要研究不同地区的房价是否存在差异? 不同岗位的薪资是否会有区别? 不同年份的电影评分是否不同? 等等.

　　我们将要考察的指标称为试验指标 (test index). 影响试验指标的条件称为因素 (factor). 因素可分为两类: 一类是人们可以控制的; 一类是人们不能控制的. 例如, 配方、设备、温度等是可控的, 而测量误差、气象条件等一般是难以控制的. 以下所说的因素都指可控因素, 因素所处的状态称为该因素的水平 (level). 如果在一项试验中, 所考虑的因素只有一个, 即只有一个因素在改变, 而其他条件不变, 则称为单因素试验 (single-factor experiment). 如果考虑的因素多于一个, 则称为多因素试验 (multi-factor experiment). 本节只讨论单因素试验.

9.1.1　单因素方差分析模型

　　设在单因素试验中, 因素 A 有 s 个水平 $A_1, A_2, \cdots, A_s$. 在水平 A_j 下, 试验指标记为 $X_j \sim \mathrm{N}(\mu_j, \sigma^2)$, $j = 1, 2, \cdots, s$, 且 $X_1, X_2, \cdots, X_s$ 相互独立.

在水平 A_j 下做 n_j 次试验, 结果看作来自于总体 X_j 的样本:

$$X_{1j}, X_{2j}, \cdots, X_{n_j j} \sim \text{iid N}(\mu_j, \sigma^2), \quad j = 1, 2, \cdots, s.$$

并设 s 组样本之间也相互独立.

记 $\varepsilon_{ij} = X_{ij} - \mu_j$, 则样本 X_{ij} 可描述为

$$\begin{cases} X_{ij} = \mu_j + \varepsilon_{ij}, & i = 1, 2, \cdots, n_j; \ j = 1, 2, \cdots, s, \\ \varepsilon_{ij} \sim \text{N}(0, \sigma^2), & \text{各 } \varepsilon_{ij} \text{ 独立}, \end{cases} \tag{9.1}$$

其中 ε_{ij} 是在水平 A_j 下第 i 次试验的随机误差. 式 (9.1) 称为单因素方差分析 (one-way ANOVA) 模型. 方差分析的目的是对模型 (9.1) 检验如下假设:

$$H_0: \mu_1 = \mu_2 = \cdots = \mu_s \leftrightarrow H_1: \mu_1, \mu_2, \cdots, \mu_s \text{ 不全相等}, \tag{9.2}$$

并对未知参数 $\mu_1, \mu_2, \cdots, \mu_s$ 和 σ^2 作出估计.

模型 (9.1) 还有一个等价描述. 记不同总体 X_j 的均值 μ_j 的总平均为

$$\mu = \frac{1}{n} \sum_{j=1}^{s} n_j \mu_j, \tag{9.3}$$

其中为 $n = n_1 + n_2 + \cdots + n_s$. 再令 $a_j = \mu_j - \mu, \ j = 1, 2, \cdots, s$, 称 a_j 为水平 A_j 的效应 (effect), 它反映了水平 A_j 对总平均 μ 作出的贡献. 显然有

$$n_1 a_1 + n_2 a_2 + \cdots + n_s a_s = 0. \tag{9.4}$$

有了这些记号, 模型 (9.1) 就可以改写为

$$\begin{cases} X_{ij} = \mu + a_j + \varepsilon_{ij}, & i = 1, 2, \cdots, n_j; \ j = 1, 2, \cdots, s, \\ \varepsilon_{ij} \sim \text{N}(0, \sigma^2), & \text{各 } \varepsilon_{ij} \text{ 独立}. \end{cases} \tag{9.5}$$

这表示 X_{ij} 可分解成总平均、水平 A_j 的效应以及随机误差三部分之和. 检验问题 (9.2) 等价于:

$$H_0: a_1 = a_2 = \cdots = a_s = 0 \leftrightarrow H_1: a_1, a_2, \cdots, a_s, \text{不全为零}. \tag{9.6}$$

如果 H_0 成立, 意味着因子 A 的 s 个不同水平之间没有显著差异, 简称为因子 A 不显著; 反之, 如果 H_0 不成立, 意味着因子 A 的 s 个不同水平均值不全相等, 这时称因子 A 的 s 个水平之间有显著差异, 简称为因子 A 显著.

9.1.2 平方和分解

为了构造用于检验假设 (9.6) 的统计量, 下面从平方和分解出发. 记

$$S_T = \sum_{j=1}^{s} \sum_{i=1}^{n_j} (X_{ij} - \bar{X})^2, \tag{9.7}$$

称为总离差平方和, 其中 $\bar{X} = \dfrac{1}{n} \sum_{j=1}^{s} \sum_{i=1}^{n_j} X_{ij}$ 表示样本的总均值. 又记

$$S_E = \sum_{j=1}^{s} \sum_{i=1}^{n_j} (X_{ij} - \bar{X}_{\cdot j})^2, \tag{9.8}$$

称为误差平方和, 也称为组内离差平方和, 其中 $\bar{X}_{\cdot j} = \dfrac{1}{n_j} \sum_{i=1}^{n_j} X_{ij}$ 表示 A_j 的样本均值. 再记

$$S_A = \sum_{j=1}^{s} \sum_{i=1}^{n_j} (\bar{X}_{\cdot j} - \bar{X})^2 = \sum_{j=1}^{s} n_j (\bar{X}_{\cdot j} - \bar{X})^2, \tag{9.9}$$

称为因素离差平方和, 也称为组间离差平方和.

不难证明有如下离差平方和分解式:

$$S_T = S_E + S_A. \tag{9.10}$$

利用 ε_{ij} 可以清楚地看到 S_E, S_A 的含义. 记

$$\bar{\varepsilon} = \frac{1}{n} \sum_{j=1}^{s} \sum_{i=1}^{n_j} \varepsilon_{ij} = \frac{1}{n} \sum_{j=1}^{s} n_j \varepsilon_{\cdot j}, \quad \bar{\varepsilon}_{\cdot j} = \frac{1}{n_j} \sum_{i=1}^{n_j} \varepsilon_{ij}, \ j = 1, 2, \cdots, s, \tag{9.11}$$

$\bar{\varepsilon}$ 是随机误差的总平均, $\bar{\varepsilon}_{\cdot j}$ 是在水平 A_j 下的随机误差的均值. 于是由模型 (9.5) 可知

$$S_E = \sum_{j=1}^{s} \sum_{i=1}^{n_j} (X_{ij} - \bar{X}_{\cdot j})^2 = \sum_{j=1}^{s} \sum_{i=1}^{n_j} (\varepsilon_{ij} - \bar{\varepsilon}_{\cdot j})^2, \tag{9.12}$$

$$S_A = \sum_{j=1}^{s} n_j (\bar{X}_{\cdot j} - \bar{X})^2 = \sum_{j=1}^{s} n_j (a_j + \bar{\varepsilon}_{\cdot j} - \bar{\varepsilon})^2. \tag{9.13}$$

这说明 S_E 完全是由随机波动引起的, 而 S_A 除随机误差外还包含各水平的效应 a_j. 当 a_j 不全为零时, S_A 主要反映了这些效应的差异.

平方和分解公式说明, 总离差平方和 S_T 可以分解成误差平方和 S_E 与因素离差平方和 S_A. 直观上看, 若 H_0 成立, 各水平的效应为零, S_A 中也只含有随机误差, 因而 S_A 与 S_E 相差不大.

9.1.3　假设的检验方法

具体地说, 当 H_0 成立时, $X_{ij} \sim \mathrm{N}(\mu, \sigma^2)$ $(i = 1, 2, \cdots, n_j; j = 1, 2, \cdots, s)$ 且相互独立. 根据概率论的知识可以证明:

$$\frac{S_A}{\sigma^2} \sim \chi^2(s - 1), \tag{9.14}$$

$$\frac{S_E}{\sigma^2} \sim \chi^2(n - s), \tag{9.15}$$

$$F_A \triangleq \frac{(n - s)S_A}{(s - 1)S_E} \sim \mathrm{F}(s - 1, n - s). \tag{9.16}$$

而 F_A 的取值越大, 对原假设 H_0 越不利, 于是, 对于给定的显著性水平 α $(0 < \alpha < 1)$, 原假设 H_0 的拒绝域为

$$F_A > F_{1-\alpha}(s - 1, n - s). \tag{9.17}$$

上述分析结果常列成表 9.1 的形式, 称为方差分析表.

表 9.1　单因素方差分析表

方差来源	平方和	自由度	F 值	临界值	显著性
因素	S_A	$s - 1$	$F_A = \dfrac{(n-s)S_A}{(s-1)S_E}$	$F_{1-\alpha}(s-1, n-s)$	
误差	S_E	$n - s$			
总和	S_T	$n - 1$			

在实际应用中, 通常当 $F_A > F_{0.95}(s - 1, n - s)$ 时, 称为显著, 记为 $*$; 当 $F_A > F_{0.99}(s - 1, n - s)$ 时, 称为高度显著, 记为 $**$. 另外检验的 p 值为

$$p = P\{F(s - 1, n - s) \geqslant F\}.$$

9.1.4　应用举例

例 9.1　考察一种人造纤维在不同温度的水中浸泡后的缩水率, 在 40°C, 50°C, $\cdots$, 90°C 的水中分别进行 4 次试验, 得到该种纤维在每次试验中的缩水率如表 9.2 所示. 试问浸泡水的温度对缩水率有无显著的影响?

解　假设浸泡水的温度对纤维的缩水率无影响, 即设原假设 $H_0 : \mu_1 = \mu_2 = \cdots = \mu_6$, 备择假设 $H_1 : \mu_1, \mu_2, \cdots, \mu_6$ 不全相等. 对于 $\alpha = 0.05$ 和 $\alpha = 0.01$ 的拒绝域分别为

$$F_A > F_{0.95}(5, 18) = \mathsf{qf}(0.95, 5, 18) = 2.77 \quad \text{和}$$

$$F_A > F_{0.99}(5, 18) = \text{qf}(0.99, 5, 18) = 4.25.$$

剩下的问题是由表 9.2 给出的数据计算 $F_A = 3.525$. 由于 $4.25 > F_A > 2.77$, 故浸泡水的温度对缩水率有显著影响, 但不能说有高度显著的影响.

表 9.2　某种纤维的缩水率

不同的温度水平					
40℃	50℃	60℃	70℃	80℃	90℃
4.3	6.1	10.0	6.5	9.3	9.5
7.8	7.3	4.8	8.3	8.7	8.8
3.2	4.2	5.4	8.6	7.2	11.4
6.5	4.1	9.6	8.2	10.1	7.8

R 软件中的 aov() 函数提供了方差分析的计算与检验, 例 9.1 可以由下面的 R 程序实现.

```
x <- c(4.3, 7.8, 3.2, 6.5, 6.1, 7.3, 4.2, 4.1 10.0, 4.8, 5.4,
    9.6, 6.5, 8.3, 8.6, 8.2, 9.3, 8.7, 7.2, 10.1, 9.5, 8.8,
    11.4, 7.8)
A <- factor(rep(1:6, each = 4))        # 定义因子变量
shrinkage <- data.frame(x, A)          # 定义数据框
shrinkage.aov <- aov(xA, data = shrinkage) # 用 A 对 x 作方差
    分析
summary(shrinkage.aov)
```

运行结果为

```
            Df Sum Sq   Mean Sq     F       value Pr(>F)
A           5  55.55    11.109    3.525     0.0214 *
Residuals   18 56.72     3.151
```

将输出结果和前面方差分析表对照, 不难发现其中每项数据的含义.

习 题 9.1

1 今有某种型号的电池三批, 它们分别是 A, B, C 三个工厂所生产的. 为评比其质量, 各随机抽取 5 只电池为样品, 经试验得其寿命 (小时) 如下:

A	40	48	38	42	45
B	26	34	30	28	32
C	39	40	43	50	50

试在显著性水平 $\alpha = 0.05$ 下检验这三个工厂生产的电池的平均寿命有无显著的差别.

2 下面给出了小白鼠在接种三种不同菌型伤寒杆菌后的存活日数:

菌型	存活日数								
I	2	4	3	2	4	7	7	2	5	4
II	5	6	8	5	10	7	12	6	6	
III	7	11	6	6	7	9	5	10	6	3	10

试问三种菌型的平均存活日数有无显著差异?

3 下面的试验是为判断 4 种饲料 A, B, C, D 对牛增重的优劣而设计的. 20 头牛随机地分为四组, 每组 5 头. 每组给以一种饲料. 在一定长的时间内每头牛增重 (kg) 如下:

A	60	65	61	67	64
B	73	67	68	66	71
C	95	105	99	102	103
D	88	53	90	84	87

试问这 4 种饲料对牛的增重有无显著差异?

4 绿茶中的叶酸 (folacin) 是一种维生素, 为了研究 4 个不同产地 A, B, C, D 的绿茶中叶酸的含量, 取各产地绿茶样品若干份, 在完全随机情形下测其中叶酸含量如下:

不同产地	叶酸含量/mg						
A	7.9	6.2	6.6	8.6	8.9	10.1	9.6
B	5.7	7.5	9.8	6.1	8.4		
C	6.4	7.1	7.9	4.5	5.0	4.0	
D	6.8	7.5	5.0	5.3	6.1	7.4	

试问这 4 个不同产地绿茶中叶酸含量有无显著差异?

9.2　一元线性回归分析

9.2.1　基本概念

在客观世界中, 变量之间的关系可分成确定性关系和非确定性关系. 确定性关系可以用函数来表达, 例如圆的面积 S 与半径 r 存在着确定的关系 $S = \pi r^2$. 非确定性关系也称为相关关系 (correlation), 这种关系没有精确到可相互确定的程度, 例如, 耕地的施肥量与农作物产量之间的关系、人的血压与年龄的关系. 回归分析是研究两个或两个以上变量之间相关关系的统计方法.

在回归分析中, 需要区分因变量和自变量. 被预测或被解释的变量称为因变量 (dependent variable) 或响应变量 (response variable); 用来预测或解释因变量的一个或多个变量称为自变量 (independent variable) 或预测变量 (predictor variable). 例如, 在分析人的血压与年龄的关系时, 血压是因变量, 年龄是自变量;

在分析产量与施肥量之间的关系时, 产量是因变量, 施肥量是自变量. 在实际问题中, 因变量通常是业务的核心诉求指标, 是科学研究关心的指标.

在回归分析中, 假定自变量 x 是可以严格控制或精确测量的, 是确定性变量; 因变量 Y 是随机变量, 是无法事先作出准确判断的. 回归分析的一个主要任务是利用 Y 和 x 之间的相关关系及 x 的知识来预测 Y 的取值情况. 这常常解释成随机变量 Y 依赖于普通变量 x.

为了研究这种相关关系, 通常对自变量 x 的若干值 $x_1, x_2, \cdots, x_n$ 观测因变量 Y 的取值, 得到样本: $(x_1, y_1), (x_2, y_2), \cdots, (x_n, y_n)$, 其中 y_i 是 $x = x_i$ 处对随机变量 Y 观察的结果. 在施肥量与产量的关系中, $x_1, x_2, \cdots, x_n$ 表示不同的施肥量, 是能控制的量, $y_1, y_2, \cdots, y_n$ 是对应的一组观测值, 是随机变量的一组实现值, 是不能控制的量.

将观察值 (x_i, y_i), $i = 1, 2, \cdots, n$ 作为 n 个点. 标在坐标平面上得到的图称为散点图 (scatter diagram).

由图 9.1 可看出散点大致地围绕一条直线散布, 而图 9.2 中的散点大致围绕一条曲线散布, 这就是变量间统计规律性的一种表现.

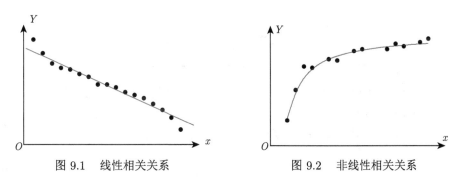

图 9.1　线性相关关系　　　　　图 9.2　非线性相关关系

如果散点图像图 9.1 中那样呈直线状, 则表明 Y 与 x 之间有线性相关关系, 我们可建立数学模型

$$Y = a + bx + e \tag{9.18}$$

来描述它们之间的关系. 因为 x 不能严格地确定 Y, 所以带有一误差项 e, 通常假设 $e \sim \mathrm{N}(0, \sigma^2)$. 式 (9.18) 称为一元线性回归模型 (univariable linear regression model), 其中 a, b, σ 是待估计参数.

类似地, 如果因变量 Y 与 p 个自变量 $x_1, x_2, \cdots, x_p$ 之间有关系

$$Y = a + b_1 x_1 + b_2 x_2 + \cdots + b_p x_p + e \tag{9.19}$$

则式 (9.18) 称为 p 元线性回归模型 (p-variable linear regression model), 其中 $e \sim \mathrm{N}(0, \sigma^2)$, $a, b_1, b_2, \cdots, b_p, \sigma$ 是待估计参数.

本书只讨论一元线性回归的相关问题.

如果由样本观测值, 得到了参数 a 和 b 的估计 $\widehat{a}$ 和 $\widehat{b}$, 则对于给定的 x, 方程

$$\widehat{y} = \widehat{a} + \widehat{b}x \tag{9.20}$$

称为 Y 关于 x 的线性回归方程 (linear regression equation) 或回归方程, 其图形称为回归直线 (regression line).

9.2.2   参数估计

基于样本观测值 (x_1, y_1), (x_2, y_2), $\cdots$, (x_n, y_n), 我们希望估计模型中的未知参数 a, b 以及随机误差的方差 σ^2. 其中参数 a, b 的估计实际上就是去找一条直线 $y = \widehat{a} + \widehat{b}x$, 使得该直线与这 n 个点的 "偏离" 程度最小. 通常采用最小二乘法, 这个方法是德国数学家高斯 (Gauss) 在 1799 ∼ 1809 年发展起来的, 是应用数学中的重要方法. 现在我们将此法用于线性回归.

一条直线 $y = a + bx$ 与样本点 (x_i, y_i) 的偏离可以用该点与直线的纵向距离来衡量, 而直线与所有样本点 (x_i, y_i), $i = 1, 2, \cdots, n$ 的偏离可以用上述距离的平方和来度量:

$$Q(a, b) = \sum_{i=1}^{n} \left[y_i - (a + bx_i) \right]^2. \tag{9.21}$$

如果 $\widehat{a}$ 和 $\widehat{b}$ 使得 $Q(a, b)$ 达到最小, 则称 $\widehat{a}, \widehat{b}$ 分别为参数 a, b 的最小二乘估计 (least squares estimates).

用微积分中二元函数极值的判定方法, 不难证明, 这个最小化问题的解是

$$\widehat{a} = \bar{y} - \widehat{b}\bar{x}, \tag{9.22}$$

$$\widehat{b} = \frac{\sum_{i=1}^{n}(x_i - \bar{x})(y_i - \bar{y})}{\sum_{i=1}^{n}(x_i - \bar{x})^2} = \frac{\sum_{i=1}^{n} x_i y_i - n\bar{x}\,\bar{y}}{\sum_{i=1}^{n} x_i^2 - n\bar{x}^2}, \tag{9.23}$$

这里 $\bar{x} = \frac{1}{n}\sum_{i=1}^{n} x_i$, $\bar{y} = \frac{1}{n}\sum_{i=1}^{n} y_i$. 在实际计算时, 先算 $\widehat{b}$, 再算 $\widehat{a}$. 从而得到回归方程

$$\widehat{y} = \widehat{a} + \widehat{b}x.$$

容易看出回归方程通过散点图的几何重心 $(\bar{x}, \bar{y})$.

有了 $\widehat{a}$, $\widehat{b}$ 之后, 就可以用确定性的关系 $y = \widehat{a} + \widehat{b}x$ 去近似表示 x, Y 之间的相关关系, 其近似程度如何, 取决于随机误差的大小.

随机误差的方差 σ^2 越小表示上述替代就越有效, 但是方差 σ^2 一般也是未知的, 它的估计也是回归分析中的一个重要问题. 下面我们根据一些直观的想法来寻找 σ^2 的估计.

如果随机误差 σ^2 比较小, 则 n 个点 (x_i, y_i) 就应当接近于直线 $y = \widehat{a} + \widehat{b}x$. 记 $\widehat{y}_i = \widehat{a} + \widehat{b}x_i$, 如图 9.3 所示, 称 $y_i - \widehat{y}_i$ 为残差 (residual), 其平方和

$$\text{SSE} = \sum_{i=1}^{n}(y_i - \widehat{y}_i)^2 = \sum_{i=1}^{n}\left[y_i - (\widehat{a} + \widehat{b}x_i)\right]^2 \tag{9.24}$$

称为残差平方和 (the sum of squares of the residuals). 根据以上分析, 当随机误差小时, SSE 应倾向于小; 反之, 若误差显著, 则 SSE 也会增大. 因此以 SSE 为基础, 可得到方差 σ^2 的合理估计:

$$\widehat{\sigma^2} = \frac{\text{SSE}}{n-2}, \tag{9.25}$$

这里 n 为样本容量, 即试验数据的组数, 而 $n-2$ 是自由度.

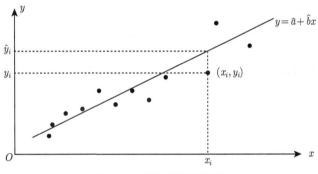

图 9.3 回归直线示意图

关于自由度可以这样解释: SSE 是 n 个平方项的和, 自由度为 n, 但有两个参数 (即 a, b) 要由数据去估计, 它们占用了 2 个自由度, 故还剩下自由度 $n-2$. 这是计算自由度的一种普遍方法.

9.2.3 回归方程的显著性检验

由前面讨论可知, 对于给定的观察值 $(x_1, y_1), (x_2, y_2), \cdots, (x_n, y_n)$, 只要 $x_1, x_2, \cdots, x_n$ 不全相同, 用最小二乘法都可以求得回归方程 $\widehat{y} = \widehat{a} + \widehat{b}x$. 在使用回归方程之前, 应对回归方程是否有意义进行判断, 即 x 的变化对变量 Y 的影响是否显著.

显然, 如果 $b = 0$, 则 $\text{E}(Y)$ 不随 x 变化, 这时求得的一元线性回归方程就没有意义. 因此我们需要检验如下双边假设:

$$H_0 : b = 0 \;\leftrightarrow\; H_1 : b \neq 0. \tag{9.26}$$

若拒绝 H_0, 则认为 Y 与 x 之间存在线性关系, 所求得的线性回归方程有意义, 称回归方程显著 (significance); 若接受 H_0, 则认为 Y 与 x 的关系不能用一元线性回归模型来表示, 所求得的线性回归方程无意义, 称回归方程不显著 (nonsignificance).

关于上述假设的检验, 我们下面介绍方差分析法 (F-检验法).

我们从分析因变量 Y 观测值 $y_1, y_2, \cdots, y_n$ 的波动开始, 其中每一个观测值 y_i 与总的平均值 $\bar{y}$ 的差, 称为离差 (dispersion). 那么所有观测值的离差平方和就反映了 $y_1, y_2, \cdots, y_n$ 的波动, 称为总平方和 (total sum of squared deviations), 记作 SST. 即

$$\text{SST} = \sum_{i=1}^{n} (y_i - \bar{y})^2 = l_{yy}. \tag{9.27}$$

对 SST 进行分析, 可得如下分解式

$$\text{SST} = \sum_{i=1}^{n} (y_i - \bar{y})^2 = \sum_{i=1}^{n} (\widehat{y}_i - \bar{y})^2 + \sum_{i=1}^{n} (y_i - \widehat{y}_i)^2 = \text{SSR} + \text{SSE}, \tag{9.28}$$

因此, Y 观测值的总离差平方和可以分解成两部分, 其中

$$\text{SSR} = \sum_{i=1}^{n} (\widehat{y}_i - \bar{y})^2, \quad \text{SSE} = \sum_{i=1}^{n} (y_i - \widehat{y}_i)^2.$$

SSR 是拟合值 $\widehat{y}_1, \widehat{y}_2, \cdots, \widehat{y}_n$ 的离差平方和, 它度量了 x 的作用, 称为回归平方和 (sum of squares about regression);

SSE 是残差平方和, 是除了 x 对 Y 的线性影响之外的其他因素引起的 Y 的变化部分, 是不能由回归直线解释的部分.

从两个平方和的意义可知, 一个回归效果的好坏取决于回归平方和 SSR 在总平方和 SST 中的占比 SSR/SST, 占比越大, 拟合效果越好.

可以证明, 当 H_0 成立时, 有

$$F = \frac{\text{SSR}}{\text{SSE}/(n-2)} \sim \mathrm{F}(1, n-2).$$

F 的值越大, 对原假设 H_0 越不利, 给定显著性水平 α, H_0 的拒绝域为 $\{F \geqslant F_{1-\alpha}(1, n-2)\}$. 检验的 p 值为

$$p = P\big\{F(1, n-2) \geqslant F\big\},$$

其中 $F(1, n-2)$ 表示服从自由度为 1 和 $n-2$ 的 F 分布的一个随机变量.

上述将平方和及自由度进行分解的方法也称为方差分析, 其主要结果可以归纳在一个简单的表格里, 这种表称为方差分析表. 对于一元线性回归, 常见的方差分析表如表 9.3 所示.

表 9.3　一元线性回归方差分析表

变差来源	平方和	自由度	均方和	F 值	p 值
回归 (因素 x)	SSR	1	SSR	$F = \dfrac{\text{SSR}}{\text{SSE}/(n-2)}$	$P\{F(1, n-2) \geqslant F\}$
残差 (随机因素)	SSE	$n-2$	SSE$/(n-2)$		
总和	SST	$n-1$			

R 语言中使用函数 lm() 进行线性回归分析, 其输出结果是一个封装了模型模拟结果的列表, 可以通过析取函数得到想要的结果. 常用的析取函数有 summary(), confint(), predict(), anova() 等.

例 9.2　用切削机床进行金属品加工, 要测定刀具磨损速度, 以便适当调整机床, 为此, 测量在一定时间间隔内刀具的厚度, 得数据如下:

时间 t/h	0	1	2	3	4	5	6	7	8	9	10	11	12	13	14	15	16
刀具厚度 Y/cm	30	29.1	28.4	28.1	28	27.7	27.5	27	27	26.8	26.5	26.3	26.1	25.7	25.3	24.8	24

根据这批数据建立厚度 Y 对时间 t 的回归方程, 并检验所得回归方程的显著性.

繁琐的计算可以由 R 语言的函数 lm() 实现, 本例可以由如下代码实现:

```
t<-0:16
y<-c(30,29.1,28.4,28.1,28,27.7,27.5,27,27,26.8,26.5,26.3,
    26.1,25.7,25.3,24.8,24)
example.lm <- lm(y1+t)    # y1+t表示公式 y=a+bt, 回归结果存入
    example.lm
summary(example.lm)       # 析取 example.lm 中的部分结果
```

执行结果如下:

```
Call:
lm(formula = y 1 + t)
Residuals:
     Min        1Q     Median        3Q       Max
-0.55294  -0.16176   0.03603   0.14559   0.63529
Coefficients:
            Estimate Std. Error t value Pr(>|t|)
(Intercept) 29.36471    0.14193  206.89  < 2e-16 ***
t           -0.30074    0.01513  -19.88 3.45e-12 ***
---
```

```
Signif. codes:  0 '***'  0.001 '**'  0.01 '*'  0.05 '.'
   0.1 ' '  1
Residual standard error: 0.3056 on 15 degrees of freedom
Multiple R-squared:  0.9634,     Adjusted R-squared:  0.961
F-statistic: 395.1 on 1 and 15 DF,  p-value: 3.45e-12
```

可见, 回归方程为 $\hat{y} = 29.36471 - 0.30074t$, 其中回归系数 -0.30074 表示了单位时间内刀具磨损的平均值. 检验统计量 $F = 395.1 > F_{0.99}(1, 15) =$ qf$(0.99, 1, 15) = 8.683117$, 说明在显著性水平 $\alpha = 0.01$ 之下, 可以拒绝原假设 H_0, 认为回归方程显著. 当然从 p 值等于 3.45×10^{-12} 也能得到回归方程显著的结论.

9.2.4 预测与控制

1. 预测

预测问题是指: 指定了自变量 x 的取值 x_0, 而对应的因变量 Y_0 的值并未进行观测, 要对 Y 的值做出预测.

我们假设 Y 对 x 的回归模型为

$$Y = a + bx + e,$$

其中 e 是随机误差. 当 x 的值指定为 x_0 时, 要预测相应的 Y_0, 就等于要预测 $a + bx_0 + e$, 这是一个随机变量, 由两部分组成: 一部分是 $a + bx_0$, 是 Y_0 的数学期望, 是非随机部分, 用 $\hat{a} + \hat{b}x_0$ 作为预测值; 另一部分是随机误差 e, 其取值可正可负, 无法准确预测, 我们只好用 0 去 "预测" 它. 于是得到 Y_0 的 (点) 预测值为

$$\hat{y_0} = \hat{a} + \hat{b}x_0.$$

这就是回归函数在 $x = x_0$ 处的值.

需要注意的是, 作为预测对象的 Y 值, 本身是随机变量. 与参数的置信区间不同, 我们称对 Y 的区间估计称为预测区间 (prediction interval). 也就是说, 估计的对象为参数, 预测的对象为随机变量.

于是对于给定的置信水平 $1 - \alpha$, 可以证明 Y_0 的预测区间为

$$\left[(\hat{a} + \hat{b}x_0) \pm t_{1-\alpha/2}(n-2) \cdot \hat{\sigma} \sqrt{1 + \frac{1}{n} + \frac{(x_0 - \bar{x})^2}{\sum\limits_{i=1}^{n}(x_i - \bar{x})^2}} \right]. \tag{9.29}$$

在实际使用中, 如果 n 很大, x_0 越靠近 $\bar{x}$, 置信水平为 0.95 和 0.99 的近似预测区间分别为

$$\left[(\widehat{a}+\widehat{b}x_0)-1.96\widehat{\sigma},\ (\widehat{a}+\widehat{b}x_0)+1.96\widehat{\sigma}\right] \quad \text{和} \quad \left[(\widehat{a}+\widehat{b}x_0)-2.97\widehat{\sigma},\ (\widehat{a}+\widehat{b}x_0)+2.97\widehat{\sigma}\right]. \tag{9.30}$$

例 9.3 (例 9.2 续) 现在随机检查刀具, 发现该刀具已经使用了 12.5h, 要预测刀具厚度. "点预测"为 $\widehat{a}+12.5\widehat{b}=25.6025$ cm. 若要做出区间预测, 取 $\alpha=0.01$, 则用公式 (9.29), 算出区间预测为 $[24.6563, 26.5487]$.

2. 控制

控制问题实际上是预测的反问题.

在一些实际问题中, 往往要求 Y 在一定范围内取值. 例如, 要求某产品的质量指标 Y 在 $[y_L, y_U]$ 内为合格品, 其中 y_L, y_U 是两个已知定值. 问题是如何控制自变量 x 的取值才能以概率 $1-\alpha$ 保证该产品是合格品, 即要控制 x, 使得

$$P\{y_L \leqslant Y \leqslant y_U\} \geqslant 1-\alpha,$$

这里 $0 < \alpha < 1$ 是事先给定的正数.

下面我们给出问题求解的图示说明. 如图 9.4 所示, 从 y_L, y_U 处分别做两条水平线, 它们分别交预测区间的端点曲线于 N, M, 这两点的横坐标 (按从小到大)记为 x_1, x_2. 当 $x \in [x_1, x_2]$ 时, 就能以概率 $1-\alpha$ 保证 $y_L \leqslant Y \leqslant y_U$.

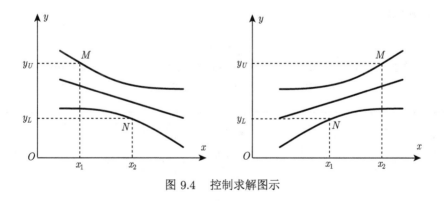

图 9.4　控制求解图示

然而, 图解计算比较麻烦, 通常用近似的预测区间式 (9.30) 来求. 若 $1-\alpha = 0.99$, 则可从不等式组

$$\begin{cases} (\widehat{a}+\widehat{b}x) - 2.97\widehat{\sigma} \geqslant y_L, \\ (\widehat{a}+\widehat{b}x) + 2.97\widehat{\sigma} \leqslant y_U \end{cases} \tag{9.31}$$

求出区间 $[x_1, x_2]$.

例 9.4 (例 9.3 续)　接前面用切削机床进行金属品加工的例子. 取 $\alpha = 0.01$, 要求控制 Y 在 $[25, 28]$, 则不等式 (9.31) 为

$$
\begin{cases}
(29.365 - 0.301t) - 2.97 \times 0.305 \geqslant 25, \\
(29.365 - 0.301t) + 2.97 \times 0.305 \leqslant 28,
\end{cases}
$$

解得 $7.544 \leqslant t \leqslant 11.492$, 即当 $7.544 \leqslant t \leqslant 11.492$ 时, 能近似地以 0.99 的概率保证 $25 \leqslant Y \leqslant 28$.

习　题　9.2

1 在回归分析的计算中, 当观测数据的数字比较大 (小) 时, 为简化计算可以将数据进行适当的变换. 通常采用的一个变换是将数据同减去一个常数, 再同乘以一个常数, 即

$$
x_i' = d_1(x_i - c_1), \quad y_i' = d_2(x_i - c_2), \quad i = 1, 2, \cdots, n.
$$

其中 c_1, c_2, $d_1(> 0)$, $d_2(> 0)$ 是适当选择的常数.

(1) 由原始数据和变换后的数据分别求出的最小二乘估计以及三个离差平方和之间的关系;

(2) 证明由原始数据和变换后的数据得到的 F-检验统计量的值不变.

2 炼铝厂测得生产铸模用的铝的硬度 x 与抗张强度 y 数据如下:

x	68	53	70	84	60	72	51	83	70	64
y	288	293	349	343	290	354	283	324	340	286

(1) 画散点图;

(2) 求 y 对 x 的回归方程;

(3) 在显著性水平 $\alpha = 0.05$ 下检验回归方程的显著性.

3 在服装标准的制定过程中, 调查了很多人的身材, 得到一系列的服装各部位的尺寸与身高、胸围等的关系. 下面是一组女青年身高 x 与裤长 y 的数据.

i	x	y	i	x	y	i	x	y
1	168	107	11	158	100	21	156	99
2	162	103	12	156	99	22	164	107
3	160	103	13	165	105	23	168	108
4	160	102	14	158	101	24	165	106
5	156	100	15	166	105	25	162	103
6	157	100	16	162	105	26	158	101
7	162	102	17	150	97	27	157	101
8	159	101	18	152	98	28	172	110
9	168	107	19	156	101	29	147	95
10	159	100	20	159	103	30	155	99

(1) 求裤长 y 对身高 x 的回归方程 $\hat{y} = \hat{a} + \hat{b}x$;

(2) 在显著性水平 $\alpha = 0.01$ 下检验回归方程的显著性.

9.3 可线性化的回归方程

在实际问题中, 如果两个变量之间的内在关系并不是线性关系, 此时, 前面介绍的线性回归模型当然不再适用. 但是, 在不少情况下, 有可能通过适当的变换, 把非线性回归问题转化为线性回归问题, 得到可线性化的回归方程.

一般说来, 由观察数据画出的散点图或由经验认为两个变量之间不能用线性关系近似描述时, 可以考虑选择适当类型的曲线 $\mu(x)$ 去比配观测数据. 这可以有两个途径: 一是根据专业知识或以往的经验确定两个变量之间的函数类型, 如在生物生长现象中, 每一时刻的生物总量 Y 与时间 x 有指数关系, 即 $Y = ae^{bx}$; 二是通过散点图的分布形式和特点来选择恰当的曲线 $\mu(x)$ 来拟合观测数据.

一旦确定了回归函数 $\mu(x)$ 的形式, 剩下的问题就是如何根据试验数据来确定其中参数的值. 对于许多函数类型, 都是先通过适当的变量变换把非线性的函数关系化成线性关系, 同时原变量的取值转换为新变量的取值, 然后对新变量的取值应用最小二乘方法估计变换后线性方程中的参数, 再还原到原回归函数的估计.

9.3.1 变量变换的例子

下面通过两个例子说明化曲线为直线这类问题的解决方法.

例 9.5 假设某特定容器在使用过程中由于溶液对容器壁的浸蚀而使其容积不断变大. 现在测得一组使用次数 x 与对应容积 Y 数据如下

x_i	2	3	4	5	7	8	10	11	14	15	16	18	19
y_i	106.42	108.20	109.58	109.50	110.00	109.93	110.49	110.59	110.60	110.90	110.76	111.00	111.20

我们希望找出它们之间的关系式.

首先作散点图, 如图 9.5 所示. 从图中可看出, 最初容积变化很快, 以后逐渐减慢趋于稳定, 据此, 我们选用双曲线

$$\frac{1}{y} = a + \frac{b}{x}$$

表示容积与使用次数之间的关系. 若令 $y' = \dfrac{1}{y}$, $x' = \dfrac{1}{x}$, 则上式可改写为

$$y' = a + bx'.$$

于是, 对新变量 x', y' 而言, 上式是一个直线方程, 从而可用 9.2 节的方法求解回归系数. 计算结果是 $\hat{b} = 0.000829$, $\hat{a} = 0.008967$.

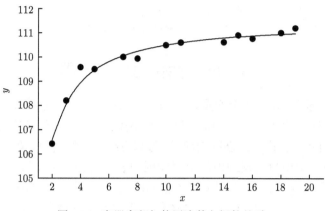

图 9.5　容器容积与使用次数之间的关系

于是回归方程为 $\widehat{y'} = 0.008967 + 0.000829x'$, 即

$$\widehat{y} = \frac{x}{0.008967x + 0.000829},$$

回归曲线如图 9.5 所示.

例 9.6　为了研究在一定的辐射区域内 X 射线的杀菌作用, 用某种规格的 X 射线照射细菌 $1 \sim 15$ 次, 每次照射 6 分钟, 记录每次照射后仍然存活的细菌个数, 得数据如下:

照射次数 x	1	2	3	4	5	6	7	8	9	10	11	12	13	14	15
存活细菌数 y	355	211	197	166	142	106	104	60	56	38	36	32	21	19	15

根据专业知识, y 和 x 之间应当有关系: $y = de^{bx}$. 其中 d 和 b 是参数, 这些参数有简单的物理解释: d 是开始照射之前细菌的个数, b 是死亡的速率.

如作变换: $y' = \ln y$, $a = \ln d$, 则

$$y' = a + bx$$

于是, 对新变量 x, y' 而言, 上式是一个直线方程, 从而可用 9.2 节的方法求解回归系数. 计算结果是 $\widehat{b} = -0.218425$, $\widehat{a} = 5.973160$.

于是回归方程为 $\widehat{y'} = 5.973160 - 0.218425\,x$, 即

$$\widehat{y} = e^{5.973160 - 0.218425\,x}.$$

回归曲线如图 9.6 所示.

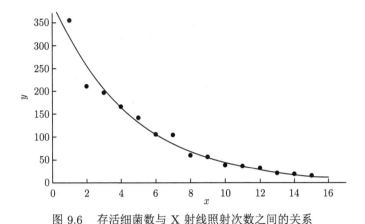

图 9.6 存活细菌数与 X 射线照射次数之间的关系

9.3.2 常用的可化为线性函数的回归函数

下面给出一些常用的可化为线性函数的回归函数类型及相应的变换.

类型 1 双曲线型 $\dfrac{1}{y} = a + \dfrac{b}{x}$. 作如下变换

$$y' = \frac{1}{y},\ x' = \frac{1}{x} \implies y' = a + bx'.$$

类型 2 幂函数型 $y = dx^b$. 作如下变换

$$y' = \ln y,\ x' = \ln x,\ a = \ln d \implies y' = a + bx'.$$

类型 3(1) 指数函数型 $y = de^{bx}$. 作如下变换

$$y' = \ln y,\ a = \ln d \implies y' = a + bx.$$

类型 3(2) 指数函数型 $y = de^{b/x}$. 作如下变换

$$y' = \ln y,\ a = \ln d,\ x' = 1/x \implies y' = a + bx'.$$

类型 4 S 曲线型 $y = \dfrac{1}{a + be^{-x}}$ $(a, b > 0)$. 作如下变换

$$y' = \frac{1}{y},\ x' = e^{-x} \implies y' = a + bx'.$$

例 9.7 单位产品的成本 x 与产量 y 间近似满足双曲线型关系:

$$y = a + \frac{b}{x}.$$

试利用下列资料求出 y 对 x 的回归曲线方程.

x_i	5.67	4.45	3.84	3.84	3.73	2.18
y_i	17.7	18.5	18.9	18.8	18.3	19.1

解　令 $x' = \dfrac{1}{x}$, 则回归方程为 $\widehat{y} = \widehat{a} + \widehat{b}\, x'$, 求出 $\widehat{b} = 3.88$, $\widehat{a} = 17.483$. 所求回归方程为

$$\widehat{y} = \frac{3.88}{x} + 17.483.$$

习 题 9.3

1 已知某种鱼的体重 y 与鱼的体长 x 有关系式

$$y = a x^b.$$

测得某种鱼生长的数据如下:

y/g	0.5	34	75	122.5	170	192	195
x/mm	29	60	124	155	170	185	190

求该种鱼体重 y 与体长 x 的回归方程.

2 设有非线性函数形式为 $y = \dfrac{\mathrm{e}^x}{a\,\mathrm{e}^x + b}$, 试给出一个变换将之化为一元线性回归的形式.

3 设有非线性函数形式为 $y = 10 + c \cdot \mathrm{e}^{-x/d}\,(d > 0)$, 试给出一个变换将之化为一元线性回归的形式.

本 章 小 结

本章介绍了数理统计的基本方法: 方差分析和回归分析.

方差分析就是通过对试验数据进行分析, 检验方差相同的多个正态总体的均值是否相等, 用以判断各因素对试验结果的影响是否显著.

方差分析按影响试验结果的因素的个数分为单因素方差分析、双因素方差分析和多因素方差分析. 本章只涉及了单因素方差分析.

单因素方差分析的基本思想: 试验数据总是有波动, 我们用总离差平方和 S_T 度量数据间的离散程度. 将 S_T 分解为试验随机误差平方和 S_E 与因素平方和 S_A 之和. 若 S_A 比 S_E 大得较多, 则有理由认为因素的各个水平对应的试验结果有显著差异, 从而拒绝因素各水平对应的正态总体的均值相等这一原假设.

回归分析指的是确定两种或两种以上变量间相互依赖的定量关系的一种统计分析方法. 本章只涉及了一元线性回归, 即研究一个连续型因变量和一个自变量之间的关系, 包括线性回归模型的概念、参数估计、显著性检验、预测与控制及非线性回归的线性化处理.

方差分析和回归分析都涉及大量计算, 一般采用计算机软件完成.

总练习题

1 某灯泡厂用 4 种不同材料的灯丝生产了四批灯泡, 在每批灯泡中随机抽取若干只观测其使用寿命 (单位: h). 观测数据如下:

甲灯丝: 1600 1610 1650 1680 1700 1720 1800

乙灯丝: 1580 1640 1640 1700 1750

丙灯丝: 1540 1550 1600 1620 1640 1660 1740 1820

丁灯丝: 1510 1520 1530 1570 1600 1680

问这四种灯丝生产的灯泡的使用寿命有无显著差异?($\alpha = 0.05$)

2 某实验室对钢锭模进行选材试验, 其方法是将试件加热到 700°C 后, 投入到 20°C 的水中急冷, 这样反复进行到试件断裂为止, 试验次数越多, 试件质量越好. 试验如下表所示:

试验号	材质分类			
	A_1	A_2	A_3	A_4
1	160	158	146	151
2	161	164	155	152
3	165	164	160	153
4	168	170	162	157
5	170	175	164	160
6	172		166	168
7	180		174	
8			182	

问 4 种不同的材质的抗热疲劳性能是否有显著差异.

3 在硝酸钠 (NaNO₃) 的溶度试验中, 测得在不同温度 x 下, 溶解于 100 份水中的硝酸钠份数 Y 的数据如下所示:

x/°C	0	4	10	15	21	29	36	51	68
Y/份	66.7	71.0	76.3	80.6	85.7	92.9	99.4	113.6	125.1

试求 Y 对 x 的回归方程, 并在显著性水平 $\alpha = 0.05$ 下, 判断回归直线是否显著.

4 测量了 9 对父子的身高 (单位: in, 1in = 2.54cm), 所得数据如下所示:

父亲身高 x_i	60	62	64	66	67	68	70	72	74
儿子身高 y_i	63.6	65.2	66	66.9	67.1	67.4	68.3	70.1	70

(1) 求儿子身高 y 对父亲身高 x 的回归方程;

(2) 取显著性水平 $\alpha = 0.05$, 检验儿子身高 y 对父亲身高 x 的线性关系是否显著;

(3) 若父亲身高 70in, 求其儿子身高的置信度为 95% 的预测区间.

5 随机抽取了 10 个家庭, 调查了他们的家庭月收入 x (百元) 和月支出 y (百元), 记录数据如下所示:

x	20	15	20	25	16	20	18	19	22	16
y	18	14	17	20	14	19	17	18	20	13

(1) 在直角坐标系下作 x 与 y 的散点图, 判断 y 与 x 是否存在线性关系;

(2) 求 y 关于 x 的一元线性回归方程;

(3) 对所得的回归方程作显著性检验 (取 $\alpha = 0.025$).

6 对于给定的 n 对数据 $\{(x_i, y_i) : i = 1, 2, \cdots, n\}$, 若我们感兴趣的是 y 如何依赖 x 的取值而变化, 则可以建立如下线性回归方程:

$$\widehat{y} = \widehat{a} + \widehat{b}x.$$

反之, 若我们感兴趣的是 x 如何依赖 y 的取值而变化, 则可以建立如下线性回归方程:

$$\widehat{x} = \widehat{c} + \widehat{d}y.$$

试问这两条直线在直角坐标系中是否重合? 为什么? 若不重合, 它们有无交点? 若有, 试给出交点坐标.

7 当用最小二乘法对一组数据拟合一元线性回归模型 $Y = a + bx + e$ 时, 如果假设 $H_0 : b = 0$ 不能拒绝, 这就意味着模型可以简单地写成 $Y = a + e$.

(1) 求出 a 的最小二乘估计;

(2) 此时残差表示什么? 证明残差之和为 0.

8 设有非线性函数形式为 $y = c + e^{dx}$, 试问能否给出一个变换将之化为一元线性回归的形式.

数学家许宝騄简介

许宝騄

许宝騄 (1910~1970), 数学家, 北京大学一级教授, 中国科学院学部委员.

1928~1930 年就读于燕京大学化学系; 1930 年入清华大学改学数学; 1933 年以优异的成绩从清华毕业, 获得理学士学位; 毕业后在北京大学任助教两年; 1936 年经考试公费留学英国, 在伦敦大学学院、剑桥大学学习; 1938 年取得哲学博士学位; 1940 年又获科学博士学位; 同年回国在昆明西南联大任教; 1945 年再次出国在美国加州大学伯克利分校、哥伦比亚大学和北卡罗来纳大学任教. 1947 年 10 月回国后, 一直执教于北京大学, 直至去世.

许宝騄的学术成就主要是在数理统计和概率论这两个紧密相关的数学领域中. 1936 年赴英留学攻读博士期间, 当时伦敦大学学院规定数理统计方向要取得哲学博士学位, 必须寻找一个新的统计量, 编辑一张临界值的统计表, 而许宝騄因成绩优异、研究工作突出, 成为第一个被破格用统计实习的口径来替代学校要求的新统计量的临界值表. 1938 年, 许宝騄发表了他关于数理统计的第一篇论文, 考察了一类统计量, 找到了密度的级数展开式, 被称为"数学严密性的一个范本"; 对高斯-马尔可夫模型中方差的最优估计的研究是后来关于方差分量和方差的最佳二次估计的众多研究的起点; 揭示了线性假设的似然比检验的第一个优良性质, 推动了人们对所有相似检验进行研究. 1940 年以来, 他也在概率论方面进行工作, 得到了样本方差分布的渐近展开以及中心极限定理中误差大小的阶的精确估计; 与 H. 罗宾斯合作提出的"完全收敛"则是强大数律的有趣加强, 成为后来一系列有关强收敛速度的研究起点.

施普林格出版社刊印《许宝騄全集》后的书评:"许宝騄被公认为是在数理统计和概率论方面第一个具有国际声望的中国数学家."

第 10 章　Excel 在概率统计中的应用

随着信息数据数量不断增大, 统计方法的计算机实现是大势所趋. 在学习概率论与数理统计课程的阶段, 掌握相关的计算机技术不仅可以提高学生分析和研究问题的能力, 也是他们将来从事实际问题研究工作的基础. 现有的统计分析软件如 SAS、SPSS 等往往系统庞大、结构复杂、价格昂贵. 本章介绍 Excel 在概率统计中的应用.

10.1　Excel 简介

Excel 是 Microsoft 公司开发的 Office 办公软件包中最重要的软件之一, 其使用频率仅次于 Word. 由于 Excel 采用电子表格技术, 从诞生起便与数据统计分析有着必然的联系. 在实际工作中, Excel 有两个特点: 自动计算功能和制图功能. 利用 Excel 的自动计算功能, 在进行一些数据处理时, 可以方便地计算一些常用统计量; 利用 Excel 的绘图功能, 根据工作表中的数据可以生成曲线图、柱形图、饼图、直方图、箱线图等图形, 从而为数据的直观展示提供了极大的方便.

另外, 随着 Excel 版本的不断提高, 统计分析功能也日渐强大, 其中专为统计分析设计的各类统计函数简化了计算, 而且通过加载项添加的数据分析工具使复杂的统计分析过程变得更加快捷、简便.

考虑到 Excel 软件已经非常普及, 我们假定读者已经熟悉 Excel 的基本操作. 基于 Excel 2019 版本, 针对本书包含的一些基本内容, 给出 Excel 的简单操作步骤和一些统计函数的使用方法, 重点是结合具体例子, 说明计算结果的含义.

Excel 的分析工具库

Excel 带有专门用于数据统计分析的数据分析工具. 检查 Excel 的 "数据" 菜单, 查看是否已经安装了 "数据分析" 工具. 如果没有, 则需要调用 "加载项" 来安装 "分析工具库". 安装后, 在 "数据" 菜单就会出现 "数据分析" 对话框, 如图 10.1 所示, 其中有 19 个模块, 具体含义分别如下.

(1)【随机数发生器】此工具可产生服从指定分布的若干个独立同分布随机样本观测值, 是随机模拟的基础.

(2)【抽样】此工具可实现从给定数据中, 按照指定方式抽取一定数量的数据样本.

图 10.1　Excel 的数据分析工具库

(3)【描述统计】对于指定的一组数值型数据, 计算常用的统计量. 这些统计量有平均值、标准差、方差、极差 (全距)、最小值、最大值、总和、总个数、中位数、众数、峰态系数、偏态系数等.

(4)【直方图】此工具可画出一组有序数据的 (累积) 频率直方图, 分组情况由 "接受区域" 选项确定, 所画矩形高度表示频率 (注意: 不是用面积表示频率), 因而其矩形宽度没有意义.

(5)【排位与百分比排位】对一组有序数据排序, 并给出每个数据的排位序号 (秩) 和相应数据在数据集中的百分比排位 (分位数).

(6)【t-检验: 平均值的成对双样本分析】此工具给出成对数据比较检验的计算结果, 要求数据成对出现, 计算结果包括了单边假设和双边假设的临界值与 p 值.

(7)【t-检验: 双样本等方差假设】此工具给出两个正态总体均值的假设检验过程, 假定两个正态总体方差相等 (但未知), 不要求数据成对出现, 计算结果包括了单边假设和双边假设的临界值与 p 值.

(8)【t-检验: 双样本异方差假设】此工具给出两个正态总体均值的假设检验过程, 假定两个正态总体方差不相等 (且未知, Behrens-Fisher 问题), 不要求数据成对出现, 计算结果包括了单边假设和双边假设的临界值与 p 值.

(9)【Z-检验: 双样本平均差检验】此工具给出两个正态总体均值差的假设检验过程, 假定两个正态总体方差已知, 不要求数据成对出现, 计算结果包括了单边假设和双边假设的临界值与 p 值.

(10)【F-检验: 双样本方差】此工具给出两个正态总体方差比较的假设检验过程, 不要求数据成对出现, 计算结果包括了单边假设和双边假设的临界值与 p 值.

(11)【相关系数】输出多个 (至少两个) 数值型变量观测值的样本相关系数矩阵 (对称矩阵).

(12)【协方差】输出多个 (至少两个) 数值型变量观测值的样本协方差矩阵 (对称矩阵).

(13)【回归】此工具可以做一元线性回归分析.

(14)【方差分析: 单因素方差分析】此工具通过对一组观察值使用 "最小二乘法" 直线拟合来执行线性回归分析.

(15)【方差分析: 可重复双因素分析】此工具可以做双因素有交互作用方差分析, 输出方差分析表.

(16)【方差分析: 无重复双因素分析】此工具可以做双因素无交互作用方差分析, 输出方差分析表.

(17)【移动平均】对于一组时间序列数据, 得出给定步长 (间隔周期) 的 (历史) 移动平均数据序列 (数据序列长度将减小), 移动平均后的数据更能反映数据的趋势.

(18)【指数平滑】对于一组时序数据, 得出一次指数平滑序列. 其表达式如下:

$$F_{t+1} = \alpha y_t + (1 - \alpha)F_t,$$

其中, F_t 是第 t 期的预测值, y_t 是第 t 期的实际观测值, $\alpha\,(0 < \alpha < 1)$ 为平滑常数. 由此可见, 一次指数平滑中, 第 $t+1$ 期的预测值 F_{t+1} 是第 t 期的实际观测值 y_t 和预测值 F_t 的加权平均.

(19)【傅里叶分析】对一组实数或复数进行傅里叶变换或傅里叶逆变换, 输入数据的个数必须为 2 的偶数次幂.

本书只对与前几章有关的几个模块做进一步介绍, 要想全面深入了解其他模块功能的读者, 查看软件的帮助文档.

10.2　常见概率分布的计算

本节介绍概率论中几个常用分布的有关值的计算方法与计算结果的意义. 该内容看似简单, 实际上很有用, 可以替代附表的作用. 我们提倡读者利用身边的计算机计算概率值, 而不是去查表.

10.2.1　二项分布

设随机变量 $X \sim \mathrm{B}(n, p)$, 其概率分布列为

$$P\{X = k\} = b(x; n, p) = \mathrm{C}_n^k p^k (1 - p)^{n-k}, \quad k = 0, 1, 2, \cdots, n. \tag{10.1}$$

累积分布函数为

$$F(x) = P\{X \leqslant x\} = \sum_{k=0}^{[x]} \mathrm{C}_n^k p^k (1 - p)^{n-k}, \quad 0 \leqslant x < \infty. \tag{10.2}$$

在 Excel 中, 提供了两个函数: BINOM.DIST 函数和 BINOM.INV 函数, 可用于二项分布概率的计算.

1. BINOM.DIST 函数

公式 (10.1) 和公式 (10.2) 可由下面函数计算.

> BINOM.DIST(number_s, trials, probability_s, cumulative)

其中各参数含义如下.

number_s: 试验成功的次数, 相当于公式 (10.1) 和公式 (10.2) 中的 k.

trials: 独立试验的总次数, 相当于公式 (10.1) 和公式 (10.2) 中的 n.

probability_s: 每次试验中成功的概率, 相当于公式 (10.1) 和公式 (10.2) 中的 p.

cumulative: 逻辑值, 取值为 TRUE 或 FALSE, 用于确定函数的形式. 如果 cumulative 为 TRUE, 函数 BINOM.DIST 返回累积分布函数值, 即由公式 (10.2) 计算的值; 如果为 FALSE, 返回概率函数值, 即由公式 (10.1) 计算的值.

说明: number_s, trials 和 probability_s 均为数值型, 且 number_s 和 trials 将被截尾取整. 理论上, 分布函数的定义域为全体实数, 即公式 (10.2) 中的 x 可正可负, 但在实际计算时如果 number_s < 0 或 number_s > trials, 函数 BINOM.DIST 返回错误值 #NUM.

示例: BINOM.DIST(6, 10, 0.3, TRUE) = 0.9894; BINOM.DIST(6, 10, 0.3, FALSE) = 0.0368. 这意味着如果设随机变量 $X \sim B(10, 0.3)$, 则有 $P\{X \leqslant 6\} = 0.9894$, 而 $P\{X = 6\} = 0.0368$.

2. BINOM.INV 函数

> BINOM.INV(trials, probability_s, alpha)

返回使累积分布函数式 (10.2) 大于等于给定临界值 alpha 的最小的 x 值, 可看作累积分布函数的反函数, 即 $\inf\{x : F(x) \geqslant \text{alpha}\}$. 其中各参数含义如下.

alpha: 临界值, 是一个概率值.

说明: 如果任意参数为非数值型, 函数 BINOM.INV 返回错误值 #VALUE; 如果 trials 不是整数, 将被截尾取整; 如果 trials < 0, 或者 probability_s < 0, 或者 probability_s > 1, 或者 alpha < 0, 或者 alpha > 1, 函数 BINOM.INV 均返回错误值 #NUM.

示例: BINOM.INV(20, 0.55, 0.95) = 15. 这意味着如果设随机变量 $X \sim B(20, 0.55)$, 则有 $P\{X \leqslant 15\} \geqslant 0.95$, 而 $P\{X \leqslant 14\} < 0.95$.

10.2.2 泊松分布

设随机变量 $X \sim P(\lambda)$, 其概率分布列为

$$P\{X = k\} = \frac{\lambda^k}{k!}\mathrm{e}^{-\lambda}, \quad k = 0, 1, 2, \cdots, \tag{10.3}$$

累积概率分布 (分布函数) 为

$$F(x) = P\{X \leqslant x\} = \sum_{k=0}^{[x]} \frac{\lambda^k}{k!}\mathrm{e}^{-\lambda}, \quad 0 \leqslant x < \infty, \tag{10.4}$$

$\lambda > 0$ 为常数. 在 Excel 中, 给出了 POISSON.DIST 函数计算泊松分布的概率值.

$$\boxed{\text{POISSON.DIST}(x, \text{mean}, \text{cumulative})}$$

其中各参数含义如下

x: 事件数, 相当于公式 (10.3) 中的 k 和公式 (10.4) 中的 x.

mean: 期望值, 相当于公式 (10.3) 和公式 (10.4) 中的 λ.

cumulative: 逻辑值, 确定所返回的概率分布形式. 如果 cumulative 为 TRUE, 返回由公式 (10.4) 计算的分布函数值; 如果为 FALSE, 则返回由公式 (10.3) 计算的概率值.

说明: 如果 x 不为整数, 将被截尾取整; 如果 x 或 mean 为非数值型, 或 $x < 0$, 或 mean $\leqslant 0$, 均返回错误值 #NUM.

示例: POISSON.DIST$(4, 3.0, \text{FALSE}) = 0.1680$; POISSON.DIST$(4, 3.0, \text{TRUE}) = 0.8153$. 这意味着如果设随机变量 $X \sim \text{P}(3.0)$, 则有 $P\{X = 4\} = 0.1680$, 而 $P\{X \leqslant 4\} = 0.8153$.

10.2.3　指数分布

设随机变量 $X \sim \text{Exp}(\lambda)$, 概率密度函数为

$$f(x; \lambda) = \lambda \mathrm{e}^{-\lambda x}, \quad x \geqslant 0, \tag{10.5}$$

相应的分布函数为

$$F(x; \lambda) = 1 - \mathrm{e}^{-\lambda x}, \quad x \geqslant 0, \tag{10.6}$$

在 Excel 中, 给出了 EXPON.DIST 函数可用于指数分布的计算.

$$\boxed{\text{EXPON.DIST}(x, \text{lambda}, \text{cumulative})}$$

返回指数分布的概率密度函数或累积分布函数在 x 的值.

x: 需要计算其分布函数的自变量值.

lambda: 指数分布参数值, 相当于公式 (10.5) 和公式 (10.6) 中的 λ.

cumulative: 逻辑值, 如果 cumulative 为 TRUE, 返回由公式 (10.6) 计算的分布函数值; 如果 cumulative 为 FALSE, 返回由公式 (10.5) 计算的概率密度函数值.

说明: 如果 x 或 lambda 为非数值型, 返回错误值 #VALUE; 如果 $x < 0$, 或 labmda $\leqslant 0$, 返回错误值 #NUM.

示例: $F(0.2; 10) = \text{EXPON.DIST}(0.2, 10.0, \text{TRUE}) = 0.8647$,
　　　　$f(0.2; 10) = \text{EXPON.DIST}(0.2, 10.0, \text{FALSE}) = 1.3534$.

10.2.4　正态分布

设随机变量 $X \sim \mathrm{N}(\mu, \sigma^2)$, 概率密度函数为

$$f(x; \mu, \sigma) = \frac{1}{\sqrt{2\pi}\sigma}\exp\left\{-\frac{(x-\mu)^2}{2\sigma^2}\right\}, \tag{10.7}$$

对应的分布函数为

$$F(x; \mu, \sigma) = \frac{1}{\sqrt{2\pi}\sigma}\int_{-\infty}^{x}\exp\left\{-\frac{(t-\mu)^2}{2\sigma^2}\right\}\mathrm{d}t, \tag{10.8}$$

其中 $\mu, \sigma\,(\sigma > 0)$ 为常数. 在 Excel 中, 给出的 NORM.DIST 函数和 NORM.INV 函数可用于一般正态分布的计算. 相应的标准正态分布的计算函数分别为 NORM.S.DIST 函数和 NORM.S.INV 函数.

1. NORM.DIST 函数

$$\boxed{\text{NORM.DIST}(x, \text{mean}, \text{standard\_dev}, \text{cumulative})}$$

返回指定均值和标准差的正态分布的密度函数值或分布函数值.

x: 需要计算的自变量数值.

mean: 正态分布的均值, 相当于公式 (10.7) 和公式 (10.8) 中的 μ.

standard_dev: 正态分布的标准差, 相当于公式 (10.7) 和公式 (10.8) 中的 σ.

cumulative: 逻辑值, 如果 cumulative 为 TRUE, 返回由公式 (10.8) 计算的分布函数值; 如果为 FALSE, 返回由公式 (10.7) 计算的概率密度函数值.

说明: 如果 mean 或 standard_dev 为非数值型, 返回错误值 #VALUE; 如果 standard_dev $\leqslant 0$, 返回错误值 #NUM; 如果 mean $= 0$, standard_dev $= 1$, 则 NORM.DIST 对应标准正态分布.

示例: $\text{NORM.DIST}(1, 0, 1, \text{TRUE}) = 0.8413$, 即 $F(1; 0, 1) = \Phi(1) = 0.8413$;
　　　　$\text{NORM.DIST}(42, 40, 1.5, \text{FALSE}) = 0.1093$, 即 $f(42; 40, 1.5) = 0.1093$.

2. NORM.INV 函数

$$\boxed{\text{NORM.INV(probability, mean, standard\_dev)}}$$

返回指定均值和标准差的正态分布函数的反函数, 也就是分位数, 即 $F^{-1}(p; \mu, \sigma)$.

probability: 概率值 p.

说明: 如果任一参数为非数值型, 返回错误值 #VALUE; 如果 probability < 0, 或 probability > 1, 或 standard_dev $\leqslant 0$, 均返回错误值 #NUM; 如果 mean $= 0$ 且 standard_dev $= 1$, 则函数 NORM.INV 使用标准正态分布 (参见函数 NORM.S. INV). 这个函数常用于求正态分布的分位数点.

示例: NORM.INV(0.95, 0, 1)=1.6449, 即 $z_{0.95} = \Phi^{-1}(0.95) = 1.6449$.

10.2.5 χ^2 分布

设随机变量 $X \sim \chi^2(n)$, 概率密度函数为

$$f(x; n) = \frac{1}{2^{n/2}\Gamma(n/2)} x^{n/2-1} \mathrm{e}^{-x/2}, \quad x > 0, \tag{10.9}$$

相应的分布函数为

$$F(x; n) = \frac{1}{2^{n/2}\Gamma(n/2)} \int_0^x t^{n/2-1} \mathrm{e}^{-t/2} \mathrm{d}t, \quad x > 0. \tag{10.10}$$

Excel 的 CHISQ.DIST 函数、CHISQ.INV 函数可用于 χ^2 分布的计算.

1. CHISQ.DIST 函数

$$\boxed{\text{CHISQ.DIST}(x, \text{deg\_freedom, cumulative})}$$

返回 χ^2 分布的分布函数或密度函数在 x 的值.

x: 用来进行计算的自变量值.

deg_freedom: 一个表示自由度数的整数, 相当于公式 (10.9) 和公式 (10.10) 中的 n.

cumulative: 逻辑值, 如果 cumulative 为 TRUE, 返回公式 (10.10) 计算的分布函数值; 如果为 FALSE, 则返回公式 (10.9) 计算的概率密度函数值.

说明: 如果任意参数是非数值型, 则 CHISQ.DIST 返回错误值 #VALUE; 如果 x 为负数, 或者 deg_freedom < 1, 则 CHISQ.DIST 返回错误值 #NUM; 如果 deg_freedom 不是整数, 则将被截尾取整.

示例: $F(31.415; 20) = \text{CHISQ.DIST}(31.415, 20, \text{TRUE}) = 0.9500$,

$f(20.4; 20) = \text{CHISQ.DIST}(20.4, 20, \text{FALSE}) = 0.0612$.

2. CHISQ.INV 函数

> CHISQ.INV(probability, deg_freedom)

返回 χ^2 分布的分布函数反函数的值, 也就是分位数值, 即 $F^{-1}(p;\, n) = \chi_p^2(n)$.

probability: χ^2 分布的分布函数值, 是一个概率值 p.

说明: 如果任一参数为非数值型, 返回错误值 #VALUE; 如果 probability < 0, 或 probability > 1, 或 deg_freedom < 1, 均返回错误值 #NUM; 如果 deg_freedom 不是整数, 则将被截尾取整.

示例: CHISQ.INV(0.95, 30) $= 43.773$, 即 $\chi_{0.95}^2(30) = 43.773$.

10.2.6 t 分布

设随机变量 $X \sim \mathrm{t}(n)$, 概率密度函数为

$$f(x;\, n) = \frac{\Gamma\big((n+1)/2\big)}{\Gamma(n/2)\sqrt{n\pi}} \left(1 + \frac{x^2}{n}\right)^{-\frac{n+1}{2}}, \tag{10.11}$$

相应的分布函数为

$$F(x;\, n) = \frac{\Gamma\big((n+1)/2\big)}{\Gamma(n/2)\sqrt{n\pi}} \int_{-\infty}^{x} \left(1 + \frac{t^2}{n}\right)^{-\frac{n+1}{2}} \mathrm{d}t. \tag{10.12}$$

Excel 给出的 T.DIST 函数、T.INV 函数可用于 t 分布的计算.

1. T.DIST 函数

> T.DIST(x, deg_freedom, cumulative)

返回 t 分布的分布函数或密度函数在 x 的值.

x: 用来进行函数计算的值.

deg_freedom: 一个表示自由度的整数, 相当于公式 (10.11) 和公式 (10.12) 中的 n.

cumulative: 逻辑值, 如果 cumulative 为 TRUE, 返回由公式 (10.12) 计算的分布函数值; 如果为 FALSE, 则返回由公式 (10.11) 计算的概率密度函数.

说明: 如果 x 为非数值型, 或 deg_freedom < 1, 返回错误值 #VALUE.

示例: $F(12.5;\, 1) = $ T.DIST(12.5, 1, TRUE) $= 0.9746$;

$f(1.5;\, 3) = $ T.DIST(1.5, 3, FALSE) $= 0.1200$.

2. T.INV 函数

> T.INV(probability, deg_freedom)

返回 t 分布的分布函数的反函数值, 也就是分位数值, 即 $F^{-1}(p;\, n) = t_p(n)$.

probability: t 分布的分布函数值, 是一个概率值 p.

说明: 如果任一参数是非数值型, 或 deg_freedom < 1, 返回错误值 #VALUE. 如果 probability ≤ 0 或 probability > 1, 则 T.INV 返回错误值 #NUM; 如果 deg_freedom 不是整数, 则将被截尾取整.

示例: T.INV(0.95, 20) = 1.7247, 即 $t_{0.95}(20) = 1.7247$.

10.2.7 F 分布

设随机变量 $X \sim F(n_1, n_2)$, 概率密度函数为

$$f(x; n_1, n_2) = \begin{cases} \dfrac{\Gamma\big((n_1+n_2)/2\big)}{\Gamma(n_1/2) \cdot \Gamma(n_2/2)} \left(\dfrac{n_1}{n_2}\right)^{\frac{n_1}{2}} x^{\frac{n_1}{2}-1} \left(1 + \dfrac{n_1}{n_2}x\right)^{-\frac{n_1+n_2}{2}}, & x > 0, \\ 0, & x \leqslant 0. \end{cases} \tag{10.13}$$

相应的分布函数为

$$F(x; n_1, n_2) = \int_0^x f(t; n_1, n_2)\mathrm{d}t. \tag{10.14}$$

Excel 给出的 F.DIST 函数、F.INV 函数可用于 F 分布的计算.

1. F.DIST 函数

$$\boxed{\text{F.DIST}(x,\ \text{deg\_freedom1},\ \text{deg\_freedom2},\ \text{cumulative})}$$

返回 F 分布的分布函数或密度函数在 x 的值.

x: 用来进行函数计算的正数值.

deg_freedom1 和 deg_freedom2: 分别表示分子自由度和分母自由度, 相当于公式 (10.13) 和公式 (10.14) 中的 n_1 和 n_2.

cumulative: 逻辑值, 如果 cumulative 为 TRUE, 返回由公式 (10.14) 计算的分布函数值; 如果为 FALSE, 则返回由公式 (10.13) 计算的概率密度函数.

说明: 如果任一参数为非数值型, 则 F.DIST 返回错误值 #VALUE; 如果 x 为负数, 或自由度小于 1, 则 F.DIST 返回错误值 #NUM; 如果 deg_freedom1 或 deg_freedom2 不是整数, 则将被截尾取整.

示例: $F(2.3; 5, 10)$ = F.DIST(2.3, 5, 10, TRUE) = 0.8771,

$f(2.3; 5, 10)$ = F.DIST(2.3, 5, 10, FALSE) = 0.1161.

2. F.INV 函数

$$\boxed{\text{F.INV}(\text{probability},\ \text{deg\_freedom1},\ \text{deg\_freedom2})}$$

返回 F 分布的反函数的值, 也就是分位数值, 即 $F^{-1}(p; n_1, n_2) = F_p(n_1, n_2)$.

probability: F 分布的分布函数值, 是一个概率值 p.

说明: 如果任一参数为非数值型, 则 F.INV 返回错误值 #VALUE; 如果 probability < 0 或 probability > 1, 或自由度小于 1, 则 F.INV 返回错误值 #NUM; 如果自由度不是整数, 则将被截尾取整.

示例: F.INV(0.95, 6, 4) $= 6.1631$, 即 $F_{0.95}(6, 4) = 6.1631$.

10.3　在假设检验中使用 Excel 软件

第 8 章我们详细讨论了假设检验的基本内容, 指出针对一个假设, 其检验法则可以由拒绝域确定, 也可以通过计算 p 值而定. 在 Excel 中我们可以方便地计算 p 值, 因而这一节我们介绍如何针对一些常用的假设, 利用 Excel 计算相应检验的 p 值.

一个假设的检验是通过一个检验统计量完成的, 依照检验统计量所服从的分布, 用到标准正态分布的检验称为 Z-检验 (或 U-检验); 用到 t 分布的检验称为 t-检验; 用到 F 分布的检验称为 F-检验; 用到 χ^2 分布的检验称为 χ^2-检验等. Excel 给出了上述检验的 p 值计算函数.

10.3.1　Z-检验——单样本情形

Excel 提供的函数 Z.TEST, 可以返回单个正态总体均值单边假设检验的 p 值.

$$\boxed{\text{Z.TEST}(\text{array}, \mu_0, \sigma)}$$

返回假设检验问题 (8.3) 的检验的 p 值, 即样本均值 $\bar{X}$ 大于数据观察平均值 $\bar{x}$ 的概率.

array: 样本数组或数据区域.

μ_0: 给定的检验值, 这里是已知常数.

σ: 可选参数, 是总体的标准差; 如果省略, 则用样本标准差 s 代替 (要求大样本).

不省略 σ 时, 函数 Z.TEST 的计算公式为

$$\text{Z.TEST}(\text{array}, \mu_0, \sigma) = 1 - \Phi\left(\frac{\bar{x} - \mu_0}{\sigma/\sqrt{n}}\right), \tag{10.15}$$

省略 σ 时, 函数 Z.TEST 的计算公式为

$$\text{Z.TEST}(\text{array}, \mu_0) = 1 - \Phi\left(\frac{\bar{x} - \mu_0}{s/\sqrt{n}}\right), \tag{10.16}$$

其中, $\bar{x}$ 为样本平均值, s 为样本标准差, n 为样本容量, $\Phi(\cdot)$ 为标准正态分布函数.

说明: 如果 array 为空, 函数 Z.TEST 返回错误值 #N/A;

下面的 Excel 公式可用于计算双边假设的 p 值:

$$p = 2\text{*MIN(Z.TEST(array, }\mu_0, \sigma), 1-\text{Z.TEST(array, }\mu_0, \sigma)).$$

例 10.1 假设某成绩服从正态分布, 标准差为 5. 现随机抽取 20 名学生的成绩如下:

83, 75, 72, 85, 90, 88, 81, 78, 80, 85, 84, 80, 75, 82, 81, 83, 89, 78, 76, 79.

检验总体平均成绩是否为 80 分?

解 新建一工作表, 输入上面数据, 如图 10.2 所示, 在 A6 单元格输入函数

=2*MIN(Z.TEST(A2:E5, 80, 5), 1−Z.TEST(A2:E5, 80, 5)).

输出检验的 p 值为 0.2831, 比较大, 不能拒绝原假设, 认为总体平均成绩与 80 分没有显著差异.

A6 =2*MIN(ZTEST(A2:E5,80,5),1-ZTEST(A2:E5,80,5))

	A	B	C	D	E	F	G
1	方差已知时正太总体均值的双边检验						
2	83	75	72	85	90		
3	88	81	78	80	85		
4	84	80	75	82	81		
5	83	89	78	76	79		
6	0.283130871						

图 10.2 Z.TEST 函数做双边检验

10.3.2 Z-检验——双样本情形

关于两个正态总体均值之差的假设, 当两个正态方差均已知 (或大样本容量) 时, 也用 Z-检验. 其检验统计量的观测值为

$$z = \frac{(\bar{x}_1 - \bar{x}_2) - (\mu_1 - \mu_2)}{\sqrt{\sigma_1^2/n_1 + \sigma_2^2/n_2}}, \tag{10.17}$$

这时可以利用 Excel 的【数据分析】/【Z-检验: 双样本平均差检验】模块来完成.

例 10.2 假设某电信公司要研究男性和女性客户在手机月话费上是否存在差异. 假定月话费服从正态分布, 男性月话费标准差为 10 元, 女性月话费标准差为 7 元. 现随机抽取 30 名客户 (人数可以不同), 统计月话费如下.

男性: 82, 95, 62, 78, 90, 73, 58, 75, 86, 80, 79, 72, 89, 85, 82;

女性: 81, 76, 75, 71, 79, 73, 68, 79, 62, 66, 74, 73, 76, 69, 65.

试判断男女客户之间是否存在显著差异?

解 选择【数据分析】/【Z-检验: 双样本平均差检验】选项, 弹出对话框, 如图 10.3 所示. 其中【假设平均差】指公式 (10.17) 中的 $\mu_1 - \mu_2$; 其余各项含义明显, 最终计算结果如图 10.4 所示.

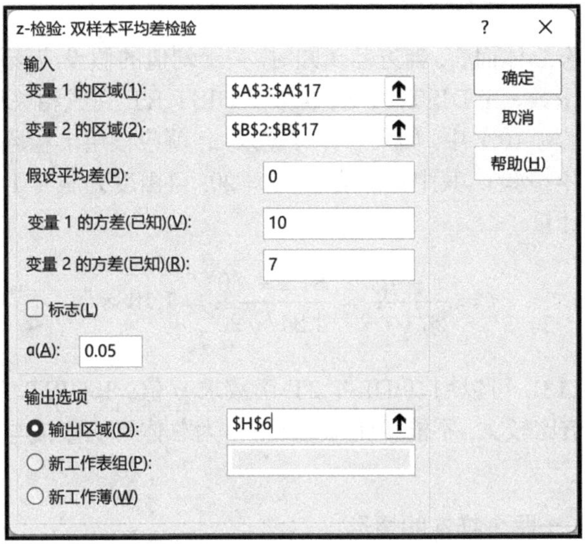

图 10.3 【Z-检验: 双样本平均差检验】对话框

A	B	C	D	E
		Z-检验：双样本平均差检验		
男性客户	女性客户			
82	81			
95	76	z-检验: 双样本均值分析		
62	75			
78	71		变量 1	变量 2
90	79	平均	79.0666667	72.46666667
73	73	已知协方差	10	7
58	68	观测值	15	15
75	79	假设平均差	0	
86	62	z	6.19962048	
80	66	P(Z<=z) 单尾	2.83E-10	
79	74	z 单尾临界	1.64485363	
72	73	P(Z<=z) 双尾	5.6599E-10	
89	76	z 双尾临界	1.95996398	
85	69			
82	65			

图 10.4 【Z-检验: 双样本平均差检验】结果

说明: 【Z-检验: 双样本平均差检验】分析工具用于检验两个总体均值之间差异的原假设, 应该仔细理解输出. 当总体均值之间没有差别时, “P(Z< =z) 单

尾" 是 $P(Z \geqslant |z|)$, 也就是假设问题 (8.12) 的检验 p 值; "P(Z < =z) 双尾" 是 $P(|Z| \geqslant |z|)$, 也就是假设问题 (8.13) 的检验 p 值; 其中 Z 是标准正态变量, z 是由公式 (10.17) 计算的值, 显然双尾结果是单尾结果的 2 倍.

10.3.3　t-检验——单样本情形

对于单个正态总体而言, 当方差未知时, 关于均值的假设应该用 t-检验. Excel 提供的 T.DIST 函数、T.DIST.2T 函数和 T.DIST.RT 完成相关计算.

例 10.3　在例 10.1 中, 如果总体方差未知, 就应该用 t-检验 (如果样本容量很大, 也可以用 Z-检验). 其中样本容量 $n = 20$, 自由度为 $n - 1 = 19$, 由样本观测值计算检验统计量

$$t = \frac{\bar{x} - \mu_0}{s/\sqrt{n}} = \frac{81.2 - 80}{4.84/\sqrt{20}} = 1.1088.$$

考虑双边假设 (8.13), 可以用 T.DIST.2T 函数求 p 值: T.DIST.2T(1.1088, 19) = 0.2814. 这个 p 值比较大, 不能拒绝原假设, 认为总体平均成绩与 80 分没有显著差异.

10.3.4　t-检验——两个样本的情形

关于两个正态总体均值的假设, 也用 t-检验法, 如果仍然使用前面的 T.DIST 函数, 则要求先算出有关统计量的值. Excel 提供的另一个函数 T.TEST 和三个数据分析工具:【t-检验: 平均值的成对双样本分析】、【t-检验: 双样本等方差假设】、【t-检验: 双样本异方差假设】可以更加方便地输出结果, 而不必先计算统计量的值.

$$\boxed{\text{T.TEST(array1, array2, tails, type)}}$$

返回与 t-检验相关的概率 (p 值).

array1: 第一个数据集.

array2: 第二个数据集.

tails: 计算概率的尾数, 如果 tails = 1, 函数 T.TEST 计算单尾概率; 如果 tails = 2, 计算双尾概率.

type: t-检验的类型, 如果 type = 1, 为成对数据比较检验; 如果 type = 2, 为等方差双样本检验; 如果 type = 3, 为异方差双样本检验.

说明: 如果 array1 和 array2 的数据个数不同, 且 type = 1(成对), 函数 T.TEST 返回错误值 #N/A; 参数 tails 和 type 将被截尾取整; 如果 tails 或 type 为非数值型, 返回错误值 #VALUE.

1. 成对样本的均值的检验

我们在 8.3.4 节中讨论了成对数据的比较检验法, 这个问题本质上是一个单样本 t-检验问题.

例 10.4 十个失眠患者服用甲、乙两种安眠药, 延长睡眠时间如下 (h):

甲: 1.9, 0.8, 1.1, 0.1, −0.1, 4.4, 5.5, 1.6, 4.6, 3.4;

乙: 0.7, −1.6, −0.2, −1.2, −0.1, 3.4, 3.7, 0.8, 0.0, 2.0.

假设服用两种安眠药后增加的睡眠时间服从正态分布, 试在水平 $\alpha = 0.05$ 下, 检验这两种安眠药的疗效有无显著差异?

解 我们使用 T.TEST 函数和【t-检验: 平均值的成对双样本分析】分别计算, 结果如图 10.5 所示. 可见计算结果是一致的.

A	B	C	D	E
		成对样本的t-检验		
甲	乙		**t-检验: 成对双样本均值分析**	
1.9	0.7			
0.8	-1.6		变量 1	变量 2
1.1	-0.2	平均	2.33	0.75
0.1	-1.2	方差	4.009	3.2005556
-0.1	-0.1	观测值	10	10
4.4	3.4	泊松相关系数	0.79517021	
5.5	3.7	假设平均差	0	
1.6	0.8	df	9	
4.6	0.0	t Stat	4.06212768	
3.4	2.0	P(T<=t) 单尾	0.00141645	
		t 单尾临界	1.83311293	
T.TEST -p值	0.00283289	P(T<=t) 双尾	0.00283289	
		t 双尾临界	2.26215716	

图 10.5　t-检验——成对双样本的均值的检验结果

2. 方差相等时均值的检验

两个正态总体的方差未知但假定相等, 要检验的是有关两个总体均值的假设. 可使用 T.TEST 函数 (type = 2) 或【t-检验: 双样本等方差假设】工具计算.

3. 方差不等时均值的检验

两个正态总体的方差未知且不相等, 要检验的是有关两个总体均值的假设. 这是统计学中著名的 Behrens-Fisher 问题. 可使用 T.TEST 函数 (type = 3) 或【t-检验: 双样本异方差假设】工具计算.

10.3.5　F-检验——两总体方差的假设检验

设总体 $X \sim \mathrm{N}(\mu_1, \sigma_1^2)$, $Y \sim \mathrm{N}(\mu_2, \sigma_2^2)$, $X_1, X_2, \cdots, X_{n_1}$ 和 $Y_1, Y_2, \cdots, Y_{n_2}$ 分别是来自总体 X 和 Y 的样本且相互独立. 它们的样本方差分别为 S_1^2 和 S_2^2.

有关方差 σ_1^2 和 σ_2^2 的假设及相应的检验法则参见第 8 章内容. Excel 提供的 F.TEST 函数和【F-检验: 双样本方差】工具可以方便地输出相应检验的 p 值.

$$\boxed{\text{F.TEST(array1, array2)}}$$

返回 F-检验的结果, 表示当 array1 数组和 array2 数组的方差无明显差异时的双尾概率 (双边假设检验的 p 值).

array1: 第一个数组或数据区域.

array2: 第二个数组或数据区域.

例 10.5　在金融分析中, 收益率的方差常常作为风险度量, 方差越大则风险越大. 现有甲、乙两只股票 21 个交易日的收益率数据, 试判断甲股票的风险是否高于乙股票 (取显著性水平 $\alpha = 0.05$)?

解　我们使用 F.TEST 函数和【F-检验: 双样本方差】工具分别计算, 原始数据和计算结果如图 10.6 所示. 可见计算结果是一致的.

A	B	C	D	E	F
			F-检验：两总体方差的假设检验		
序号	甲股票	乙股票			
1	0.003119	0.009901			
2	0.030052	-0.013725		**F-检验 双样本方差分析**	
3	-0.023139	-0.013917			
4	-0.008239	0.006048		变量 1	变量 2
5	-0.022845	-0.008016	平均	-0.00511086	-0.00177014
6	-0.022317	0.002020	方差	0.000445455	0.000318564
7	-0.010870	-0.020161	观测值	21	21
8	-0.002198	0.004115	df	20	20
9	0.000000	0.002049	F	1.398319986	
10	-0.020925	-0.012270	P(F<=f) 单尾	0.230050663	
11	0.046119	0.018634	F 单尾临界	2.124155213	
12	-0.009677	-0.002033			
13	-0.022801	-0.042770	F.TEST - p 值	0.460101327	
14	0.011111	-0.025532			
15	-0.002198	0.013100			
16	0.003304	0.028017			
17	-0.006586	-0.014675			
18	-0.014365	0.008511			
19	-0.005605	-0.012658			
20	-0.051860	0.004274			
21	0.022592	0.031915			

图 10.6　F-检验——两总体方差的假设检验

10.3.6 χ^2-检验——单个总体方差的假设检验

对于单个正态总体, 有关方差 σ^2 的假设检验问题有式 (8.8)~(8.10), 选用的检验统计量为

$$\chi^2 = \frac{(n-1)S^2}{\sigma_0^2},$$

当原假设成立时, 该统计量服从自由度为 $n-1$ 的 χ^2 分布.

因此, 有关方差 σ^2 的假设检验问题, 只要计算出检验统计量的值, 利用 CHISQ. DIST 函数容易计算 p 值, 只是一定要注意假设的方向性; 或者对于给定的显著性水平, 利用 CHISQ.INV 函数计算出临界值, 两者实际上是等效的.

10.4 方差分析与回归分析

10.4.1 单因素方差分析

与单因素方差分析对应的是单因素试验. 在单因素试验中, 获得该因素在不同水平下的试验指标的若干组独立的样本观测值, 每组观测值中包含的数目可以不同. 单因素方差分析的结果通常总结在方差分析表中. Excel 在分析工具库中提供了【方差分析: 单因素方差分析】工具, 如图 10.7 所示, 利用它可以直接实现单因素方差分析.

图 10.7　【方差分析: 单因素方差分析】对话框

下面结合一个例子说明【方差分析: 单因素方差分析】对话框中各参数的含义.

例 10.6　　图 10.8 给出了小白鼠在接种三种不同菌型伤寒杆菌后的存活日数 (试验指标). 试问三种菌型的平均存活日数有无显著差异?

A	B	C	D	E	F	G	H	I	J
菌型1	菌型2	菌型3				方差分析: 单因素方差分析			
2	5	7							
4	6	11	SUMMARY						
3	8	6	组	观测数	求和	平均	方差		
2	5	6	列 1	10	40	4	3.55555556		
4	10	7	列 2	9	65	7.22222222	5.69444444		
7	7	9	列 3	11	80	7.27272727	6.01818182		
7	12	5							
2	6	10							
5	6	6	方差分析						
4		3	差异源	SS	df	MS	F	p-value	F crit
		10	组间	70.4292929	2	35.2146465	6.90295908	0.00379008	3.35413083
			组内	137.737374	27	5.10138421			
			总计	208.166667	29				

图 10.8　单因素方差分析结果

【输入区域】在此输入待分析数据区域的单元格引用, 该引用必须由两个或两个以上按列或行排列的相邻数据区域组成. 本例中输入如图 10.8 所示.

【分组方式】若要指示输入区域中的数据是按行还是按列排列, 请单击 "行" 或 "列".

【标志位于第一行/标志位于第一列】如果输入区域的第一行中包含标志项, 请选择 "标志位于第一行" 复选框; 如果输入区域的第一列中包含标志项, 请选择 "标志位于第一列" 复选框; 如果输入区域没有标志项, 该复选框将被清除, Excel 将在输出表中生成适宜的数据标志.

【α】显著性水平.

【输出区域】输出表左上角单元格.

从图 10.8 可以看出, 单因素方差分析工具的输出结果被分为两部分: "SUMMARY" 和 "方差分析". 其中 "SUMMARY" 给出样本的一些基本信息, 包括各组的样本观测数、和、均值、方差等; 而 "方差分析" 部分给出了方差分析表, 包括组间离差平方和 (即因素离差平方和)、组内离差平方和 (即误差离差平方和)、自由度 df、平均离差平方和 MS(平方和除以相应的自由度)、F 统计量、p 值、临界值等.

本例中 $p = 0.0038$, 说明三种菌型的平均存活日数有显著差异.

10.4.2　一元线性回归分析

在 Excel 分析工具中给出了【回归】工具来直接实现回归, 如图 10.9 所示, 我们这里只介绍利用【回归】工具实现回归的方法. 关于【回归】对话框的说明如下.

图 10.9　　【回归】对话框

【Y 值输入区域】因变量数据区域, 该区域必须由单列数据组成.

【X 值输入区域】自变量数据区域, Excel 将对此区域中的自变量从左到右进行升序排列.

【标志】如果输入区域的第一行或第一列包含标志, 请选择此复选框, Excel 将在输出表中生成适宜的数据标志.

【置信度】所要使用的置信度, 默认值为 95%.

【常数为零】如果要强制回归线经过原点, 选择此复选框.

【输出区域】输出表左上角单元格的引用.

【残差】如果需要在残差输出表中包含残差, 请选择此复选框.

【标准残差】如果需要在残差输出表中包含标准残差, 请选择此复选框.

【残差图】如果需要为每个自变量及其残差生成一张图表, 请选择此复选框.

【线性拟合图】如果需要为预测值和观察值生成一张图表, 请选择此复选框.

【正态概率图】如果需要生成一张图表来绘制正态概率, 请选择此复选框.

例 10.7　　某商家要研究广告投入的效果, 从所有销售额相近的地区中随机选取 16 个地区, 分别统计销售额和广告费用, 如图 10.10 所示.

A	B	C
应用回归分析工具实现回归分析		
地区	销售额Y	广告费X
1	5600	450
2	5200	400
3	3200	200
4	4200	330
5	4750	380
6	4400	350
7	3850	290
8	5900	480
9	3100	180
10	3250	210
11	4500	360
12	2800	150
13	5800	470
14	3300	250
15	4050	300
16	6100	500

图 10.10　　16 个地区广告费和销售额

现在用回归分析工具实现销售额对广告费的回归分析. 对应各部分输出的结果分别如下.

(1) 对应回归分析的总输出 (SUMMARY OUTPUT) 如图 10.11 所示.

下面介绍其中各项目的具体含义.

Multiple R: 多重相关系数, 是多重判定系数的平方根, 也称为复相关系数 (对于这里的一元线性回归而言, 就是简单相关系数), 它度量了因变量与 p 个 (本例中 $p = 1$) 自变量的相关程度.

R Square: 多重判定系数, 多重相关系数的平方, 是回归平方和占总平方和的比例, 它反映了因变量的变差中被回归方程所解释的变差比例.

Adjusted R Square: 修正多重判定系数, 是为避免增加自变量而高估 R^2, 用自变量的个数和样本容量对 R^2 加以修正而得到的值. 具体计算公式为

	E	F	G	H	I	J	K	L	M
SUMMARY OUTPUT									
回归统计									
Multiple R	0.991168546								
R Square	0.982415087								
Adjusted R Square	0.981159022								
标准误差	150.3216987								
观测值	16								
方差分析									
	df	SS	MS	F	Significance F				
回归分析	1	17673647.42	17673647.42	782.13701	1.0977E-13				
残差	14	316352.5836	22596.61311						
总计	15	17990000							
	Coefficients	标准误差	t Stat	P-value	Lower 95%	Upper 95%	下限 95.0%	上限 95.0%	
Intercept	1173.25228	120.494517	9.736976492	1.29824E-07	914.817244	1431.68732	914.8172436	1431.687316	
广告费X	9.665653495	0.345612788	27.96671253	1.09768E-13	8.92438779	10.4069192	8.924387788	10.4069192	

图 10.11   例 10.7 回归结果汇总

$$\text{Adjusted R Square} = 1 - (1 - R^2)\frac{n-1}{n-p-1},$$

其中, n 为样本容量, p 为自变量的个数 (本例中为 1).

标准误差: 是模型随机误差标准差的无偏估计, 是残差平方和与 $n - p - 1$ 的商的平方根.

方差分析表: 含义参见本书第 9 章.

Coefficients: Intercept $= 1173.25$, 广告费 $X = 9.67$. 它们分别是回归截距 a 和回归系数 b 的估计, 于是销售额对广告费的回归方程为

$$(\text{销售额})Y = 1173.25 + 9.67(\text{广告费})X.$$

t Stat: 相应参数的假设的 t 统计量的值.

P-value: 相应检验的 p 值. 如广告费对应的 p 值 $= 1.1\text{E-}13$, 这是关于回归系数 b 的双边假设

$$H_0 : b = 0 \quad \leftrightarrow \quad H_1 : b \neq 0$$

的 p 值. 由于这个值非常小, 故拒绝 H_0, 认为回归效果是显著的.

Lower 和 Upper: 置信区间的下限和上限. 比如, 广告费对应的下限和上限分别为 8.9244 和 10.4069, 说明回归系数 b 的置信水平为 95% 的置信区间为 [8.9244, 10.4069].

(2) 对应回归分析的残差输出和正态概率输出如图 10.12 所示.

10.4.3 多元线性回归分析

多元线性回归和一元线性回归类似, 只是自变量不止一个, 我们这里结合一个例子介绍利用【回归】工具实现多元线性回归的方法. 关于回归分析结果的具体说明在此不再赘述.

RESIDUAL OUTPUT					PROBABILITY OUTPUT	
观测值	预测 销售额Y	残差	标准残差		百分比排位	销售额Y
1	5522.796353	77.20364742	0.531615647		3.125	2800
2	5039.513678	160.4863222	1.105090795		9.375	3100
3	3106.382979	93.61702128	0.644636297		15.625	3200
4	4362.917933	-162.917933	-1.12183459		21.875	3250
5	4846.200608	-96.2006079	-0.66242658		28.125	3300
6	4556.231003	-156.231003	-1.07578914		34.375	3850
7	3976.291793	-126.291793	-0.86963111		40.625	4050
8	5812.765957	87.23404255	0.600683822		46.875	4200
9	2913.069909	186.9300912	1.287179619		53.125	4400
10	3203.039514	46.96048632	0.323364636		59.375	4500
11	4652.887538	-152.887538	-1.05276642		65.625	4750
12	2623.100304	176.899696	1.218111444		71.875	5200
13	5716.109422	83.89057751	0.577661097		78.125	5600
14	3589.665653	-289.665653	-1.99460517		84.375	5800
15	4072.948328	-22.9483283	-0.15801961		90.625	5900
16	6006.079027	93.92097264	0.646729272		96.875	6100

图 10.12　回归分析的残差输出和正态概率输出

例 10.8　假设要研究社会零售总额的影响因素, 选择 4 个可能的因素: 人均可支配收入、国内生产总值、固定投资总额和财政收入, 现有 15 年间对应的数据资料, 如图 10.13 所示, 试求出零售商品总额对上述 4 个因素的线性回归方程.

A	B	C	D	E
零售总额Y	人均可支配收入 X_1	国内生产总值 X_2	固定投资总额 X_3	财政收入 X_4
5820.00	1002.20	11962.50	3791.70	2199.35
7440.00	1181.40	14928.30	4753.80	2357.24
8101.40	1375.70	16909.20	4410.40	2664.90
8300.10	1510.20	18547.90	4517.00	2937.10
9415.60	1700.60	21617.80	5594.50	3149.48
10993.70	2026.60	26638.10	8080.10	3483.37
12462.10	2577.40	34634.40	13072.30	4348.95
16264.70	3496.20	46759.40	17042.10	5218.10
20620.00	4283.00	58478.10	20019.26	6242.20
24774.10	4838.90	67884.60	22913.55	7407.99
27298.90	5160.30	74462.60	24941.11	8651.14
29152.50	5425.10	78345.20	28406.17	9875.95
31134.70	5854.00	82067.46	29854.71	11444.08
34152.60	6280.00	89442.20	32917.73	13395.23
37595.20	6859.60	95933.30	37213.49	16386.04

图 10.13　多元线性回归分析的数据

在【回归】对话框中输入相应的选项, 其含义与一元回归时类似, 只是输入区域为四列单元格, 对应回归分析结果如图 10.14 所示.

从图 10.14 的回归结果中可以看出, 对应的回归方程为

$$Y = 1457.350 - 3.157X_1 + 0.580X_2 - 0.347X_3 + 0.918X_4.$$

从检验结果来看, 多重判定系数 0.999, 且通过了 F-检验, 因此回归方程总体十分显著. 4 个自变量对应的系数的 p 值均显著小于 0.05, 因此 4 个变量对零售商品总额均有显著影响.

G	H	I	J	K	L	M	N	O
SUMMARY OUTPUT								
回归统计								
Multiple R	0.999649394							
R Square	0.99929891							
Adjusted R Square	0.999018474							
标准误差	342.9092358							
观测值	15							
方差分析								
	df	SS	MS	F	Significance F			
回归分析	4	1676023439	419005859.6	3563.376666	1.0157E-15			
残差	10	1175867.44	117586.744					
总计	14	1677199306						
	Coefficients	标准误差	t Stat	P-value	Lower 95%	Upper 95%	下限 95.0%	上限 95.0%
Intercept	1457.350251	432.35828	3.370700455	0.007113035	493.9959695	2420.704533	493.9959695	2420.704533
人均可支配收入	-3.15708326	1.4088972	-2.240818748	0.048936217	-6.296301851	-0.017864669	-6.296301851	-0.017864669
国内生产总值	0.580350684	0.091856562	6.318010097	8.70344E-05	0.37568151	0.785019858	0.37568151	0.785019858
固定投资总额	-0.347308524	0.109252509	-3.178952402	0.009836934	-0.590738283	-0.103878765	-0.590738283	-0.103878765
财政收入	0.918015886	0.090436925	10.15089677	1.38543E-06	0.716509861	1.119521911	0.716509861	1.119521911

图 10.14 多元线性回归汇总输出

附录 A　习题参考答案

第 1 章　随机事件及其概率

习题 1.1

1 (1) $\Omega = \{(\text{正}, \text{正}), (\text{正}, \text{反}), (\text{反}, \text{正}), (\text{反}, \text{反})\}$; $A = \{(\text{正}, \text{正}), (\text{正}, \text{反})\}$, $B = \{(\text{正}, \text{正}), (\text{反}, \text{反})\}$; $C = \{(\text{正}, \text{正}), (\text{正}, \text{反}), (\text{反}, \text{正})\}$.

(2) $\Omega = \{(i,j) \mid i,j = 1,2,\cdots,6\}$; $A = \{(1,2),(1,4),(1,6),(2,1),(4,1),(6,1)\}$; $B = \{(2,2),(2,4),(2,6),(3,3),(3,5),(4,2),(4,4),(4,6),(5,3),(5,5),(6,2),(6,4),(6,6)\}$.

(3) ω_0 表示和局, ω_1 表示甲胜, ω_2 表示乙胜, $\Omega = \{\omega_0, \omega_1, \omega_2\}$; $A = \{\omega_0, \omega_1\}$; $B = \{\omega_0\}$.

(4) $\Omega = \{(a,b,c),(a,c,b),(b,a,c),(b,c,a),(c,a,b),(c,b,a)\}$; $A_1 = \{(a,b,c)\}$; $A_2 = \{(b,c,a),(c,a,b),(b,a,c)\}$. (a,b,c) 表示 a,b,c 三个球分别放入 A,B,C 三个盒子中.

2 (1) $ABcC^c$;(2) ABC^c; (3) ABC; (4) $A^cB^cC^c$; (5)$(ABC)^c$; (6) $A \cup B \cup C$; (7) $AB \cup AC \cup BC$; (8) $A^cB^cC^c \cup A^cB^cC \cup A^cBC^c \cup ABC^c$; (9) $(ABC)^c$.

3 (1) $A^c = $ "掷三枚硬币, 至少有一枚为背面"; (2) $B^c = $ "射击三次, 都未击中目标"; (3) $C^c = $ "甲产品滞销或乙产品畅销".

4 (1) $(A \cup B) \cup (A \cup B^c) = \Omega$; (2) $(A \cup B) \cap (A^c \cup B) \cap (A \cup B^c) = A \cap B$.

习题 1.2

1 (1)0.3; (2) 0.2; (3) 0.1; (4) 0.　　**2** (1)1/2; (2) 3/8.　　**3** $1 - p$.　　**4** 0.3.

5 (1) 5/8; (2) 3/8.　　**6** 1/60.　　**7** 0.341.　　**8** $1 - \dfrac{1}{365^{m-1}}$.

9 $\dfrac{6(n+1)}{(2n+3)(2n+2)(2n+1)}$.　　**10** $\dfrac{25}{72}$.

习题 1.3

1 3/14; 3/8; 19/30.　　**2** (1) 0.24; (2) 0.424.　　**3** 0.5.

4 0.2.　　**5** 1/4.

习题 1.4

1 0.0345.　　**2** 0.4.　　**3** 0.9.　　**4** $\dfrac{2\alpha}{3\alpha-1}$.

5(1) $\dfrac{b+c}{b+r+c}$;　(2) $\mathrm{C}_n^{n_1}\dfrac{\prod_{i=0}^{n_1-1}(b+ic)\prod_{j=0}^{n_2-1}(r+jc)}{\prod_{k=0}^{n-1}(b+r+kc)}$; (3) 略; (4) 略.

习题 1.5

1 $3p^2(1-p)^2$.　　　　　　**2** $\dfrac{216}{625}$.

总练习题

1 (1) $\Omega=\{x\,|\,0\leqslant x\leqslant100\}$; (2) $\Omega=\{$黑黑, 白白, 红红, 黑白, 黑红, 白红$\}$; (3) $\Omega=\{(x,y)\,|\,x^2+y^2\leqslant1\}$; (4) $\Omega=\{(x,y)\,|\,x+y=1,x\geqslant0,y\geqslant0\}$, 其中 x 为第一段的长度, y 为第一段的长度.

2 (1) $ABC^\mathrm{c}C^\mathrm{c}$; (2) $(A\cup B)C^\mathrm{c}$; (3) $ABC^\mathrm{c}C^\mathrm{c}+A^\mathrm{c}BC^\mathrm{c}+A^\mathrm{c}B^\mathrm{c}C$; (4) $AB\cup AC\cup BC$; (5) $ABC^\mathrm{c}+A^\mathrm{c}BC+AB^\mathrm{c}C$.

3 $A=\{$命中半径相应为 r_3 和 r_4 的同心圆所夹的圆环$\}$; $B=C=A_6$; $D=A_1$.

4 (1) $\dfrac{\mathrm{C}_{35}^5}{\mathrm{C}_{40}^5}$; (2) $\dfrac{\mathrm{C}_{35}^3\mathrm{C}_3^2}{\mathrm{C}_{40}^5}$.　　**5** (1) $\dfrac{2}{5}$; (2) $\dfrac{3}{5}$.　　**6** 1/4.　　**7** $1-\dfrac{d}{2a}$.　　**8** 3/4.

9 (1) 1/10; (2) 3/5.　　**10** $\dfrac{2}{3}$.　　**11** (1) 3/20; (2) 1/2.　　**12** 1/3.

13 (1) $p_1p_2\cdots p_n$; (2) $1-(1-p_1)(1-p_2)\cdots(1-p_n)$.　　**14** $1-\sum_{i=0}^{49}\mathrm{C}_{100}^i\left(\dfrac{1}{2}\right)^{100}$.

15 3.　　**16** (1) 0.973; (2) 0.25.　　**17** (1) $\dfrac{(1-\gamma)\alpha}{\gamma(1-\beta)+\alpha(1-\gamma)}$;(2) 0.0917.

18 $1-\sqrt[4]{0.41}$.　　**19** $\mathrm{C}_n^{2k}p^{2k}(1-p)^{n-2k}$, $k=1,2,3\cdots,\left[\dfrac{n}{2}\right]$.

第 2 章　随机变量及其分布

习题 2.1

1 (1) $P\{a<X<b\}=F(b-0)-F(a)$; (2) $P\{a\leqslant X\leqslant b\}=F(b)-F(a-0)$; (3) $P\{a\leqslant X<b\}=F(b-0)-F(a-0)$; (4) $P\{a<X\leqslant b\}=F(b)-F(a)$.

2 1/3; 1/2; 2/3; 3/4.　　**3** $\dfrac{1}{2}-\mathrm{e}^{-1}$.　　**4** $F(x)=\begin{cases}0, & x<0,\\ x/a, & 0\leqslant x\leqslant a,\\ 1, & x>a.\end{cases}$

5 $A=1/2,\ B=1/\pi$.

习题 2.2

1 (1) $P\{X=k\} = \dfrac{C_5^k C_{95}^{20-k}}{C_{100}^{20}}$, $k = 0,1,2,3,4,5$; (2) $P\{X=k\} = C_{30}^k (0.8)^k \cdot$
$(0.2)^{30-k}$, $k = 0,1,2,\cdots,30$; (3) $P\{X=k\} = (0.2)^{k-1} 0.8$, $k = 1,2,3,\cdots$;

(4)

X	2	3	4	5	6	7	8	9	10	11	12
P	1/36	2/36	3/36	4/36	5/36	6/36	5/36	4/36	3/36	2/36	1/36

(5)

X	3	4	5
P	1/10	3/10	6/10

(6) $P\{X=k\} = C_n^k (0.5)^n$, $k = 0,1,2,\cdots,n$;

(7) $P\{X=k\} = (0.5)^k$, $k = 1,2,\cdots$;

(8)

X	0	1	2	3	4
P	p	$(1-p)p$	$(1-p)^2 p$	$(1-p)^3 p$	$(1-p)^4$

2 (1) 3/15; (2) 3/15; (3) 3/15; (4) $F(x) = \begin{cases} 0, & x < 1, \\ 1/15, & 1 \leqslant x < 2, \\ 3/15, & 2 \leqslant x < 3, \\ 6/15, & 3 \leqslant x < 4, \\ 10/15, & 4 \leqslant x < 5, \\ 1, & x \geqslant 5. \end{cases}$

3 最大可能是 2 个工人同时需要供应一个单位的电力.

4 至少需配备 8 个工人.   **5** 0.2642411.   **6** 0.0902.   **7** (1) 3/4; (2) 1/64.

习题 2.3

1 $F(x) = \begin{cases} 0, & x < 0, \\ \dfrac{x}{2}, & 0 \leqslant x < 2, \\ 1, & x \geqslant 2. \end{cases}$ **2** (1) 1; (2) 1/2.   **3** 1/3.

4 (1) $F(t) = P\{T \leqslant t\} = 1 - P\{T > t\} = 1 - P\{N(t) = 0\} = 1 - e^{-\lambda t}$;

(2) $\dfrac{e^{-16\lambda}}{e^{-8\lambda}}$.   **5** 1/2.   **6** (1) 0.9759; (2) 112.935.   **7** $\dfrac{e^{-a} - e^{-(1+a)}}{e^{-a}} = 1 - e^{-1}$.

习题 2.4

1

$Y = X^2$	0	1	4	9	$Z = |X|$	0	1	2	3
P	1/5	7/30	1/5	11/30	P	1/5	7/30	1/5	11/30

2

Y	-1	1
P	$1/3$	$2/3$

3 $f_Y(y) = \begin{cases} \dfrac{2}{\sqrt{2\pi}}\mathrm{e}^{-\frac{1}{2}y^2}, & y > 0, \\ 0, & y \leqslant 0. \end{cases}$

4 $f_Y(y) = \begin{cases} \dfrac{\lambda}{3}\mathrm{e}^{\frac{\lambda}{3}(y-2)}, & y < 2, \\ 0, & y \geqslant 2. \end{cases}$

总练习题

1 (1) 0.4; (2) 0.9; (3) 0.3; (4) 0.1. **2** (1) 1/4; (2) 1/4.

3 $P\{X = k\} = \dfrac{(\lambda p)^k}{k!}\mathrm{e}^{-\lambda p}$, $k = 0, 1, 2, \cdots$.

4 (1)$F(x) = \begin{cases} 0, & x < 0, \\ \dfrac{x^2}{2}, & 0 \leqslant x < 1, \\ -\dfrac{x^2}{2} + 2x - 1, & 1 \leqslant x < 2, \\ 1, & x \geqslant 2; \end{cases}$ (2) 0.125; 0.245; 0.66.

5 (1) 3; (2) 0.098; (3) $2^{-1/3}$; (4) $F(x) = \begin{cases} 0, & x < 0, \\ x^3, & 0 \leqslant x \leqslant 1, \\ 1, & x > 1. \end{cases}$

6 $F_Y(y) = \begin{cases} 0, & y < 0, \\ \sqrt{y}, & 0 \leqslant y < 1, \\ \dfrac{1}{2} - \sqrt{y}, & 1 \leqslant y < 4, \\ 1, & y \geqslant 4. \end{cases}$

7 $P\{Y = k\} = \mathrm{C}_{10}^k(0.01)^k(0.99)^{10-k}$, $k = 0, 1, 2, \cdots, 10$.

8 (1)$f_Y(y) = \begin{cases} 1/y, & 1 < y < \mathrm{e}, \\ 0, & \text{其他}. \end{cases}$ (2)$f_Y(y) = \begin{cases} \dfrac{1}{2}\mathrm{e}^{-y/2}, & y \geqslant 0, \\ 0, & y < 0. \end{cases}$

第 3 章 多维随机变量及其分布

习题 3.1

1 (1) $1/\pi^2$; $\pi/2$; $\pi/2$; (2) $F_X(x) = \dfrac{1}{\pi}\left(\dfrac{\pi}{2} + \arctan\dfrac{x}{2}\right)$;

$F_y(y) = \dfrac{1}{\pi}\left(\dfrac{\pi}{2} + \arctan\dfrac{y}{2}\right)$; (3) $\dfrac{1}{2} - \dfrac{1}{\pi}\arctan\dfrac{1}{2}$.

2 $(\sqrt{6} - \sqrt{2})/4$. **3** $\mathrm{e}^{-2.4} \approx 0.091$.

习题 3.2

1

X	Y 0	1	2
0	0	0	1/35
1	0	6/35	6/35
2	3/35	12/35	3/35
3	2/35	2/35	0

2

Y	X 0	1	2	3	
1	0	3/8	3/8	0	3/4
3	1/8	0	0	1/8	1/4
	1/8	3/8	3/8	1/8	

3

X_1	X_2 0	1
0	$1 - \mathrm{e}^{-1}$	0
1	$\mathrm{e}^{-1} - \mathrm{e}^{-2}$	e^{-2}

习题 3.3

1 (1) $C = 12$; (2) $(1 - \mathrm{e}^{-3})(1 - \mathrm{e}^{-8}) \approx 0.95$.

2 (1) $1/4$; (2) $f_X(x) = \begin{cases} 6x - 6x^2, & 0 \leqslant x \leqslant 1, \\ 0, & \text{其他}. \end{cases}$ $f_Y(y) = \begin{cases} 3y^2, & 0 \leqslant y \leqslant 1, \\ 0, & \text{其他}. \end{cases}$

3 (1) $A = \dfrac{1}{2}$; (2) $f_X(x) = f_Y(x) = \begin{cases} \dfrac{1}{2}(\sin x + \cos x), & 0 < x < \dfrac{\pi}{2}, \\ 0, & \text{其他}. \end{cases}$

4 $1/2$.

习题 3.4

1 $a = 1/12$, $b = 3/8$.

2 (1), (2), (3), (6) X 和 Y 独立; (4), (5), (7) X 和 Y 不相互独立.

3 (1)

X	0	1
$P\{X = i \mid Y = 0\}$	4/7	3/7

(2)

Y	0	1
$P\{Y = i \mid X = 1\}$	1	0

4 $f_{X \mid Y}(x \mid y) = \dfrac{1}{\sqrt{2\pi}} \mathrm{e}^{-\frac{x^2}{2}}$, $x \in \mathbb{R}$.

5 (1) $f(x, y) = \begin{cases} \dfrac{9y^2}{x}, & 0 < y < x < 1, \\ 0, & \text{其他}; \end{cases}$ (2) $f_Y(y) = \begin{cases} -9y^2 \ln y, & 0 < y < 1, \\ 0, & \text{其他}. \end{cases}$

习题 3.5

1 (1)

Z	-2	0	1	3	4
P	5/20	2/20	9/20	3/20	1/20

(2)
Z	-3	-2	0	1	3
P	$6/20$	$2/20$	$6/20$	$3/20$	$3/20$

(3)
Z	-2	-1	1	2	4
P	$9/20$	$2/20$	$5/20$	$3/20$	$1/20$

2 (1)
Z	0	1	2	3
P	$3/16$	$7/16$	$5/16$	$1/16$

(2)
Z	0	1	2
P	$13/16$	$1/8$	$1/16$

3 $f_Z(z) = \begin{cases} 0, & z \leqslant -1, \\ 1 - \mathrm{e}^{-(z+1)}, & -1 < z < 0, \\ (1/\mathrm{e} - 1)\mathrm{e}^{-z}, & z \geqslant 0. \end{cases}$ **4** $f_Z(z) = \begin{cases} 2 - 2z, & 0 < z < 1, \\ 0, & \text{其他}. \end{cases}$

5 (1) $C = 1$. (2) $f_U(u) = \begin{cases} 1 - \mathrm{e}^{-u}\left(\dfrac{1}{2}u^2 + u + 1\right), & u > 0, \\ 0, & \text{其他}; \end{cases}$

$f_V(v) = \begin{cases} 1 - \mathrm{e}^{-v}\left(\dfrac{1}{2}v^2 + v + 1\right), & v > 0, \\ 0, & \text{其他}. \end{cases}$

6 $f_Z(z) = \begin{cases} z^2, & 0 < z < 1, \\ z(2 - z), & 1 \leqslant z < 2, \\ 0, & \text{其他}. \end{cases}$

总练习题

1 $a = 0.4$, $b = 0.1$.   **2** (1) $1/4$; (2) $2 - 3\mathrm{e}^{-1}$.

3
		Y		
X	y_1	y_2	y_3	$P(X = x_i) = p_i$
x_1	$1/24$	$1/8$	$1/12$	$1/4$
x_2	$1/8$	$3/8$	$1/4$	$3/4$
$P(Y = y_j) = p_j$	$1/6$	$1/2$	$1/3$	1

4 $F_Y(y) = \begin{cases} 0, & y < 0, \\ \dfrac{3}{4}y, & 0 \leqslant y < 1, \\ \dfrac{1}{4}y + \dfrac{1}{2}, & 1 \leqslant y < 2, \\ 1, & y \geqslant 2. \end{cases}$ **5** $f_X(x) = \begin{cases} \mathrm{e}^{-x}, & x > 0, \\ 0, & x \leqslant 0. \end{cases}$

$$f_Y(y) = \begin{cases} y\mathrm{e}^{-y}, & y > 0, \\ 0, & y \leqslant 0. \end{cases}$$

6 (1) $F(x,y) = \begin{cases} (1 - \mathrm{e}^{-2x})(1 - \mathrm{e}^{-y}), & x > 0, y > 0, \\ 0, & \text{其他}; \end{cases}$ (2) 1/3.   **7** $1/\dfrac{1}{5}$.

8 $P\{Z = 0\} = \mathrm{e}^{-\lambda}$; $P\{Z = k\} = \dfrac{\lambda^k}{2 \cdot k!}\mathrm{e}^{-\lambda}$, $k = 1, 2, 3, \cdots$;

$P\{Z = -k\} = \dfrac{\lambda^k}{2 \cdot k!}\mathrm{e}^{-\lambda}$, $k = 1, 2, 3, \cdots$.

9 $f_Z(z) = \begin{cases} z, & 0 \leqslant z < 1, \\ z - 2, & 2 \leqslant z < 3, \\ 0, & \text{其他}. \end{cases}$

10 1/9.   **11** $f_Z(z) = \begin{cases} \dfrac{z}{\sigma^2}\exp\left\{-\dfrac{z^2}{2\sigma^2}\right\}, & z > 0, \\ 0, & z \leqslant 0. \end{cases}$

12 $f_N(x) = \begin{cases} n\lambda\mathrm{e}^{-\lambda n x}, & x > 0, \\ 0, & x \leqslant 0. \end{cases}$

13 (1) $f(x,y) = \begin{cases} 3, & 0 < x < 1, x^2 < y < \sqrt{x}, \\ 0, & \text{其他}. \end{cases}$

(2) 不独立;   (3) $F_Z(z) = \begin{cases} 0, & z < 0, \\ \dfrac{3}{2}z^2 - z^3, & 0 \leqslant z < 1, \\ \dfrac{1}{2} + 2(z-1)^{\frac{3}{2}} - \dfrac{3}{2}(z-1)^2, & 1 \leqslant z < 2, \\ 1, & z \geqslant 2. \end{cases}$

第 4 章   随机变量的数字特征

习题 4.1

    1 -0.2; 4.4   **2** 49/5.   **3** 2.0.   **4** 3/5; 6/5.   **5** 8/5; 8/15; 2.   **6** $\dfrac{3}{4}\sqrt{\pi}$

习题 4.2

    1 1.   **2** 9/2.   **3** 8.   **4** 1.   **5** 3/20.

习题 4.3

    1 3/5.   **2** 0.   **3** -28.   **4** 0.   **5** 0.

总练习题

1 $\dfrac{1-q^a}{p}$. **2** $a=12;\ b=-12;\ c=3$. **3** $\dfrac{2\ln 2}{\pi}+\dfrac{\sqrt{3}}{3}$. **4** $\sqrt{\dfrac{2}{\pi}};\ 1-\dfrac{2}{\pi}$.

5 略. **6** 1; 3. **7** $-1/81$. **8** σ^2/n. **9** $a=\pm 1;\ b=\pm 1/\sqrt{3};\ c=\mp 2/\sqrt{3}$.

10 (1) $1/4$; (2) $-2/3$.

第 5 章　大数定律与中心极限定理

习题 5.1

1 略.

2 随机变量与其数学期望之差的绝对值不小于 2 倍标准差的概率的上界为 $1/4$.

3 略. **4** $P\left\{\left|\dfrac{1}{n}\sum\limits_{i=1}^{n}X_i-\mu_1\right|\geqslant\varepsilon\right\}\leqslant\dfrac{\mu_2-\mu_1^2}{n\varepsilon^2}$. **5** 略.

习题 5.2

1 0.0002. **2** 0.3493.

3 0.0000; 学生靠运气能通过四级考试是不可能的. **4** 0.9439.

5 在 6000 粒种子中良种所占比例与 $1/6$ 的差的绝对值不超过 0.0124 的概率为 0.99, 此时良种数在 925 粒与 1075 粒之间.

总练习题

1 $P\{|X+Y|\geqslant 6\}\leqslant 1/12$. **2** 略. **3** 随机变量序列 $\{X_n\}$ 服从大数定律.

4 (1) 18750 次; (2) 5073 次. **5** (1) 0.7916; (2) 0.7365; (3) 0.7854.

6 97 次以上. **7** $P(3\leqslant \bar{X}\leqslant 4)\approx 0.9969$.

8 此学生通过考试的可能性很小, 大约只有千分之五.

第 6 章　数理统计的基本概念

习题 6.1

1 总体是该厂生产的每盒产品中的不合格品数; 样本是任意抽取的 n 盒中每盒产品的不合格品数; 样本的联合分布为

$$P\{X_1=x_1, X_2=x_2,\cdots,X_n=x_n\}=\prod_{i=1}^{n}C_m^{x_i}p^{x_i}(1-p)^{m-x_i},\quad x_i=0,1,\cdots,m.$$

2 $f^*(x_1, x_2, \cdots, x_n) = \left(\dfrac{1}{2\pi\sigma^2}\right)^{\frac{n}{2}} \exp\left\{-\dfrac{1}{2\sigma^2}\sum\limits_{i=1}^{n}(x_i - \mu)^2\right\},\quad -\infty < x_i < +\infty.$

3 $f^*(x_1, x_2, \cdots, x_n) = \begin{cases} \dfrac{1}{(b-a)^n}, & a \leqslant x_1, x_2, \cdots, x_n \leqslant b, \\ 0, & \text{其他.} \end{cases}$

4 联合分布列 $P\{X_1 = x_1, X_2 = x_2, \cdots, X_n = x_n\} = \dfrac{\lambda^{x_1 + x_2 + \cdots + x_n}}{x_1! \cdot x_2! \cdot \cdots \cdot x_n!}\mathrm{e}^{-n\lambda}$,

$x_i = 0, 1, 2, \cdots, i = 1, 2, \cdots, n.$

习题 6.2

1 $\bar{x} = 3.39;\quad s^2 = 2.9677;\quad s = 1.7227;\quad m_2 = 14.163;\quad m_2' = 2.6709.$

2 (1) $\overline{x'} = d(\bar{x} - C)$; (2) $s_{x'}^2 = d^2 s_x^2.$

3 $\bar{x} = \dfrac{1}{n}\sum\limits_{i=1}^{m}\mu_i x_i,\ s^2 = \dfrac{1}{n-1}\sum\limits_{i=1}^{m}\mu_i(x_i - \bar{x})^2.$

4 略.   **5** $T_1 \sim \mathrm{t}(1); T_2 \sim \mathrm{t}(1).$ **6** $\mathrm{F}(1, n-1).$

习题 6.3

1 略.   **2** 略.   **3** $F_5(x) = \begin{cases} 0, & x < 344, \\ 0.2, & 344 \leqslant x < 347, \\ 0.4, & 347 \leqslant x < 351, \\ 0.8, & 351 \leqslant x < 355, \\ 1, & x \geqslant 355. \end{cases}$

总练习题

1 总体为射手命中的次数, 样本为由 n 个 0 或 1 组成的集合; 样本的联合分布为

$$P\{X_1 = x_1, X_2 = x_2, \cdots, X_n = x_n\}$$

$$= p^t(1-p)^{n-t},\quad t = x_1 + x_2 + \cdots + x_n,\ x_i = 0, 1,\ i = 1, 2, \cdots, n.$$

2 同上题, 其中 $p = M/N.$

3 $f^*(x_1, x_2, x_3) = \begin{cases} 216 x_1 x_2 x_3 (1-x_1)(1-x_2)(1-x_3), & 0 < x_1, x_2, x_3 < 1, \\ 0, & \text{其他.} \end{cases}$

4 (1) 0.18;   (2) 80 人.   **5** 略.

6 (1) $E(\bar{X}) = 0$, $D(\bar{X}) = \dfrac{1}{3n}$, $E(S^2) = 1/3$; (2) $E(\bar{X}) = 3$, $D(\bar{X}) = \dfrac{2.1}{n}$, $E(S^2) = 2.1$; (3) $E(\bar{X}) = 3$, $D(\bar{X}) = \dfrac{3}{n}$, $E(S^2) = 3$; (4) $E(\bar{X}) = 0.4$, $D(\bar{X}) = \dfrac{0.16}{n}$, $E(S^2) = 0.16$; (5) $E(\bar{X}) = \mu$, $D(\bar{X}) = \dfrac{\sigma^2}{n}$, $E(S^2) = \sigma^2$.

7 $(n-1)m\theta(1-\theta)$. **8** 0.82927. **9** 62. **10** $Y \sim \chi^2(2)$. **11** 0.1.

12 (1) $f_{Y_1}(y) = \dfrac{1}{\sigma\sqrt{2\pi}} y^{-\frac{1}{2}} \mathrm{e}^{-\frac{y}{2\sigma^2}} I_{(0,+\infty)}(y)$;

(2) $f_{Y_2}(y) = \dfrac{n^{n/2}}{2^{n/2}\Gamma(n/2)\sigma^n} y^{\frac{n}{2}-1} \mathrm{e}^{-\frac{ny}{2\sigma^2}} I_{(0,+\infty)}(y)$.

13 0.6744. **14** $N\left(\dfrac{5}{2}, \dfrac{25}{12n}\right)$. **15** (1) 0.2628; (2) 0.2923; (3) 0.5785.

第 7 章 参 数 估 计

习题 7.1

1 $\hat{p} = \dfrac{1}{n} \cdot \bar{X}$. **2** $\hat{\theta} = \dfrac{\bar{X}}{1-\bar{X}}$.

3 (1) 矩估计值等于 1/9; (2) 最大似然估计值为 1/6.

4 $\hat{\theta} = 0.2829$. **5** (1) 矩估计量 $\hat{\theta} = \bar{X}$; (2) 最大似然估计量为 $\hat{\beta}_{ML} = \dfrac{2n}{\sum\limits_{i=1}^{n} \dfrac{1}{X_i}}$.

习题 7.2

1 略. **2** 略. **3** 略. **4** 略.

5 (1) 略; (2) 当 $t_0 = \dfrac{m}{m+n}$ 时, $\hat{\mu}(t_0)$ 是 $\hat{\mu}(t)$ 中最有效的估计量.

习题 7.3

1 [14.74, 15.16]. **2** [157.6, 182.4]. **3** [0.0013, 0.0058]. **4** [−6.19, 17.69].

5 [0.062, 1.0075].

总练习题

1 $\hat{\lambda} = \bar{X}$. **2** (1) $a = \dfrac{2016}{2017}$; (2) a_i 应满足 $\dfrac{1}{n}\sum\limits_{i=1}^{n} a_i = 1$. **3** [1.068, 2.532].

4 (1) $\hat{\theta} = 2\bar{X}$; (2) $\hat{Y} = 2\bar{X} + 1$; (3) $\hat{Z} = \mathrm{e}^{\max\{X_i\}}$. **5** [1476.8, 1503.2].

6 [13.76, 36.51]. **7** (1) $g(x;\theta) = \begin{cases} \dfrac{9x^8}{\theta^9}, & 0 < x < \theta, \\ 0, & \text{其他.} \end{cases}$ (2) $a = \dfrac{10}{9}$.

8 (1) $\hat{\theta} = 2\bar{X} - 1/2$; (2) 略.　**9** 略.　**10** (1) $\hat{\theta} = 2\bar{X}$; (2) $\mathrm{D}(\hat{\theta}) = 2\bar{X}$.

11 (1) $\hat{\beta} = \dfrac{\bar{X}}{\bar{X} - 1}$; (2) $\hat{\beta}_{ML} = \dfrac{n}{\sum\limits_{i=1}^{n} \ln X_i}$.

第 8 章　假 设 检 验

习题 8.1

1 纳伪 (第二类) 错误; 拒真 (第一类) 错误.　**2** α 应取大些.

3 可拒绝; 不能拒绝.

4 (1) 犯第一类错误的概率为 0.0082, 犯第二类错误的概率为 0.0548; (2) 0.0228; (3) 样本容量 n 至少为 34 时, 才能控制犯第二类错误的概率不超过 0.01.

习题 8.2

1 废水合格.　**2** 打包机工作正常.

3 新生产的镍合金线抗拉强度没有显著提高.

4 四乙基铅中毒患者和正常人的脉搏有显著差异.

5 可以认为这批导线的标准差显著偏大.

习题 8.3

1 认为含灰量有显著差异.　**2** 两种牌子轮胎的最大行驶里程差异不显著.

3 (1) 成对数据处理方法检验两种测定方法之间有显著差异. (2) 两个正态总体检验两种测定方法没有显著差异.

4 在显著性水平 $\alpha = 0.05$ 下加工精度 (方差) 无显著性差异.

5 在显著性水平 $\alpha = 0.05$ 下接受原假设.

6 在显著性水平 $\alpha = 0.05$ 下检验马和羊的血清中含无机磷的量有显著性差异.

总练习题

1 $p = 0.6$ 时, 犯第一类错误的概率为 0.0466; $p = 0.48$ 时, 犯第二类错误的概率为 0.0022.

2 $C = 0.98$; 在 $\mu = 6.5$ 时犯第二类错误的概率为 0.8299.

3 在 $\alpha = 0.05$ 的水平下, 认为该批木材属于一等品.

4 当 $n \geqslant 7$ 时, H_1 中的 $\mu \leqslant 13$ 时犯第二类错误的概率不超过 0.05.

5 检验统计量为 $Z = \dfrac{\bar{X} - 2\bar{Y}}{\sqrt{\sigma_1^2/n_1 + 4\sigma_2^2/n_2}} \sim \mathrm{N}(0,1)$; H_0 的拒绝域为

$$\left\{ \frac{\bar{X} - 2\bar{Y}}{\sqrt{\sigma_1^2/n_1 + 4\sigma_2^2/n_2}} > z_{1-\alpha} \right\} = \left\{ \bar{X} - 2\bar{Y} > z_{1-\alpha} \sqrt{\frac{\sigma_1^2}{n_1} + \frac{4\sigma_2^2}{n_2}} \right\}.$$

6 从下列成绩中可以得出词汇训练是有效果的.

7 检验统计量为 $T = \dfrac{(\bar{X} - \bar{Y}) - 2.5}{S_W \sqrt{1/n_1 + 1/n_2}} \sim t(n_1 + n_2 - 2); \ H_0$ 的拒绝域为

$$\left\{ \frac{(\bar{X} - \bar{Y}) - 2.5}{S_W \sqrt{1/n_1 + 1/n_2}} > t_{1-\alpha}(n_1 + n_2 - 2) \right\}.$$

8 认为改变铸造方法后, 零件的强度的均值和标准差没有显著改变.

第 9 章　方差分析与回归分析

习题 9.1

1 这三个工厂生产的电池的平均寿命有高度显著的差别.

2 小白鼠在接种三种不同菌型伤寒杆菌后的平均存活日数有高度显著的差别.

3 这 4 种饲料对牛的增重有高度显著的差别.

4 这 4 个不同产地绿茶中叶酸含量有显著的差别.

习题 9.2

1 (1) $\mathrm{SST} = \dfrac{1}{d_2^2}\mathrm{SST}'; \quad \mathrm{SSR} = \dfrac{1}{d_2^2}\mathrm{SSR}'; \quad \mathrm{SSE} = \dfrac{1}{d_2^2}\mathrm{SSE}';$ (2) (略).

2 (1) (略); (2) $y = 188.99 + 1.87x$; (3) 显著.

3 (1) $y = 5.345 + 0.606x$; (2) 显著.

习题 9.3

1 $y = 7.18 \times 10^{-5} x^{2.867}$. **2** 略. **3** 略.

总练习题

1 四种灯丝生产的灯泡使用寿命无显著差异.

2 4 种不同的材质的抗热疲劳性能无显著差异.

3 在显著性水平 $\alpha = 0.05$ 下, 回归直线是显著的.

4 (1) $y = 36.5891 + 0.4565x$; (2) 儿子身高 y 对父亲身高 x 的线性关系显著; (3) [67.5899, 69.4983].

5 (1) y 与 x 存在线性关系; (2) $y = 2.4849 + 0.7600x$; (3) 略.

6 略. **7** 略. **8** 不能.

附录 B　历年研究生入学考试试题精选与解析

一、单选题

1 (2023, I, III) 设随机变量 X 服从参数为 1 的泊松分布, 则 $\mathrm{E}(|X - \mathrm{E}(X)|)$
$=$ (　　).

(A) 1/e　　　　(B) 1/2　　　　(C) 2/e　　　　(D) 1

答案　(C). **解析**　由 X 服从参数为 1 的泊松分布, 得到 $\mathrm{E}(X) = 1$

$$\mathrm{E}(|X - \mathrm{E}(X)|) = \sum_{k=0}^{\infty} |k-1| \frac{\mathrm{e}^{-1}}{k!} = \mathrm{e}^{-1} + \mathrm{e}^{-1} \sum_{k=2}^{\infty} \frac{k-1}{k!} = \mathrm{e}^{-1} + \mathrm{e}^{-1} = \frac{2}{\mathrm{e}}.$$

2 (2023, I, III) 设 $X_1, X_2, \cdots, X_n$ 为来自总体 $\mathrm{N}(\mu, \sigma^2)$ 的简单随机样本, $Y_1, Y_2, \cdots, Y_m$ 为来自总体 $\mathrm{N}(\mu, 2\sigma^2)$ 的简单随机样本, 两样本之间相互独立, $\bar{X} = \frac{1}{n} \sum_{i=1}^{n} X_i$, $\bar{Y} = \frac{1}{m} \sum_{i=1}^{m} Y_i$, $S_1^2 = \frac{1}{n-1} \sum_{i=1}^{n} (X_i - \bar{X})^2$, $S_2^2 = \frac{1}{m-1} \sum_{i=1}^{m} (Y_i - \bar{Y})^2$, 则 (　　).

(A) $S_1^2/S_2^2 \sim \mathrm{F}(n, m)$ 　　　　(B) $S_1^2/S_2^2 \sim \mathrm{F}(n-1, m-1)$

(C) $2S_1^2/S_2^2 \sim \mathrm{F}(n, m)$ 　　　　(D) $2S_1^2/S_2^2 \sim \mathrm{F}(n-1, m-1)$

答案　(D). **解析**　注意到: $Z_1 = \dfrac{(n-1)S_1^2}{\sigma^2} \sim \chi^2(n-1)$, $Z_2 = \dfrac{(m-1)S_2^2}{2\sigma^2} \sim \chi^2(m-1)$, 因此

$$Z = \frac{Z_1}{n-1} \Big/ \frac{Z_2}{m-1} = \frac{2S_1^2}{S_2^2} \sim \mathrm{F}(n-1, m-1).$$

3 (2023, I, III) 设 X_1, X_2 为取自总体 $\mathrm{N}(\mu, \sigma^2)$ 的简单随机样本, $\sigma > 0$ 未知, 若 $\hat{\sigma} = a|X_1 - X_2|$ 为 σ 的一个无偏估计, 则 $a =$ (　　).

(A) $\dfrac{\sqrt{\pi}}{2}$ 　　(B) $\dfrac{\sqrt{2\pi}}{2}$ 　　(C) $\sqrt{\pi}$ 　　(D) $\sqrt{2\pi}$

答案　(A). **解析**　注意到 $Y = \dfrac{X_1 - X_2}{\sqrt{2}\sigma} \sim \mathrm{N}(0, 1)$, 根据 $\mathrm{E}(\hat{\sigma}) = \mathrm{E}(a|Y|\sqrt{2}\sigma)$

$= \sigma$ 可得 $a = \dfrac{1}{\sqrt{2}\mathrm{E}(|Y|)}$, 而

$$\mathrm{E}|Y| = \int_{-\infty}^{+\infty} |y| \frac{\mathrm{e}^{-\frac{y^2}{2}}}{\sqrt{2\pi}} \mathrm{d}y = \sqrt{\frac{2}{\pi}}, \quad \text{解得} \quad a = \frac{\sqrt{\pi}}{2}.$$

4 (2022, I) 设随机变量 $X \sim \mathrm{U}(0,3)$, 随机变量 Y 服从参数为 2 的泊松分布, 且 X 与 Y 的协方差为 -1, 则 $\mathrm{D}(2X - Y + 1) = ($　　$).$

　　(A) 1　　　　　　(B) 5　　　　　　(C) 9　　　　　　(D) 12

答案　(C). **解析**　由 $X \sim \mathrm{U}(0,3), Y \sim \mathrm{P}(2)$ 可得 $\mathrm{D}(X) = 3/4$, $\mathrm{D}(Y) = 2$, 因此

$$\mathrm{D}(2X - Y + 1) = \mathrm{D}(2X - Y) = 4\mathrm{D}(X) + \mathrm{D}(Y) - 4\mathrm{Cov}(X,Y) = 3 + 2 + 4 = 9.$$

5 (2022, I) 设随机变量 $X_1, X_2, \cdots, X_n$ 独立同分布, 且 X_1 的 4 阶矩存在. 设 $\mu_k = \mathrm{E}(X_1^k)\,(k = 1, 2, 3, 4)$, 则由切比雪夫不等式, 对 $\forall \varepsilon > 0$, 有 $P\left\{ \left| \dfrac{1}{n} \sum\limits_{i=1}^{n} X_i^2 - \mu_2 \right| \geqslant \varepsilon \right\} \leqslant ($　　$).$

　　(A) $\dfrac{\mu_4 - \mu_2^2}{n\varepsilon^2}$　　　　(B) $\dfrac{\mu_4 - \mu_2^2}{\sqrt{n}\varepsilon^2}$　　　　(C) $\dfrac{\mu_2 - \mu_1^2}{n\varepsilon^2}$　　　　(D) $\dfrac{\mu_2 - \mu_1^2}{\sqrt{n}\varepsilon^2}$

答案　(A). **解析**　$\mathrm{E}\left(\dfrac{1}{n} \sum\limits_{i=1}^{n} X_i^2 \right) = \mathrm{E}(X_1^2) = \mu_2$, $\mathrm{D}\left(\dfrac{1}{n} \sum\limits_{i=1}^{n} X_i^2 \right) = \dfrac{1}{n}\mathrm{D}(X_1^2) = \dfrac{1}{n}(\mu_4 - \mu_2^2)$. 由切比雪夫不等式可得

$$P\left\{ \left| \frac{1}{n} \sum_{i=1}^{n} X_i^2 - \mu_2 \right| \geqslant \varepsilon \right\} \leqslant \frac{1}{\varepsilon^2}\mathrm{D}\left(\frac{1}{n} \sum_{i=1}^{n} X_i^2 \right) = \frac{\mu_4 - \mu_2^2}{n\varepsilon^2}.$$

6 (2022, I) 设随机变量 $X \sim \mathrm{N}(0,1)$, 在 $X = x$ 条件下, 随机变量 $Y \sim \mathrm{N}(x, 1)$, 则 X 与 Y 的相关系数为 ($　　$).$

　　(A) 1/4　　　　　(B) 1/2　　　　　(C) $\sqrt{3}/3$　　　　(D) $\sqrt{2}/2$

答案　(D). **解析**　由题可知

$$\mathrm{E}(Y) = \int_{-\infty}^{+\infty} \int_{-\infty}^{+\infty} yf(x,y)\mathrm{d}x\mathrm{d}y = \int_{-\infty}^{+\infty} f_X(x)\mathrm{d}x \int_{-\infty}^{+\infty} yf_{Y|X}(y|x)\mathrm{d}y$$

$$= \int_{-\infty}^{+\infty} \frac{1}{\sqrt{2\pi}}\mathrm{e}^{-\frac{x^2}{2}}\mathrm{E}(Y|X = x)\mathrm{d}x = \int_{-\infty}^{+\infty} \frac{x}{\sqrt{2\pi}}\mathrm{e}^{-\frac{x^2}{2}}\mathrm{d}x = 0,$$

$$\mathrm{E}(XY) = \int_{-\infty}^{+\infty} \int_{-\infty}^{+\infty} xyf(x,y)\mathrm{d}x\mathrm{d}y = \int_{-\infty}^{+\infty} xf_X(x)\mathrm{d}x \int_{-\infty}^{+\infty} yf_{Y|X}(y|x)\mathrm{d}y$$

$$= \int_{-\infty}^{+\infty} \frac{1}{\sqrt{2\pi}} x e^{-\frac{x^2}{2}} \mathrm{E}(Y|X=x) \mathrm{d}x = \int_{-\infty}^{+\infty} \frac{x^2}{\sqrt{2\pi}} e^{-\frac{x^2}{2}} \mathrm{d}x = \mathrm{E}(X^2) = 1,$$

$$\mathrm{E}(Y^2) = \int_{-\infty}^{+\infty} \int_{-\infty}^{+\infty} y^2 f(x,y) \mathrm{d}x \mathrm{d}y = \int_{-\infty}^{+\infty} f_X(x) \mathrm{d}x \int_{-\infty}^{+\infty} y^2 f_{Y|X}(y|x) \mathrm{d}y$$

$$= \int_{-\infty}^{+\infty} \frac{1}{\sqrt{2\pi}} e^{-\frac{x^2}{2}} \mathrm{E}(Y^2|X=x) \mathrm{d}x = \int_{-\infty}^{+\infty} \frac{x^2+1}{\sqrt{2\pi}} e^{-\frac{x^2}{2}} \mathrm{d}x = \mathrm{E}(X^2+1) = 2,$$

因此 $\mathrm{Cov}(X,Y) = 1$, $\mathrm{D}(Y) = 2$, 则 $\rho_{XY} = \dfrac{\mathrm{Cov}(X,Y)}{\sqrt{\mathrm{D}X}\sqrt{\mathrm{D}Y}} = \dfrac{1}{\sqrt{2}}$.

7 (2022, III) 设随机变量 $X \sim \mathrm{N}(0,4)$, 随机变量 $Y \sim \mathrm{B}(3,1/3)$, 且 X 与 Y 不相关, 则 $\mathrm{D}(X-3Y+1) = ($ 　　).

(A) 2　　　　　　(B) 4　　　　　　(C) 6　　　　　　(D) 10

答案　(D). **解析**　由题可知 $\mathrm{D}(X) = 4$, $\mathrm{D}(Y) = 2/3$, 考虑到 X 与 Y 不相关, 故

$$\mathrm{D}(X-3Y+1) = \mathrm{D}(X-3Y) = 10.$$

8 (2022, III) 设随机变量序列 $X_1, X_2, \cdots, X_n, \cdots$ 独立同分布, 且 X_1 的概率密度为

$$f(x) = \begin{cases} 1-|x|, & |x| < 1, \\ 0, & \text{其他}. \end{cases}$$

则当 $n \to \infty$ 时, $\dfrac{1}{n} \sum\limits_{i=1}^{n} X_i^2$ 依概率收敛于 ($\quad$).

(A) 1/8　　　　　(B) 1/6　　　　　(C) 1/3　　　　　(D) 1/2

答案　(B). **解析**　由已知随机变量序列 $X_1, X_2, \cdots, X_n, \cdots$ 独立同分布, 则 $X_1^2, X_2^2, \cdots, X_n^2, \cdots$ 亦独立同分布, 根据辛钦大数定律, 当 $n \to \infty$ 时, $\dfrac{1}{n} \sum\limits_{i=1}^{n} X_i^2$ 依概率收敛于 $\mathrm{E}(X^2)$. 又

$$\mathrm{E}(X^2) = \int_{-\infty}^{+\infty} x^2 f(x) \mathrm{d}x = \int_{-1}^{1} x^2 (1-|x|) \mathrm{d}x = \frac{1}{6}.$$

9 (2022, III) 设二维随机变量 (X,Y) 的概率分布为

X \\ Y	0	1	2
-1	0.1	0.1	b
1	a	0.1	0.1

若事件 $\{\max\{X,Y\} = 2\}$ 与事件 $\{\min\{X,Y\} = 1\}$ 相互独立, 则 $\mathrm{Cov}(X,Y) =$ (　　).

　　(A) -0.6　　　　(B) -0.36　　　　(C) 0　　　　(D) 0.48

　　答案　(B). **解析**　令事件 $A = \{\max(X,Y) = 2\}$, 事件 $B = \{\min(X,Y) = 1\}$, 则

$$P(A) = P\{X = -1, Y = 2\} + P\{X = 1, Y = 2\} = 0.1 + b,$$

$$P(B) = P\{X = 1, Y = 1\} + P\{X = 1, Y = 2\} = 0.1 + 0.1 = 0.2,$$

$$P(AB) = P\{X = 1, Y = 2\} = 0.1.$$

事件 A 与 B 相互独立, 故 $0.2 \times (0.1 + b) = 0.02 + 0.2b = 0.1$. 由分布列的规范性知 $0.4 + a + b = 1$. 综上, 解得 $a = 0.2, b = 0.4$. 因此

$$\mathrm{E}(X) = -0.2, \quad \mathrm{E}(Y) = 1.2, \quad \mathrm{E}(XY) = -0.6,$$

$$\mathrm{Cov}(X,Y) = \mathrm{E}(XY) - \mathrm{E}(X)\mathrm{E}(Y) = -0.36.$$

　　10 (2021, I) 设 $X_1, X_2, \cdots, X_{16}$ 是来自总体 $\mathrm{N}(\mu, 4)$ 的简单随机样本, 考虑假设检验问题 $H_0: \mu \leqslant 10, H_1: \mu > 10$. $\varPhi(x)$ 表示标准正态分布函数, 若该检验问题的拒绝域为 $W = \{\bar{X} \geqslant 11\}$, 其中 $\bar{X} = \dfrac{1}{16} \sum\limits_{i=1}^{16} X_i$, 则 $\mu = 11.5$ 时, 该检验犯第二类错误的概率为 (　　).

　　(A) $1 - \varPhi(0.5)$　　(B) $1 - \varPhi(1)$　　(C) $1 - \varPhi(1.5)$　　(D) $1 - \varPhi(2)$

　　答案　(B). **解析**　检验犯第二类错误的概率为 $P\{\bar{X} < 11\}$, 由于 $\mu = 11.5$, 则由题意知 $\bar{X} \sim \mathrm{N}(11.5, 1/4)$, 所以

$$P\{\bar{X} < 11\} = P\left\{\frac{\bar{X} - 11.5}{1/2} \leqslant \frac{11 - 11.5}{1/2}\right\} = 1 - \varPhi(1).$$

　　11 (2021, I, III) 设 A, B 为随机事件, 且 $0 < P(B) < 1$, 下列命题中为假命题的是 (　　).

　　(A) 若 $P(A \mid B) = P(A)$, 则 $P(A \mid B^{\mathrm{c}}) = P(A)$

　　(B) 若 $P(A \mid B) > P(A)$, 则 $P(A^{\mathrm{c}} \mid B^{\mathrm{c}}) > P(A^{\mathrm{c}})$

　　(C) 若 $P(A \mid B) > P(A \mid B^{\mathrm{c}})$, 则 $P(A \mid B) > P(A)$

　　(D) 若 $P(A \mid A \cup B) > P(A^{\mathrm{c}} \mid A \cup B)$, 则 $P(A) > P(B)$

　　答案　(D). **解析**　对于 (A), 由 $P(A \mid B) = P(A) \Rightarrow A, B$ 独立 $\Rightarrow A, B^{\mathrm{c}}$ 独立, 故 (A) 正确.

对于 (B), 由 $P(A\,|\,B) > P(A)$, 得 $P(AB) > P(A)P(B)$, 从而

$$P(A^{\mathrm{c}}\,|\,B^{\mathrm{c}}) = \frac{P(A^{\mathrm{c}}B^{\mathrm{c}})}{P(B^{\mathrm{c}})} = \frac{P[(A \cup B)^{\mathrm{c}}]}{1 - P(B)}$$

$$= \frac{1 - [P(A) + P(B) - P(AB)]}{1 - P(B)} > 1 - P(A) = P(A^{\mathrm{c}}),$$

故 (B) 正确.

对于 (C), 若 $P(A\,|\,B) > P(A\,|\,B^{\mathrm{c}})$, 则

$$\frac{P(AB)}{P(B)} > \frac{P(AB^{\mathrm{c}})}{P(B^{\mathrm{c}})} = \frac{P(A) - P(AB)}{1 - P(B)},$$

得 $P(AB) > P(A)P(B)$, 所以 $P(A\,|\,B) > P(A)$, 故 (C) 正确.

对于 (D),

$$P(A\,|\,A \cup B) > P(A^{\mathrm{c}}\,|\,A \cup B) \;\Leftrightarrow\; P[A(A \cup B)] > P[A^{\mathrm{c}}(A \cup B)]$$

$$\Leftrightarrow\; P(A) > P(B) - P(AB) \;\nRightarrow\; P(A) > P(B).$$

12 (2021, I, III) 设 $(X_1, Y_1), (X_2, Y_2), \cdots, (X_n, Y_n)$ 为来自总体 $\mathrm{N}(\mu_1, \mu_2; \sigma_1^2, \sigma_2^2; \rho)$ 的简单随机样本, 令 $\theta = \mu_1 - \mu_2$, $\bar{X} = \frac{1}{n}\sum\limits_{i=1}^{n} X_i$, $\bar{Y} = \frac{1}{n}\sum\limits_{i=1}^{n} Y_i$, $\hat{\theta} = \bar{X} - \bar{Y}$, 则 (　　).

(A) $\mathrm{E}(\hat{\theta}) = \theta, \mathrm{D}(\hat{\theta}) = \dfrac{\sigma_1^2 + \sigma_2^2}{n}$

(B) $\mathrm{E}(\hat{\theta}) = \theta, \mathrm{D}(\hat{\theta}) = \dfrac{\sigma_1^2 + \sigma_2^2 - 2\rho\sigma_1\sigma_2}{n}$

(C) $\mathrm{E}(\hat{\theta}) \neq \theta, \mathrm{D}(\hat{\theta}) = \dfrac{\sigma_1^2 + \sigma_2^2}{n}$

(D) $\mathrm{E}(\hat{\theta}) \neq \theta, \mathrm{D}(\hat{\theta}) = \dfrac{\sigma_1^2 + \sigma_2^2 - 2\rho\sigma_1\sigma_2}{n}$

答案　(B).　**解析**　由于 (X_i, Y_i) 服从二维正态分布, 因此 $(\bar{X}, \bar{Y})$ 也服从二维正态分布, 于是 $\bar{X} - \bar{Y}$ 也服从二维正态分布, 从而

$$\mathrm{E}(\hat{\theta}) = \mathrm{E}(\bar{X} - \bar{Y}) = \mathrm{E}(\bar{X}) - \mathrm{E}(\bar{Y}) = \mu_1 - \mu_2 = \theta,$$

$$\mathrm{D}(\hat{\theta}) = \mathrm{D}(\bar{X} - \bar{Y}) = \mathrm{D}(\bar{X}) + \mathrm{D}(\bar{Y}) - 2\mathrm{Cov}(\bar{X}, \bar{Y})$$

$$= \frac{\sigma_1^2 + \sigma_2^2}{n} - 2\mathrm{Cov}\left(\frac{1}{n}\sum_{i=1}^{n} X_i, \frac{1}{n}\sum_{i=1}^{n} Y_i\right) = \frac{\sigma_1^2 + \sigma_2^2}{n} - \frac{2}{n^2}\mathrm{Cov}\left(\sum_{i=1}^{n} X_i, \sum_{i=1}^{n} Y_i\right)$$

$$= \frac{\sigma_1^2 + \sigma_2^2}{n} - \frac{2}{n^2} \sum_{i=1}^{n} \text{Cov}(X_i, Y_i) = \frac{\sigma_1^2 + \sigma_2^2}{n} - \frac{2}{n} \rho \sigma_1 \sigma_2 = \frac{\sigma_1^2 + \sigma_2^2 - 2\rho\sigma_1\sigma_2}{n}.$$

13 (2021, III) 设总体 X 的概率分布 $P\{X = 1\} = \dfrac{1-\theta}{2}$, $P\{X = 2\} = P\{X = 3\} = \dfrac{1+\theta}{4}$, 利用来自总体 X 的样本值 $1, 3, 2, 2, 1, 3, 1, 2$, 可得 θ 的最大似然估计值为 (   ).

(A) $1/4$ (B) $3/8$ (C) $1/2$ (D) $5/8$

答案 (A). **解析** 似然函数 $L(\theta) = \left(\dfrac{1-\theta}{2}\right)^3 \left(\dfrac{1+\theta}{4}\right)^5$, 两边同时取对数

$$\ln L(\theta) = 3\ln(1-\theta) + 5\ln(1+\theta) - 3\ln 2 - 5\ln 4,$$

对 θ 求导并令其为零, 有

$$\frac{\mathrm{d}\ln L(\theta)}{\mathrm{d}\theta} = -\frac{3}{1-\theta} + \frac{5}{1+\theta} = 0,$$

解得 $\theta = 1/4$, 进一步可验证 $\theta = 1/4$ 是似然函数的最大值点, 因此 θ 的最大似然估计值为 $1/4$.

14 (2020, I) 设 $X_1, X_2, \cdots, X_{100}$ 为来自总体 X 的简单随机样本, 其中 $P\{X = 0\} = P\{X = 1\} = 1/2$, $\varPhi(x)$ 表示标准正态分布函数, 则利用中心极限定理可得 $P\left\{\sum_{i=1}^{100} X_i \leqslant 55\right\}$ 的近似值为 (   ).

(A) $1 - \varPhi(1)$ (B) $\varPhi(1)$ (C) $1 - \varPhi(0.2)$ (D) $\varPhi(0.2)$

答案 (B). **解析** 显然 $X \sim \mathrm{B}(1, 1/2)$, 从而 $\sum\limits_{i=1}^{100} X_i \sim \mathrm{B}(100, 1/2)$. 由中心极限定理, 可得 $\sum\limits_{i=1}^{100} X_i$ 近似服从 $\mathrm{N}(50, 25)$. 于是有

$$P\left\{\sum_{i=1}^{100} X_i \leqslant 55\right\} = P\left\{\frac{\sum\limits_{i=1}^{100} X_i - 50}{5} \leqslant 1\right\} \approx \varPhi(1).$$

15 (2020, I,III) 设 A, B, C 为三个随机事件, 且 $P(A) = P(B) = P(C) = 1/4$, $P(AB) = 0$, $P(AC) = P(BC) = 1/12$, 则 A, B, C 中恰有一个事件发生的概率为 (   ).

(A) $3/4$ (B) $2/3$ (C) $1/2$ (D) $5/12$

答案 (D). **解析** 由题可知 (可以画文氏图)

$$P(AB^cC^c) + P(A^cBC^c) + P(A^cB^cC) = \left(\frac{1}{4} - \frac{1}{12}\right) + \left(\frac{1}{4} - \frac{1}{12}\right) + \left(\frac{1}{4} - \frac{1}{6}\right) = \frac{5}{12}.$$

16 (2020, III) 设随机变量 (X, Y) 服从二维正态分布 $\mathrm{N}(0, 0; 1, 4; -1/2)$, 则下列随机变量中服从标准正态分布且与 X 独立的是 (　　).

(A) $\dfrac{\sqrt{5}}{5}(X + Y)$　(B) $\dfrac{\sqrt{5}}{5}(X - Y)$　(C) $\dfrac{\sqrt{3}}{3}(X + Y)$　(D) $\dfrac{\sqrt{3}}{3}(X - Y)$

答案　(C). **解析**　由题可知, $X \sim \mathrm{N}(0, 1)$, $Y \sim \mathrm{N}(0, 4)$, $\rho_{XY} = -1/2$, 且 $X \pm Y$ 服从正态分布,

$$\mathrm{E}(X + Y) = \mathrm{E}(X) + \mathrm{E}(Y) = 0, \qquad \mathrm{E}(X - Y) = \mathrm{E}(X) - \mathrm{E}(Y) = 0,$$

$$\begin{aligned}
\mathrm{D}(X + Y) &= \mathrm{D}(X) + \mathrm{D}(Y) + 2\mathrm{Cov}(X, Y) \\
&= \mathrm{D}(X) + \mathrm{D}(Y) + 2\rho_{XY}\sqrt{\mathrm{D}(X)}\sqrt{\mathrm{D}(Y)} = 3,
\end{aligned}$$

$$\begin{aligned}
\mathrm{D}(X - Y) &= \mathrm{D}(X) + \mathrm{D}(Y) - 2\mathrm{Cov}(X, Y) \\
&= \mathrm{D}(X) + \mathrm{D}(Y) - 2\rho_{XY}\sqrt{\mathrm{D}(X)}\sqrt{\mathrm{D}(Y)} = 7.
\end{aligned}$$

因此 $X + Y \sim \mathrm{N}(0, 3)$, $X - Y \sim \mathrm{N}(0, 7)$, 故 $(X + Y)/\sqrt{3} \sim \mathrm{N}(0, 1)$, $(X - Y)/\sqrt{7} \sim \mathrm{N}(0, 1)$. 可见满足条件的选项只有 (C). 又

$$\begin{aligned}
\mathrm{Cov}\left(\frac{X + Y}{\sqrt{3}}, X\right) &= \frac{1}{\sqrt{3}}\big[\mathrm{Cov}(X, X) + \mathrm{Cov}(Y, X)\big] \\
&= \frac{1}{\sqrt{3}}\big[\mathrm{D}(X) + \rho_{XY}\sqrt{\mathrm{D}(X)}\sqrt{\mathrm{D}(Y)}\big] = 0,
\end{aligned}$$

所以 $\rho_{\frac{X+Y}{\sqrt{3}}X} = 0$, 且 $((X + Y)/\sqrt{3}, X)$ 服从二维正态分布, 因此 $(X + Y)/\sqrt{3}$ 与 X 独立.

17 (2019, I, III) 设 A, B 为随机事件, 则 $P(A) = P(B)$ 的充要条件是 (　　).

(A) $P(A \cup B) = P(A) + P(B)$　　　(B) $P(AB) = P(A)P(B)$
(C) $P(AB^c) = P(BA^c)$　　　　　　(D) $P(AB) = P(A^cB^c)$

答案　(C). **解析**　由求差公式得 $P(AB^c) = P(A) - P(AB)$, $P(B^cA) = P(B) - P(AB)$, 又由已知 $P(A) = P(B)$, 因此 $P(AB^c) = P(BA^c)$,

18 (2019, I, III) 设 X 与 Y 相互独立, 同分布于 $\mathrm{N}(\mu, \sigma^2)$, 则 $P\{|X - Y| < 1\} = (\quad)$.

(A) 与 μ 无关, 而与 σ^2 有关　　　(B) 与 μ 有关, 而与 σ^2 无关
(C) 与 μ, σ^2 都有关　　　　　　(D) 与 μ, σ^2 都无关

答案　(A). **解析**　由于 X, Y 独立同分布于 $\mathrm{N}(\mu, \sigma^2)$, $X - Y \sim \mathrm{N}(0, 2\sigma^2)$, 从而 $\dfrac{X - Y}{\sqrt{2}\sigma} \sim \mathrm{N}(0, 1)$. 故

$$P\{|X - Y| < 1\} = P\left\{\frac{|X - Y|}{\sqrt{2}\sigma} < \frac{1}{\sqrt{2}\sigma}\right\} = 2\Phi\left(\frac{1}{\sqrt{2}\sigma}\right) - 1,$$

其中 $\Phi(x)$ 为标准正态分布函数, 所以 $P\{|X - Y| < 1\}$ 仅与 σ^2 有关, 与 μ 无关.

19 (2018, I) 设总体 $X \sim \mathrm{N}(\mu, \sigma^2)$, σ^2 已知, 给定样本 $X_1, X_2, \cdots, X_n$, 对总体均值 μ 进行检验, 令 $H_0 : \mu = \mu_0$, $H_1 : \mu \neq \mu_0$, 则 (　　).

(A) 如果在检验水平 $\alpha = 0.05$ 下拒绝 H_0, 那么在检验水平 $\alpha = 0.01$ 下必拒绝 H_0

(B) 如果在检验水平 $\alpha = 0.05$ 下拒绝 H_0, 那么在检验水平 $\alpha = 0.01$ 下必接受 H_0

(C) 如果在检验水平 $\alpha = 0.05$ 下接受 H_0, 那么在检验水平 $\alpha = 0.01$ 下必拒绝 H_0

(D) 如果在检验水平 $\alpha = 0.05$ 下接受 H_0, 那么在检验水平 $\alpha = 0.01$ 下必接受 H_0

答案　(D). **解析**　由于在同一个假设检验中, 检验水平 α 越小, 则拒绝域越小, 相应地, 接受 H_0 的范围越大, 因此在 $\alpha = 0.05$ 下接受 H_0, 则在 $\alpha = 0.01$ 必接受 H_0.

20 (2018, I, III) 设随机变量 X 的概率密度函数 $f(x)$ 满足 $f(1+x) = f(1-x)$, $\displaystyle\int_0^2 f(x)\mathrm{d}x = 0.6$, 则 $P\{X < 0\} = (\quad)$.

(A) 0.2　　　　　(B) 0.3　　　　　(C) 0.4　　　　　(D) 0.5

答案　(A). **解析**　$f(1+x) = f(1-x)$, 则密度函数 $f(x)$ 关于 $x = 1$ 对称, 因此 $P\{X < 1\} = 0.5$. 再由 $\displaystyle\int_0^2 f(x)\mathrm{d}x = P\{0 < X < 2\} = 0.6$ 可知 $P\{0 < X < 1\} = 0.3$, 于是 $P\{X < 0\} = P\{X < 1\} - P\{0 < X < 1\} = 0.5 - 0.3 = 0.2$.

21 (2018, III) 已知 $X_1, X_2, \cdots, X_n$ 是来自总体 $X \sim \mathrm{N}(\mu, \sigma^2)\,(\sigma > 0)$ 的简单随机样本, $\bar{X} = \dfrac{1}{n}\sum\limits_{i=1}^{n} X_i$, $S^2 = \dfrac{1}{n-1}\sum\limits_{i=1}^{n}(X_i - \bar{X})^2$, $S^{*2} = \dfrac{1}{n-1}\sum\limits_{i=1}^{n}(X_i - \mu)^2$, 则 (　　).

(A) $\dfrac{\sqrt{n}(\bar{X} - \mu)}{S} \sim \mathrm{t}(n)$　　　　　　(B) $\dfrac{\sqrt{n}(\bar{X} - \mu)}{S} \sim \mathrm{t}(n-1)$

(C) $\dfrac{\sqrt{n}(\bar{X} - \mu)}{S^*} \sim \mathrm{t}(n)$　　　　　　(D) $\dfrac{\sqrt{n}(\bar{X} - \mu)}{S^*} \sim \mathrm{t}(n-1)$

答案　(B). **解析**　由正态总体抽样定理可知, $\dfrac{\sqrt{n}(\bar{X} - \mu)}{S} \sim \mathrm{t}(n - 1)$.

22 (2017, I) 设 A, B 为随机事件, 且 $0 < P(A) < 1$, $0 < P(B) < 1$, 则 $P(A|B) > P(A|B^c)$ 的充要条件是 (　　).

    (A) $P(B|A) > P(B|A^c)$ (B) $P(B|A) < P(B|A^c)$

    (C) $P(B^c|A) > P(B|A^c)$ (D) $P(B^c|A) < P(B|A^c)$

答案　(A). **解析**　$P(A|B) > P(A|B^c) \Leftrightarrow \dfrac{P(AB)}{P(B)} > \dfrac{P(A) - P(AB)}{1 - P(B)} \Leftrightarrow$ $P(AB) > P(B)P(A)$.

而选项 (A) 等价于 $\dfrac{P(AB)}{P(A)} > \dfrac{P(B) - P(AB)}{1 - P(A)} \Leftrightarrow P(AB) > P(A)P(B)$.

23 (2017, I, III) 设 $X_1, X_2, \cdots, X_n \, (n \geqslant 2)$ 为来自 $\mathrm{N}(\mu, 1)$ 的简单随机样本, $\bar{X}$ 是样本均值, 则下列结论中不正确的是 (　　).

    (A) $\displaystyle\sum_{i=1}^{n}(X_i - \mu)^2$ 服从 χ^2 分布   (B) $2(X_n - X_1)^2$ 服从 χ^2 分布

    (C) $\displaystyle\sum_{i=1}^{n}(X_i - \bar{X})^2$ 服从 χ^2 分布   (D) $n(\bar{X} - \mu)^2$ 服从 χ^2 分布

答案　(B). **解析**　由题可知 $X_1 - \mu, X_2 - \mu, \cdots, X_n - \mu$ 独立同分布于 $\mathrm{N}(0, 1)$, 所以对于选项 (A), $\displaystyle\sum_{i=1}^{n}(X_i - \mu)^2 \sim \chi^2(n)$.

对于选项 (B), 因为 $X_n - X_1 \sim \mathrm{N}(0, 2)$, 所以 $(X_n - X_1)^2/2 \sim \chi^2(1)$, 从而 $2(X_n - X_1)^2$ 不服从 χ^2 分布.

对于选项 (C), 由正态总体的抽样定理可知 $\displaystyle\sum_{i=1}^{n}(X_i - \bar{X})^2 \sim \chi^2(n - 1)$.

对于选项 (D), 由 $\bar{X} \sim \mathrm{N}(\mu, 1/n)$, 得 $\sqrt{n}(\bar{X} - \mu) \sim \mathrm{N}(0, 1)$, 所以 $n(\bar{X} - \mu)^2 \sim \chi^2(1)$.

24 (2017, III) 设 A, B, C 为来三个随机事件, 且 A 与 C 相互独立, B 与 C 相互独立, 则 $A \cup B$ 与 C 相互独立的充要条件是 (　　).

    (A) A 与 B 相互独立   (B) A 与 B 互不相容

    (C) AB 与 C 相互独立   (D) AB 与 C 互不相容

答案　(C). **解析**　$A \cup B$ 与 C 相互独立 $\Leftrightarrow P[(A \cup B)C] = P(A \cup B) \cdot P(C)$, 由于

$$P[(A \cup B)C] = P(AC) + P(BC) - P(ABC) = P(A)P(C) + P(B)P(C) - P(ABC),$$
$$P(A \cup B) \cdot P(C) = P(A)P(C) + P(B)P(C) - P(AB)P(C),$$

所以 $A \cup B$ 与 C 相互独立的充分必要条件为 $P(ABC) = P(AB)P(C)$, 即 AB 与 C 相互独立.

25 (2016, I) 设随机变量 $X \sim \mathrm{N}(\mu, \sigma^2)\,(\sigma > 0)$, 记 $p = P\{X \leqslant \mu + \sigma^2\}$, 则 (　　).

(A) p 随着 μ 增加而增加　　　　　　(B) p 随着 σ 增加而增加

(C) p 随着 μ 增加而减少　　　　　　(D) p 随着 σ 增加而减少

答案　(B). **解析**　由已知

$$p = P\{X \leqslant \mu + \sigma^2\} = P\left\{\frac{X - \mu}{\sigma} \leqslant \sigma\right\} = \Phi(\sigma),$$

其中 $\Phi(x)$ 是标准正态分布函数, p 随 σ 的增加而增加.

26 (2016, I) 随机试验 E 有三种两两不相容的结果 A_1, A_2, A_3, 且三种结果发生的概率均为 $1/3$, 将试验 E 独立重复 2 次, X 表示 2 次试验中结果 A_1 发生的次数, Y 表示 2 次试验中结果 A_2 发生的次数, 则 X 与 Y 的相关系数为 (　　).

(A) $-1/2$　　　　(B) $-1/3$　　　　(C) $1/3$　　　　(D) $1/2$

答案　(A). **解析**　由题可知 $X \sim \mathrm{B}(2, 1/3)$, $Y \sim \mathrm{B}(2, 1/3)$, 因此

$$\mathrm{E}(X) = \mathrm{E}(Y) = 2 \times \frac{1}{3} = \frac{2}{3}, \quad \mathrm{D}(X) = \mathrm{D}(Y) = 2 \times \frac{1}{3} \times \frac{2}{3} = \frac{4}{9},$$

$$\mathrm{E}(XY) = 1 \times 1 \times P\{X = 1, Y = 1\} = \frac{2}{9},$$

则 X 与 Y 的相关系数为

$$\rho_{XY} = \frac{\mathrm{Cov}(X, Y)}{\sqrt{\mathrm{D}(X)}\sqrt{\mathrm{D}(Y)}} = \frac{\mathrm{E}(XY) - \mathrm{E}(X)\mathrm{E}(Y)}{\sqrt{\mathrm{D}(X)}\sqrt{\mathrm{D}(Y)}} = -\frac{1}{2}.$$

27 (2016, III) 设 A, B 为两个随机事件, 且 $0 < P(A) < 1$, $0 < P(B) < 1$, 若 $P(A\,|\,B) = 1$, 则 (　　).

(A) $P(B^c\,|\,A^c) = 1$　　　　　　　　(B) $P(A\,|\,B^c) = 0$

(C) $P(A \cup B) = 1$　　　　　　　　(D) $P(B\,|\,A) = 1$

答案　(A). **解析**　由 $P(A\,|\,B) = \dfrac{P(AB)}{P(B)} = 1$, 得 $P(AB) = P(B)$, 因此

$$P(B^c\,|\,A^c) = \frac{P(A^c B^c)}{P(A^c)} = \frac{1 - P(A \cup B)}{1 - P(A)} = \frac{1 - P(A) - P(B) + P(AB)}{1 - P(A)}$$

$$= \frac{1 - P(A)}{1 - P(A)} = 1.$$

28 (2016, III) 设 X 与 Y 相互独立, $X \sim \mathrm{N}(1,2)$, $Y \sim \mathrm{N}(1,4)$, 则 $\mathrm{D}(XY)$ = (　　).

(A) 6　　　　　(B) 8　　　　　(C) 14　　　　　(D) 15

答案　(C). **解析**　由 $X \sim \mathrm{N}(1,2)$, $Y \sim \mathrm{N}(1,4)$, 得 $\mathrm{E}(X)=1$, $\mathrm{E}(X^2)=3$, $\mathrm{E}(Y)=1$, $\mathrm{E}(Y^2)=5$, 又 X 与 Y 相互独立, 因此

$$\mathrm{D}(XY) = \mathrm{E}[(XY)^2] - [\mathrm{E}(XY)]^2 = \mathrm{E}(X^2)\mathrm{E}(Y^2) - [\mathrm{E}(X)\mathrm{E}(Y)]^2 = 3\times5 - 1\times1 = 14.$$

29 (2015, I) 设 X,Y 不相关, $\mathrm{E}(X)=2$, $\mathrm{E}(Y)=1$, $\mathrm{D}(X)=3$, 则 $\mathrm{E}[X(X+Y-2)] = $ (　　).

(A) -3　　　　　(B) 3　　　　　(C) -5　　　　　(D) 5

答案　(D). **解析**　由于 X,Y 不相关, 因此 $\mathrm{E}(XY) = \mathrm{E}(X)\cdot\mathrm{E}(Y) = 2$. 所以

$$\mathrm{E}[X(X+Y-2)] = \mathrm{E}(X^2) + \mathrm{E}(XY) - 2\mathrm{E}(X) = (3+2^2) + 2 - 2\times2 = 5.$$

30 (2015, I, III) 若 A,B 为任意两个随机事件, 则 (　　).

(A) $P(AB) \leqslant P(A)P(B)$　　　　(B) $P(AB) \geqslant P(A)P(B)$

(C) $P(AB) \leqslant \dfrac{P(A)+P(B)}{2}$　　　　(D) $P(AB) \geqslant \dfrac{P(A)+P(B)}{2}$

答案　(C). **解析**　由 $AB \subseteq A$, $AB \subseteq B$, 得 $P(AB) \leqslant P(A)$, $P(AB) \leqslant P(B)$, 两式相加得

$$P(AB) \leqslant \frac{P(A)+P(B)}{2}.$$

31 (2015, III) 设总体 $X \sim \mathrm{B}(m,\theta)$, $X_1, X_2, \cdots, X_n$ 为来自总体的简单随机样本, $\bar{X}$ 为样本均值, 则 $\mathrm{E}\left[\sum\limits_{i=1}^{n}(X_i - \bar{X})^2\right] = $ (　　).

(A) $(m-1)n\theta(1-\theta)$　　　　(B) $m(n-1)\theta(1-\theta)$

(C) $(m-1)(n-1)\theta(1-\theta)$　　　　(D) $mn\theta(1-\theta)$

答案　(B). **解析**　由于 $X \sim \mathrm{B}(m,\theta)$, 因此 $\mathrm{D}(X) = m\theta(1-\theta)$, 记 S^2 是样本方差, 则

$$\mathrm{E}\left[\sum_{i=1}^{n}(X_i-\bar{X})^2\right] = \mathrm{E}[(n-1)S^2] = (n-1)\mathrm{E}(S^2) = (n-1)\mathrm{D}(X) = (n-1)m\theta(1-\theta).$$

32 (2014, I) 设连续型随机变量 X_1 与 X_2 相互独立, 方差均存在, 概率密度函数分别为 $f_1(x)$ 和 $f_2(x)$. 随机变量 Y_1 的概率密度函数为 $f_{Y_1}(y) = \dfrac{1}{2}[f_1(y) + f_2(y)]$, 随机变量 $Y_2 = \dfrac{1}{2}(X_1 + X_2)$, 则 (　　).

(A) $E(Y_1) > E(Y_2), D(Y_1) > D(Y_2)$ (B) $E(Y_1) = E(Y_2), D(Y_1) = D(Y_2)$
(C) $E(Y_1) = E(Y_2), D(Y_1) < D(Y_2)$ (D) $E(Y_1) = E(Y_2), D(Y_1) > D(Y_2)$

答案 (D). **解析**   由题可得

$$E(Y_1) = \frac{1}{2} \int_{-\infty}^{+\infty} y[f_1(y) + f_2(y)] \mathrm{d}y = \frac{1}{2}\left[E(X_1) + E(X_2)\right] = E(Y_2),$$

$$E(Y_1^2) = \frac{1}{2} \int_{-\infty}^{+\infty} y^2 \left[f_1(y) + f_2(y)\right] \mathrm{d}y = \frac{1}{2}\left[E(X_1^2) + E(X_2^2)\right],$$

$$D(Y_1) = E(Y_1^2) - [E(Y_1)]^2$$

$$= \frac{1}{2}\left[E(X_1^2) + E(X_2^2)\right] - \frac{1}{4}[E(X_1)]^2 - \frac{1}{4}[E(X_2)]^2 - \frac{1}{2}E(X_1)E(X_2)$$

$$= \frac{1}{4}D(X_1) + \frac{1}{4}D(X_2) + \frac{1}{4}\left[E(X_1^2) + E(X_2^2)\right] - \frac{1}{2}E(X_1)E(X_2)$$

$$= \frac{1}{4}D(X_1) + \frac{1}{4}D(X_2) + \frac{1}{4}\left[E(X_1 - X_2)^2\right],$$

$$D(Y_2) = \frac{1}{4}\left[D(X_1) + D(X_2)\right],$$

综上 $E(Y_1) = E(Y_2),\ D(Y_1) > D(Y_2)$.

33 (2014, I, III) 设事件 A, B 独立, 且 $P(B) = 0.5$, $P(A - B) = 0.3$, 则 $P(B - A) = ($ $)$.

(A) 0.1   (B) 0.2   (C) 0.3   (D) 0.4

答案 (B). **解析**   由 $P(A - B) = P(A) - P(AB) = P(A) - 0.5P(A) = 0.3$ 可得 $P(A) = 0.6$, 因此 $P(B - A) = P(B) - P(AB) = 0.5 - 0.5P(A) = 0.2$.

34 (2014, III) 设 X_1, X_2, X_3 为来自总体 $N(0, \sigma^2)$ 的简单随机样本,则统计量 $S = \dfrac{X_1 - X_2}{\sqrt{2}|X_3|}$ 服从的分布为 $($ $)$.

(A) $F(1, 1)$ (B) $F(2, 1)$ (C) $t(1)$ (D) $t(2)$

答案 (C). **解析**   由题可知, $X_1 \sim N(0, \sigma^2)$, $X_2 \sim N(0, \sigma^2) \Rightarrow \dfrac{X_1 - X_2}{\sqrt{2}\sigma} \sim$ $N(0, 1)$, 又 $\dfrac{X_3^2}{\sigma^2} \sim \chi^2(1)$, 且 $\dfrac{X_1 - X_2}{\sqrt{2}\sigma}$ 与 $\dfrac{X_3^2}{\sigma^2}$ 相互独立, 所以

$$S = \frac{X_1 - X_2}{\sqrt{2}|X_3|} = \frac{X_1 - X_2}{\sqrt{2}\sigma} \bigg/ \sqrt{\frac{X_3^2}{\sigma^2}} \sim t(1).$$

二、填空题

1 (2023, I) 设随机变量 X 与 Y 相互独立, $X \sim \mathrm{B}(1, 1/3)$, $Y \sim \mathrm{B}(2, 1/2)$, 则 $P\{X = Y\} = $ _____.

答案 1/3. **解析** 由于 $X \sim \mathrm{B}(1, 1/3)$, 所以 X 可能取 0, 1, $Y \sim \mathrm{B}(2, 1/2)$, 所以 Y 可能取 0, 1, 2, 因此

$$P\{X = Y\} = P\{X = 0, Y = 0\} + P\{X = 1, Y = 1\} = \frac{2}{3}\mathrm{C}_2^0\left(\frac{1}{2}\right)^2 + \frac{1}{3}\mathrm{C}_2^1\left(\frac{1}{2}\right)^2 = \frac{1}{3}.$$

2 (2023, III) 设随机变量 X 与 Y 相互独立, 且 $X \sim \mathrm{B}(1, p)$, $Y \sim \mathrm{B}(2, p)$, $p \in (0, 1)$, 则 $X + Y$ 与 $X - Y$ 的相关系数为 _____.

答案 $-1/3$. **解析** 由题可得 $\mathrm{D}(X) = p(1 - p)$, $\mathrm{D}(Y) = 2p(1 - p)$. 则

$$\mathrm{Cov}(X + Y, X - Y) = \mathrm{Cov}(X + Y, X) - \mathrm{Cov}(X + Y, Y)$$

$$= \mathrm{Cov}(X, X) + \mathrm{Cov}(Y, X) - \mathrm{Cov}(X, Y) - \mathrm{Cov}(Y, Y)$$

$$= \mathrm{D}(X) - \mathrm{D}(Y) = p(1 - p) - 2p(1 - p) = -p(1 - p).$$

又 X 与 Y 相互独立, 所以

$$\mathrm{D}(X + Y) = \mathrm{D}(X) + \mathrm{D}(Y) = 3p(1 - p), \quad \mathrm{D}(X - Y) = \mathrm{D}(X) + \mathrm{D}(Y) = 3p(1 - p),$$

故 $\rho = \dfrac{\mathrm{Cov}(X + Y, X - Y)}{\sqrt{\mathrm{D}(X + Y)\mathrm{D}(X - Y)}} = -\dfrac{1}{3}$.

3 (2022, III) 设 A, B, C 满足 A, B 互不相容, A, C 互不相容, B, C 相互独立, $P(A) = P(B) = P(C) = 1/3$, 则 $P[(B \cup C) | A \cup B \cup C] = $ _____.

答案 5/8. **解析** 由题意可知, $P(AB) = 0, P(AC) = 0, P(BC) = P(B) \cdot P(C) = 1/9$, 由条件概率公式的

$$P[(B \cup C) | (A \cup B \cup C)] = \frac{P(B \cup C)}{P(A \cup B \cup C)}$$

$$= \frac{P(B) + P(C) - P(BC)}{P(A) + P(B) + P(C) - P(AB) - P(BC) - P(AC) + P(ABC)}$$

$$= \frac{P(B) + P(C) - P(BC)}{P(A) + P(B) + P(C) - P(BC)}.$$

将 $P(A) = P(B) = P(C) = 1/3$, $P(BC) = 1/9$ 代入上式可得 $P[(B \cup C) | (A \cup B \cup C)] = 5/8$.

4 (2021, I, III) 甲、乙两个盒子中各有 2 个红球和 2 个白球, 先从甲盒中任取一球, 观察颜色后放入乙盒中, 再从乙盒中任取一球, 令 X, Y 分别表示从甲盒和乙盒中取到的红球的个数, 则 X 与 Y 的相关系数为 _____.

答案　1/5. **解析**　由题意可知, X, Y 的可能取值均为 0 和 1, 其联合分布列为

$$(X, Y) \sim \begin{bmatrix} (0,0) & (0,1) & (1,0) & (1,1) \\ 3/10 & 1/5 & 1/5 & 3/10 \end{bmatrix},$$

因此

$$X \sim \begin{bmatrix} 0 & 1 \\ 1/2 & 1/2 \end{bmatrix}, \quad Y \sim \begin{bmatrix} 0 & 1 \\ 1/2 & 1/2 \end{bmatrix},$$

于是

$$P\{XY = 0\} = P\{X = 0, Y = 0\} + P\{X = 0, Y = 1\} + P\{X = 1, Y = 0\} = 0.7,$$

$$P\{XY = 1\} = P\{X = 1, Y = 1\} = 0.3,$$

所以 $\mathrm{E}(XY) = 0.3$, $\mathrm{E}(X) = \mathrm{E}(Y) = 0.5$, $\mathrm{D}(X) = \mathrm{D}(Y) = 0.25$, 故 X 与 Y 的相关系数为

$$\rho_{XY} = \frac{\mathrm{Cov}(X, Y)}{\sqrt{\mathrm{D}(X)}\sqrt{\mathrm{D}(Y)}} = \frac{\mathrm{E}(XY) - \mathrm{E}(X)\mathrm{E}(Y)}{\sqrt{\mathrm{D}(X)}\sqrt{\mathrm{D}(Y)}} = \frac{1}{5}.$$

5 (2020, I) 设 X 服从区间 $(-\pi/2, \pi/2)$ 上的均匀分布, $Y = \sin X$, 则 $\mathrm{Cov}(X, Y) =$ _____.

答案　$2/\pi$. **解析**　由题意得 X 的概率密度为

$$f(x) = \begin{cases} 1/\pi, & x \in (-\pi/2, \pi/2), \\ 0, & \text{其他}. \end{cases}$$

由于

$$\mathrm{E}(X) = \int_{-\infty}^{+\infty} x f(x) \mathrm{d}x = \frac{1}{\pi} \int_{-\pi/2}^{\pi/2} x \mathrm{d}x = 0,$$

$$\mathrm{E}(XY) = \mathrm{E}(X \sin X) = \frac{1}{\pi} \int_{-\pi/2}^{\pi/2} x \sin x \mathrm{d}x = -\frac{2}{\pi} \int_{0}^{\pi/2} x \mathrm{d}(\cos x) = \frac{2}{\pi}.$$

因此 $\mathrm{Cov}(X, Y) = \mathrm{Cov}(X, \sin X) = \mathrm{E}(X \sin X) - \mathrm{E}(X) \cdot \mathrm{E}(\sin X) = \frac{2}{\pi}.$

6 (2020, III) 设随机变量 X 的概率分布 $P\{X = k\} = \dfrac{1}{2^k}$, $k = 1, 2, 3, \cdots$. Y 表示 X 被 3 除的余数, 则 $\mathrm{E}(Y) = $ _____.

答案　8/7. **解析**　由题意得

X	1	2	3	4	5	$\cdots$
P	1/2	$1/2^2$	$1/2^3$	$1/2^4$	$1/2^5$	$\cdots$
Y	1	2	0	1	2	$\cdots$

则 Y 的取值为 $0, 1, 2$, 因此

$$P\{Y = 1\} = \sum_{n=0}^{\infty} P\{X = 3n + 1\} = \sum_{n=0}^{\infty} \frac{1}{2^{3n+1}} = \frac{1}{2} \sum_{n=0}^{\infty} \left(\frac{1}{8}\right)^n = \frac{1}{2} \cdot \frac{1}{1 - \dfrac{1}{8}} = \frac{4}{7},$$

$$P\{Y = 2\} = \sum_{n=0}^{\infty} P\{X = 3n + 2\} = \sum_{n=0}^{\infty} \frac{1}{2^{3n+2}} = \frac{1}{4} \sum_{n=0}^{\infty} \left(\frac{1}{8}\right)^n = \frac{1}{4} \cdot \frac{1}{1 - \dfrac{1}{8}} = \frac{2}{7},$$

$$P\{Y = 0\} = 1 - P\{Y = 1\} - P\{Y = 2\} = \frac{1}{7},$$

即 Y 的概率分布为

Y	0	1	2
P	1/7	4/7	2/7

所以 $\mathrm{E}(Y) = 0 \times \dfrac{1}{7} + 1 \times \dfrac{4}{7} + 2 \times \dfrac{2}{7} = \dfrac{8}{7}$.

7 (2019, I, III) 设随机变量 X 的概率密度为 $f(x) = \begin{cases} x/2, & 0 < x < 2, \\ 0, & \text{其他}, \end{cases}$ $F(x)$ 为 X 的分布函数, $\mathrm{E}(X)$ 为 X 的数学期望, 则 $P\{F(X) > \mathrm{E}(X) - 1\} = $ _____.

答案　2/3. **解析**　令 $Y = F(X)$, 由分布函数的右连续函数及单增性可知, $Y \sim \mathrm{U}(0, 1)$, 因此

$$P\{F(X) > \mathrm{E}(X) - 1\} = P\left\{Y > \frac{1}{3}\right\} = \frac{2}{3}.$$

8 (2018, I) 设 A, B 独立, A, C 独立, $BC = \varnothing$, $P(A) = P(B) = 1/2$, $P(AC \mid AB \cup C) = 1/4$, 则 $P(C) = $ _____.

答案　1/4. **解析**　由 A 与 B 相互独立, A 与 C 相互独立, 得

$$P(AB) = P(A)P(B), \quad P(AC) = P(A)P(C),$$

又由于

$$P(AC \mid AB \cup C) = \frac{P[AC(AB \cup C)]}{P(AB \cup C)} = \frac{P(ABC \cup AC)}{P(AB) + P(C) - P(ABC)}$$

$$= \frac{P(AC)}{P(A)P(B) + P(C)} = \frac{P(A)P(C)}{P(A)P(B) + P(C)} = \frac{\frac{1}{2}P(C)}{\frac{1}{2} \times \frac{1}{2} + P(C)}.$$

解得 $P(C) = 1/4$.

9 (2018, III) 设 A, B, C 相互独立, 且 $P(A) = P(B) = P(C) = 1/2$, 则 $P(AC \mid A \cup B) = $ _____.

答案 1/3. **解析** 由题设, 得

$$P(AC \mid A \cup B) = \frac{P[AC(A \cup B)]}{P(A \cup B)} = \frac{P(AC \cup ABC)}{P(A) + P(B) - P(AB)}$$

$$= \frac{P(AC)}{P(A) + P(B) - P(AB)} = \frac{P(A)P(C)}{P(A) + P(B) - P(A)P(B)}$$

$$= \frac{\frac{1}{2} \times \frac{1}{2}}{\frac{1}{2} + \frac{1}{2} - \frac{1}{2} \times \frac{1}{2}} = \frac{1}{3}.$$

10 (2017, I) 设随机变量 X 的分布函数 $F(x) = 0.5\Phi(x) + 0.5\Phi\left(\frac{x-4}{2}\right)$, 其中 $\Phi(x)$ 是标准正态分布函数, 则 $\mathrm{E}(X) = $ _____.

答案 2. **解析** 由已知条件 $F(x) = 0.5\Phi(x) + 0.5\Phi\left(\frac{x-4}{2}\right)$ 可得 X 的概率密度为

$$f(x) = F'(x) = 0.5\varphi(x) + 0.25\varphi\left(\frac{x-4}{2}\right),$$

其中 $\varphi(x)$ 为标准正态分布函数的概率密度, 因此

$$\mathrm{E}(X) = \int_{-\infty}^{+\infty} xf(x)\mathrm{d}x = 0.5 \int_{-\infty}^{+\infty} x\varphi(x)\mathrm{d}x + 0.25 \int_{-\infty}^{+\infty} x\varphi\left(\frac{x-4}{2}\right)\mathrm{d}x$$

$$= 0.5 \int_{-\infty}^{+\infty} x\varphi(x)\mathrm{d}x + 0.5 \int_{-\infty}^{+\infty} (x-4)\varphi\left(\frac{x-4}{2}\right)\mathrm{d}\left(\frac{x-4}{2}\right)$$

$$+ \int_{-\infty}^{+\infty} 2\varphi\left(\frac{x-4}{2}\right)\mathrm{d}\left(\frac{x-4}{2}\right)$$

$$\xlongequal{\frac{x-4}{2}=t} 0 + \int_{-\infty}^{+\infty} t\varphi(t)\mathrm{d}t + 2\int_{-\infty}^{+\infty} \varphi(t)\mathrm{d}t = 2.$$

11 (2017, III) 设随机变量 X 的概率分布为 $P\{X = -2\} = 1/2$, $P\{X = 1\} = a$, $P\{X = 3\} = b$, 且 $E(X) = 0$, 则 $D(X) = $ _____.

答案 9/2. **解析**　由 $E(X) = 0$, 可得 $-2 \cdot \dfrac{1}{2} + 1 \cdot a + 3 \cdot b = a + 3b - 1 = 0$, 又 $\dfrac{1}{2} + a + b = 1$, 因此有

$$\begin{cases} a + b = 1/2, \\ a + 3b = 1, \end{cases} \quad \text{解得} \quad \begin{cases} a = 1/4, \\ b = 1/4, \end{cases}$$

故

$$E(X^2) = (-2)^2 \times \frac{1}{2} + 1^2 \times \frac{1}{4} + 3^2 \times \frac{1}{4} = \frac{9}{2}.$$

从而 $D(X) = E(X^2) - [E(X)]^2 = \dfrac{9}{2}$.

12 (2016, I) 设 $x_1, x_2, \cdots, x_n$ 为来自总体 $N(\mu, \sigma^2)$ 的简单随机样本的样本值, 样本均值 $\bar{x} = 9.5$, 参数 μ 的置信度为 0.95 的双侧置信区间的置信上限为 10.8, 则 μ 的置信度为 0.95 的双侧置信区间为 _____.

答案　$(8.2, 10.8)$. **解析**　当 σ^2 未知时, μ 的置信区间为 $\left(\bar{x} - \dfrac{S}{\sqrt{n}}t_{\frac{\alpha}{2}}(n-1), \right.$ $\left. \bar{x} + \dfrac{S}{\sqrt{n}}t_{\frac{\alpha}{2}}(n-1) \right)$. 由题意 $\bar{x} = 9.5$, $\bar{x} + \dfrac{S}{\sqrt{n}}t_{\frac{\alpha}{2}}(n-1) = 10.8$, 所以 $\dfrac{S}{\sqrt{n}}t_{\frac{\alpha}{2}}(n-1) = 1.3$. 因此 μ 的置信下限为 $\bar{x} - \dfrac{S}{\sqrt{n}}t_{\frac{\alpha}{2}}(n-1) = 8.2$, 故 μ 的置信度为 0.95 的双侧置信区间为 $(8.2, 10.8)$.

13 (2016, III) 设袋中有红、白、黑球各 1 个, 从中有放回地每次取 1 个球, 直到三种颜色的球都取到时停止, 则取球次数恰好为 4 的概率为 _____.

答案　2/9. **解析**　记事件 A 为 "取球的次数恰好为 4", 前三次只能取到两种颜色的球, 可能的颜色组合为 C_3^2 种, 只要前三次取球颜色确定, 第四次取球颜色就确定了, 而三个球有两个颜色组合为 $\mathrm{C}_3^2 \mathrm{C}_2^1 = 6$ 种, 故 $P(A) = \dfrac{\mathrm{C}_3^2 \cdot 6}{3^4} = \dfrac{2}{9}$.

14 (2015, I, III) 设二维随机变量 (X, Y) 服从 $N(1, 0; 1, 1; 0)$, 则 $P\{XY - Y < 0\} = $ _____.

答案　1/2. **解析**　因为 $\rho = 0$, 所以 X 与 Y 相互独立, 且 $X \sim N(1, 1)$, $Y \sim$

N(0,1). 因此

$$P\{XY - Y < 0\} = P\{(X - 1)Y < 0\} = P\{X < 1, Y > 0\} + P\{X > 1, Y < 0\}$$

$$=P\{X < 1\}P\{Y > 0\} + P\{X > 1\}P\{Y < 0\} = \frac{1}{2} \times \frac{1}{2} + \frac{1}{2} \times \frac{1}{2} = \frac{1}{2}.$$

15 (2014, I, III) 设总体 X 的概率密度 $f(x;\theta) = \begin{cases} \dfrac{2x}{3\theta^2}, & \theta < x < 2\theta, \\ 0, & \text{其他}, \end{cases}$ 其中

θ 是未知参数, $X_1, X_2, \cdots, X_n$ 为来自正态总体 X 的简单随机样本, 若 $c\displaystyle\sum_{i=1}^{n} X_i^2$ 是 θ^2 的无偏估计, 则 $c =$ _____.

答案 $\dfrac{2}{5n}$. **解析** 因为 $\mathrm{E}(X^2) = \displaystyle\int_{\theta}^{2\theta} x^2 \dfrac{2x}{3\theta^2} \mathrm{d}x = \dfrac{5}{2}\theta^2$, 所以 $\mathrm{E}\left(c\displaystyle\sum_{i=1}^{n} X_i^2\right) = \dfrac{5}{2}cn\theta^2$, 又由于 $c\displaystyle\sum_{i=1}^{n} X_i^2$ 是 θ^2 的无偏估计, 从而 $\dfrac{5}{2}cn\theta^2 = \theta^2$, 得 $c = \dfrac{2}{5n}$.

三、解答题

1 (2023, I) 设二维随机变量 (X, Y) 的概率密度为

$$f(x, y) = \begin{cases} \dfrac{2}{\pi}(x^2 + y^2), & x^2 + y^2 \leqslant 1, \\ 0, & \text{其他}. \end{cases}$$

(1) 求 X, Y 的协方差; (2) 判断 X, Y 是否相互独立? (3) 求 $Z = X^2 + Y^2$ 的概率密度.

解析 (1) 直接计算 (利用对称性), 可得

$$\mathrm{E}(X) = \iint\limits_{x^2+y^2\leqslant 1} x\frac{2}{\pi}(x^2 + y^2)\mathrm{d}x\mathrm{d}y = 0, \quad \mathrm{E}(XY) = \iint\limits_{x^2+y^2\leqslant 1} xy\frac{2}{\pi}(x^2 + y^2)\mathrm{d}x\mathrm{d}y = 0,$$

故 $\mathrm{Cov}(X, Y) = \mathrm{E}(XY) - \mathrm{E}(X)\mathrm{E}(Y) = 0.$

(2) 先求 X, Y 的边缘概念密度函数. 当 $-1 \leqslant x \leqslant 1$ 时,

$$f_X(x) = \int_{-\infty}^{+\infty} f(x, y)\mathrm{d}y = \int_{-\sqrt{1-x^2}}^{\sqrt{1-x^2}} \frac{2}{\pi}(x^2 + y^2)\mathrm{d}y = \frac{4}{3\pi}(1 + 2x^2)\sqrt{1 - x^2}.$$

从而有

$$f_X(x) = \begin{cases} \dfrac{4}{3\pi}(1 + 2x^2)\sqrt{1 - x^2}, & -1 \leqslant x \leqslant 1, \\ 0, & \text{其他}, \end{cases}$$

同理, 可得

$$f_Y(y) = \begin{cases} \dfrac{4}{3\pi}(1 + 2y^2)\sqrt{1 - y^2}, & -1 \leqslant y \leqslant 1, \\ 0, & \text{其他}, \end{cases}$$

可见 $f(x,y) \neq f_X(x)f_Y(y)$, 故 X, Y 不独立.

(3) 先求 Z 的分布函数 $F(z) = P\{Z \leqslant z\} = P\{X^2 + Y^2 \leqslant z\}$.

显然 Z 的有效取值范围是 $[0,1]$, 所以当 $z < 0$ 时, $F(z) = 0$; 当 $z > 1$ 时, $F(z) = 1$; 当 $0 \leqslant z < 1$ 时,

$$F(z) = P\{X^2 + Y^2 \leqslant z\} = \iint\limits_{X^2+Y^2 \leqslant z} \frac{2}{\pi}(x^2 + y^2)\mathrm{d}x\mathrm{d}y = \frac{2}{\pi}\int_0^{2\pi}\mathrm{d}\theta\int_0^{\sqrt{z}} r^3\mathrm{d}r = z^2,$$

综上, $F(z) = \begin{cases} 0, & z < 0, \\ z^2, & 0 \leqslant z < 1, \\ 1, & z \geqslant 1, \end{cases}$ 求导可得 $f(z) = \begin{cases} 2z, & 0 \leqslant z < 1, \\ 0, & \text{其他}. \end{cases}$

2 (2022, I, III) 设 $X_1, X_2, \cdots, X_n$ 是来自期望为 θ 的指数分布的简单随机样本, $Y_1, Y_2, \cdots, Y_m$ 是来自期望为 2θ 的指数分布的简单随机样本, 且 $X_1, X_2, \cdots, X_n, Y_1, Y_2, \cdots, Y_m$ 相互独立, 其中 $\theta\,(\theta > 0)$ 为未知参数, 求 θ 的最大似然估计量 $\hat{\theta}$ 及 $\mathrm{D}(\hat{\theta})$.

解析　由题可知两组样本对应的总体分别为 $\mathrm{Exp}(1/\theta)$ 和 $\mathrm{Exp}(1/2\theta)$, 其概率密度分别为

$$f_X(x) = \begin{cases} \theta^{-1}\mathrm{e}^{-x/\theta}, & x > 0, \\ 0, & x \leqslant 0, \end{cases} \qquad f_Y(y) = \begin{cases} (2\theta)^{-1}\mathrm{e}^{-y/2\theta}, & y > 0, \\ 0, & y \leqslant 0. \end{cases}$$

则样本观测值 $x_1, x_2, \cdots, x_n, y_1, y_2, \cdots, y_m$ 对应的似然函数 (非零部分) 为

$$L(\theta) = \prod_{i=1}^n f_X(x_i)\prod_{j=1}^m f_Y(y_j) = \frac{1}{2^m}\frac{1}{\theta^{m+n}}\mathrm{e}^{-\theta^{-1}\sum\limits_{i=1}^n x_i - (2\theta)^{-1}\sum\limits_{j=1}^m y_j}$$

似然函数取对数得 $\ln L(\theta) = -m\ln 2 - (m+n)\ln\theta - \dfrac{1}{\theta}\sum\limits_{i=1}^n x_i - \dfrac{1}{2\theta}\sum\limits_{j=1}^m y_j$.

对 θ 求导数并令其等于零, 得

$$\frac{\mathrm{d}[\ln L(\theta)]}{\mathrm{d}\theta} = -\frac{m+n}{\theta} + \frac{1}{\theta^2}\sum_{i=1}^n x_i + \frac{1}{2\theta^2}\sum_{j=1}^m y_j = 0,$$

解得 $\theta = \dfrac{2\sum\limits_{i=1}^{n} x_i + \sum\limits_{j=1}^{m} y_j}{2(m+n)}$. 进一步可以验证该值是 $\ln L(\theta)$ 的最大值点, 因此 θ 的最大似然估计为

$$\hat{\theta} = \frac{2\sum\limits_{i=1}^{n} X_i + \sum\limits_{j=1}^{m} Y_j}{2(m+n)} = \frac{2n\bar{X} + m\bar{Y}}{2(m+n)}.$$

由 $\mathrm{D}(\bar{X}) = \theta^2/n$, $\mathrm{D}(\bar{Y}) = 4\theta^2/m$, 可得

$$\mathrm{D}(\hat{\theta}) = \frac{1}{4(m+n)^2}\mathrm{D}\left(2n\bar{X} + m\bar{Y}\right) = \frac{1}{4(m+n)^2}(4n\theta^2 + m4\theta^2) = \frac{\theta^2}{m+n}.$$

3 (2021, I, III) 在区间 $(0,2)$ 上随机取一点, 将该区间分成两段, 较短的一段长度记为 X, 较长的一段长度记为 Y, 令 $Z = Y/X$.

(1) 求 X 的概率密度; (2) 求 Z 的概率密度; (3) 求 $\mathrm{E}(X/Y)$.

解析 (1) 由题可知, X 服从 $(0,1)$ 上的均匀分布, 故 X 的概率密度为

$$f_X(x) = \begin{cases} 1, & 0 < x < 1, \\ 0, & \text{其他}. \end{cases}$$

(2) 先求 Z 的分布函数 $F_Z(x) = P\{Z \leqslant z\}$.

显然 Z 的取值范围为 $[1, \infty)$, 因此, 当 $z < 1$ 时, $F_Z(z) = 0$. 当 $z \geqslant 1$ 时,

$$F_Z(z) = P\left\{\frac{Y}{X} \leqslant z\right\} = P\left\{\frac{2-X}{X} \leqslant z\right\} = 1 - P\left\{X < \frac{2}{z+1}\right\}$$

$$= 1 - \int_0^{\frac{2}{z+1}} 1\mathrm{d}x = 1 - \frac{2}{z+1}.$$

因此 $f_Z(z) = F_Z'(z) = \begin{cases} 2(z+1)^{-2}, & z \geqslant 1, \\ 0, & \text{其他}. \end{cases}$

(3) $\mathrm{E}\left(\dfrac{X}{Y}\right) = \mathrm{E}\left(\dfrac{X}{2-X}\right) = \displaystyle\int_0^1 \frac{x}{2-x}\mathrm{d}x = 2\ln 2 - 1.$

4 (2020, I) 设随机变量 X_1, X_2, X_3 相互独立, 其中 X_1 与 X_2 均服从标准正态分布, X_3 的概率分布为 $P\{X_3 = 0\} = P\{X_3 = 1\} = 1/2$, $Y = X_3 X_1 + (1 - X_3)X_2$.

(1) 求二维随机变量 (X_1, Y) 的分布函数, 结果用标准正态分布函数 $\Phi(x)$ 表示;

(2) 证明随机变量 Y 服从标准正态分布.

解析　(1) 记 (X_1, Y) 的分布函数为 $F(x,y)$, 则对任意实数 x 和 y, 都有

$$F(x,y) = P\{X_1 \leqslant x, Y \leqslant y\} = P\{X_1 \leqslant x, X_3 X_1 + (1-X_3)X_2 \leqslant y\}$$

$$= P\{X_1 \leqslant x, X_2 \leqslant y, X_3 = 0\} + P\{X_1 \leqslant x, X_1 \leqslant y, X_3 = 1\}$$

$$= P\{X_1 \leqslant x\}P\{X_2 \leqslant y\}P\{X_3 = 0\} + P\{X_1 \leqslant x, X_1 \leqslant y\}P\{X_3 = 1\}$$

$$= \frac{1}{2}P\{X_1 \leqslant x\}P\{X_2 \leqslant y\} + \frac{1}{2}P\{X_1 \leqslant x, X_1 \leqslant y\}.$$

因此 $F(x,y) = \begin{cases} \dfrac{1}{2}\Phi(x)\Phi(y) + \dfrac{1}{2}\Phi(x), & x < y, \\ \dfrac{1}{2}\Phi(x)\Phi(y) + \dfrac{1}{2}\Phi(y), & x \geqslant y. \end{cases}$

(2) 由 (1) 知, Y 的边缘分布函数为

$$F_Y(y) = F(+\infty, y) = \frac{1}{2}\Phi(+\infty)\Phi(y) + \frac{1}{2}\Phi(y) = \Phi(y).$$

所以 Y 服从标准正态分布.

5 (2020, I, III) 设某种元件的使用寿命 T 的分布函数为

$$F(t) = \begin{cases} 1 - \mathrm{e}^{-(t/\theta)^m}, & t \geqslant 0, \\ 0, & \text{其他}, \end{cases}$$

其中 θ, m 为参数且大于零.

(1) 求概率 $P\{T > t\}$ 与 $P\{T > s+t \mid T > s\}$, 其中 $s > 0, t > 0$.

(2) 任取 n 个这种元件做寿命试验, 测得它们的寿命分别为 $t_1, t_2, \cdots, t_n$. 若 m 已知, 求 θ 的最大似然估计值 $\hat{\theta}$.

解析　(1) 由题可知 $P\{T > t\} = 1 - P\{T \leqslant t\} = 1 - F(t) = \mathrm{e}^{-(t/\theta)^m}$,

$$P\{T > s+t \mid T > s\} = \frac{P\{T > s+t, T > s\}}{P\{T > s\}} = \frac{P\{T > s+t\}}{P\{T > s\}} = \mathrm{e}^{(s/\theta)^m - [(s+t)/\theta]^m}.$$

(2) 总体 T 的概率密度 (非零部分) 为

$$f(t;\theta) = F'(t;\theta) = \frac{mt^{m-1}}{\theta^m}\mathrm{e}^{-(t/\theta)^m}.$$

观测值 $t_1, t_2, \cdots, t_n$ 对应的似然函数 (非零部分) 为

$$L(\theta) = \prod_{i=1}^n f(t_i;\theta) = (t_1 t_2 \cdots t_n)^{m-1} \cdot \frac{m^n}{\theta^{mn}} \mathrm{e}^{-\theta^{-m}\sum\limits_{i=1}^n t_i^m},$$

取对数得

$$\ln L(\theta) = (m-1)\ln(t_1 t_2 \cdots t_n) + n\ln m - mn\ln\theta - \frac{1}{\theta^m}\sum_{i=1}^{n} t_i^m.$$

对 θ 求导数, 并令其等于零, 得

$$\frac{\mathrm{d}}{\mathrm{d}\theta}\ln L(\theta) = -\frac{mn}{\theta} + \frac{m}{\theta^{m+1}}\sum_{i=1}^{n} t_i^m = 0,$$

解得 $\theta = \left(\dfrac{1}{n}\sum\limits_{i=1}^{n} t_i^m\right)^{\frac{1}{m}}$, 可验证该值是 $\ln L(\theta)$ 的最大值点, 所以 θ 的最大似然估

计值为 $\hat{\theta} = \left(\dfrac{1}{n}\sum\limits_{i=1}^{n} t_i^m\right)^{\frac{1}{m}}$.

6 (2020, III) 设 (X,Y) 在区域 $D = \{(x,y) : 0 < y < \sqrt{1-x^2}\}$ 上服从均匀
分布, 令

$$Z_1 = \begin{cases} 1, & X-Y > 0, \\ 0, & X-Y \leqslant 0, \end{cases} \qquad Z_2 = \begin{cases} 1, & X+Y > 0, \\ 0, & X+Y \leqslant 0. \end{cases}$$

(1) 求二维随机变量 (Z_1, Z_2) 的概率分布;　(2) 求 Z_1 与 Z_2 的相关系数.

解析　(1) 容易计算区域 $D = \{(x,y) : 0 < y < \sqrt{1-x^2}\}$ 的面积等于 $\pi/2$,
故 (X,Y) 的联合概率密度为 $f(x,y) = \begin{cases} 2/\pi, & (x,y) \in D, \\ 0, & (x,y) \notin D. \end{cases}$ (Z_1, Z_2) 可能取值

为 $(0,0), (0,1), (1,0), (1,1)$, 且

$$P\{Z_1 = 0, Z_2 = 0\} = P\{X-Y \leqslant 0, X+Y \leqslant 0\} = 1/4,$$

$$P\{Z_1 = 0, Z_2 = 1\} = P\{X-Y \leqslant 0, X+Y > 0\} = 1/2,$$

$$P\{Z_1 = 1, Z_2 = 0\} = P\{X-Y > 0, X+Y \leqslant 0\} = 0,$$

$$P\{Z_1 = 1, Z_2 = 1\} = P\{X-Y > 0, X+Y > 0\} = 1/4,$$

所以 (Z_1, Z_2) 的概率分别为

Z_1 \ Z_2	0	1
0	1/4	1/2
1	0	1/4

(2) 由 (1) 可知 $Z_1 \sim B(1, 1/4)$, $Z_2 \sim B(1, 3/4)$, $Z_1 Z_2 \sim B(1, 1/4)$, 从而 $E(Z_1) = 1/4$, $D(Z_1) = 3/16$, $E(Z_2) = 3/4$, $D(Z_2) = 3/16$, $E(Z_1 Z_2) = 1/4$. 所以

$$\mathrm{Cov}(Z_1, Z_2) = E(Z_1 Z_2) - E(Z_1) \cdot E(Z_2) = \frac{1}{16},$$

因此 $\rho_{Z_1 Z_2} = \dfrac{\mathrm{Cov}(Z_1, Z_2)}{\sqrt{D(Z_1)}\sqrt{D(Z_2)}} = \dfrac{1}{3}$.

7 (2019, I, III) 设随机变量 X 与 Y 相互独立, X 服从参数为 1 的指数分布, Y 的概率分布为 $P\{Y = -1\} = p$, $P\{Y = 1\} = 1 - p\ (0 < p < 1)$. 令 $Z = XY$.

(1) 求 Z 的概率密度; (2) p 为何值时, X 与 Z 不相关? (3) X 与 Z 是否相互独立?

解析 (1) 先求 Z 的分布函数为

$$\begin{aligned}
F_Z(z) &= P\{XY \leqslant z\} = P\{XY \leqslant z, Y = -1\} + P\{XY \leqslant z, Y = 1\} \\
&= P\{X \geqslant -z, Y = -1\} + P\{X \leqslant z, Y = 1\} \\
&= P\{Y = -1\}P\{X \geqslant -z\} + P\{Y = 1\}P\{X \leqslant z\} \\
&= pP\{X \geqslant -z\} + (1-p)P\{X \leqslant z\}.
\end{aligned}$$

当 $z < 0$ 时, $F_Z(z) = pP\{X \geqslant -z\} + (1-p) \cdot 0 = p\mathrm{e}^z$;

当 $z \geqslant 0$ 时, $F_Z(z) = p \cdot 1 + (1-p)P\{X \leqslant z\} = 1 - (1-p)\mathrm{e}^{-z}$.

所以 Z 的概率密度为 $f_Z(z) = F_Z'(z) = \begin{cases} p\mathrm{e}^z, & z < 0, \\ (1-p)\mathrm{e}^{-z}, & z \geqslant 0. \end{cases}$

(2) $\mathrm{Cov}(X, Z) = E(XZ) - E(X) \cdot E(Z) = E(X^2 Y) - E(X) \cdot E(XY)$
$\qquad\qquad = E(X^2) \cdot E(Y) - [E(X)]^2 \cdot E(Y) = D(X) \cdot E(Y) = 1 - 2p$.

可见 $p = 1/2$ 时, $\mathrm{Cov}(X, Z) = 0$, X 与 Z 不相关.

(3) 因为 $P\{X \leqslant 1, Z \leqslant -1\} = P\{X \leqslant 1, XY \leqslant -1\} = 0$, 且 $P\{X \leqslant 1\} > 0$, $P\{Z \leqslant -1\} > 0$, 因此

$$P\{X \leqslant 1, Z \leqslant -1\} \neq P\{X \leqslant 1\}P\{Z \leqslant -1\},$$

故 X 与 Z 不相互独立.

8 (2018, I, III) 设随机变量 X 与 Y 相互独立, 且 X 的概率分布为

$$P\{X = 1\} = P\{X = -1\} = 1/2,$$

Y 服从参数为 λ 的泊松分布, $Z = XY$. 求: (1) $\mathrm{Cov}(X, Z)$; (2) Z 的概率分布.

解析　(1) 由题设可知

$$\mathrm{E}(X) = (-1) \times \frac{1}{2} + 1 \times \frac{1}{2} = 0, \quad \mathrm{E}(XZ) = \mathrm{E}(X^2 Y) = \mathrm{E}(X^2) \cdot \mathrm{E}(Y) = \lambda,$$

因此 $\mathrm{Cov}(X, Z) = \mathrm{E}(XZ) - \mathrm{E}(X) \cdot \mathrm{E}(Z) = \lambda$.

(2) 易知 $Z = XY$ 的所有可能取值为 $0, \pm 1, \pm 2, \cdots$, 对应的概率分布为

$$P\{Z = 0\} = P\{Y = 0\} = \mathrm{e}^{-\lambda},$$

$$P\{Z = k\} = P\{X = 1, Y = k\} = P\{X = 1\} \cdot P\{Y = k\}$$

$$= \frac{1}{2} \cdot \frac{\lambda^k \mathrm{e}^{-\lambda}}{k!} \quad (k = 1, 2, \cdots),$$

$$P\{Z = -k\} = P\{X = -1, Y = k\} = P\{X = -1\} \cdot P\{Y = k\}$$

$$= \frac{1}{2} \cdot \frac{\lambda^k \mathrm{e}^{-\lambda}}{k!} \quad (k = 1, 2, \cdots).$$

9 (2017, I, III) 某工程师为了解一台天平的精度, 用该天平对一物体质量做 n 次测量, 该物体的质量 μ 是已知的, 设 n 次测量结果 $X_1, X_2, \cdots, X_n$ 相互独立, 且服从正态分布 $\mathrm{N}(\mu, \sigma^2)$, 该工程师记录的 n 次测量的绝对误差 $Z_i = |X_i - \mu|$, $i = 1, 2, \cdots, n$, 利用 $Z_1, Z_2, \cdots, Z_n$ 估计 σ.

(1) 求 Z_i 的概率密度;　(2) 利用一阶矩求 σ 的矩估计量;　(3) 求 σ 的最大似然估计量.

解析　(1) 设 Z_i 的分布函数和概率密度分别为 $F_Z(x)$ 和 $f_Z(x)$, 则对于 $x < 0$, $F_Z(x) = 0$; 对于 $x \geqslant 0$, 有

$$F_Z(x) = P\{Z_i \leqslant x\} = P\left\{\frac{|X_i - \mu|}{\sigma} \leqslant \frac{x}{\sigma}\right\} = 2\Phi\left(\frac{x}{\sigma}\right) - 1.$$

对 x 求导数得 Z_i 的概率密度 $f_Z(x) = \dfrac{2}{\sqrt{2\pi}\sigma} \mathrm{e}^{-x^2/2\sigma^2} I_{(0,\infty)}(x)$.

(2) 先计算 Z_i 的数学期望

$$\mathrm{E}(Z_i) = \int_0^\infty \frac{2x}{\sqrt{2\pi}\sigma} \mathrm{e}^{-x^2/2\sigma^2} \mathrm{d}x = \int_0^\infty \frac{2\sigma}{\sqrt{2\pi}} \mathrm{e}^{-x^2/2\sigma^2} \mathrm{d}\left(\frac{x^2}{2\sigma^2}\right) = \frac{2\sigma}{\sqrt{2\pi}} = \sqrt{\frac{2}{\pi}}\sigma.$$

以 $\bar{Z} = \dfrac{1}{n} \sum\limits_{i=1}^{n} Z_i$ 替换 $\mathrm{E}(Z_i)$ 得 σ 的矩估计量　$\hat{\sigma} = \sqrt{\dfrac{\pi}{2}}\bar{Z}$.

(3) 利用 (1) 的结果, 样本 $Z_1, Z_2, \cdots, Z_n$ 的观测值 $z_1, z_2, \cdots, z_n$ 对应的似然函数为

$$L(\sigma) = \prod_{i=1}^{n} f(z_i; \sigma) = \frac{2^n}{(\sqrt{2\pi}\sigma)^n} \exp\left\{-\frac{1}{2\sigma^2} \sum_{i=1}^{n} z_i^2\right\}.$$

对数似然函数为

$$\ln L(\sigma) = n \ln 2 - \frac{n}{2} \ln(2\pi) - n \ln \sigma - \frac{1}{2\sigma^2} \sum_{i=1}^{n} z_i^2.$$

令 $\dfrac{\mathrm{d}\ln L(\sigma)}{\mathrm{d}\sigma} = -\dfrac{n}{\sigma} + \dfrac{1}{\sigma^3} \sum_{i=1}^{n} z_i^2 = 0$, 可得 $\sigma = \sqrt{\dfrac{1}{n} \sum_{i=1}^{n} z_i^2}$. 进一步可以验证该值为似然函数的最大值点, 故 σ 的最大似然估计量为

$$\widehat{\sigma}_{\mathrm{ML}} = \sqrt{\frac{1}{n} \sum_{i=1}^{n} Z_i^2}.$$

10 (2016, I, III) 设二维随机变量 (X, Y) 在区域 $D = \{(x, y) \mid 0 < x < 1, x^2 < y < \sqrt{x}\}$ 上服从均匀分布, 令 $U = \begin{cases} 1, & X \leqslant Y, \\ 0, & X > Y. \end{cases}$

(1) 写出 (X, Y) 的概率密度函数;

(2) 问 U 与 X 是否相互独立, 并说明理由;

(3) 求 $Z = U + X$ 的分布函数 $F(z)$.

解析 (1) 已知区域 D 的面积为 $S_D = \displaystyle\int_0^1 (\sqrt{x} - x^2)\mathrm{d}x = \dfrac{1}{3}$. 故 (X, Y) 的概率密度为

$$f(x, y) = \begin{cases} 3, & (x, y) \in D, \\ 0, & \text{其他}. \end{cases}$$

(2) 由于 $P\{U = 0, X \leqslant 1/2\} = P\{X > Y, X \leqslant 1/2\} = \displaystyle\int_0^{1/2} \mathrm{d}x \int_{x^2}^{x} 3\mathrm{d}y = \dfrac{1}{4}$, 而

$$P\{U = 0\} = 1/2, \quad P\{X \leqslant 1/2\} = \int_0^{1/2} \mathrm{d}x \int_{x^2}^{\sqrt{x}} 3\mathrm{d}y = \frac{\sqrt{2}}{2} - \frac{1}{8}.$$

可见 $P\{U = 0, X \leqslant 1/2\} \neq P\{U = 0\}P\{X \leqslant 1/2\}$, 所以 U 与 X 不相互独立.

(3) 易知, Z 的有效取值范围是 $[0,2]$, 所以当 $z < 0$ 时, $F_Z(z) = 0$; 当 $z \geqslant 2$ 时, $F_Z(z) = 1$.

当 $0 \leqslant z < 1$ 时,

$$F_Z(z) = P\{U + X \leqslant z\} = P\{U = 0, X \leqslant z\} = P\{X > Y, X \leqslant z\} = \frac{3}{2}z^2 - z^3.$$

当 $1 \leqslant z < 2$ 时,

$$F_Z(z) = P\{U + X \leqslant z\} = P\{U = 0, X \leqslant z\} + P\{U = 1, X \leqslant z - 1\}$$
$$= \frac{1}{2} + 2(z-1)^{\frac{3}{2}} - \frac{3}{2}(z-1)^2.$$

综上可得 $F_Z(z) = \begin{cases} 0, & z < 0, \\ \dfrac{3}{2}z^2 - z^3, & 0 \leqslant z < 1, \\ \dfrac{1}{2} + 2(z-1)^{\frac{3}{2}} - \dfrac{3}{2}(z-1)^2, & 1 \leqslant z < 2, \\ 1, & z \geqslant 2. \end{cases}$

11 (2016, I, III) 设总体 X 的概率密度为 $f(x;\theta) = \begin{cases} 3x^2/\theta^3, & 0 < x < \theta, \\ 0, & 其他, \end{cases}$ 其中 $\theta > 0$ 为未知参数, X_1, X_2, X_3 为来自总体 X 的简单随机样本, 令 $T = \max\{X_1, X_2, X_3\}$.

求: (1) T 的概率密度函数;　(2) 确定 α, 使得 αT 为 θ 的无偏估计.

解析　(1) 先求得总体 X 的分布函数为 $F_X(x) = \begin{cases} 0, & x < 0, \\ x^3/\theta^3, & 0 \leqslant x < \theta, \\ 1, & x \geqslant \theta. \end{cases}$ 由最

小次序统计量的概率密度公式可知 T 的概率密度为

$$f_T(x) = 3[F_X(x)]^2 f_X(x) = \begin{cases} 9x^8/\theta^9, & 0 < x < \theta, \\ 0, & 其他. \end{cases}$$

(2) 由于 $\mathrm{E}(\alpha T) = \alpha \displaystyle\int_{-\infty}^{+\infty} t f_T(t)\mathrm{d}t = \alpha \displaystyle\int_0^\theta \dfrac{9t^9}{\theta^9}\mathrm{d}t = \dfrac{9}{10}\alpha\theta$, 可见当 $\alpha = \dfrac{10}{9}$ 时, αT 为 θ 的无偏估计.

12 (2015, I, III) 设随机变量 X 的概率密度 $f(x) = \begin{cases} 2^{-x}\ln 2, & x > 0, \\ 0, & x \leqslant 0, \end{cases}$ 对 X

进行独立重复的观测, 直到第二个大于 3 的观测值出现时停止, 记 Y 为观测次数, 求:

(1) Y 的概率分布;　(2) E(Y).

解析　(1) 记事件 $A = \{X > 3\}$, 则

$$P(A) = P\{X > 3\} = \int_3^{+\infty} 2^{-x} \ln 2 \mathrm{d}x = 1/8.$$

$\{Y = k\}$ 表示在 k 次独立重复观测中, 第 k 次观测的结果是 A, 且前面 $k-1$ 次观测中, A 发生了 1 次, 故

$$P\{Y = k\} = \mathrm{C}_{k-1}^1 P(A)[1 - P(A)]^{k-2} \cdot P(A) = (k-1)(1/8)^2 (7/8)^{k-2}, \ k = 2, 3, \cdots.$$

(2) E(Y) $= \sum\limits_{k=2}^{\infty} kP\{Y = k\} = \dfrac{1}{64} \sum\limits_{k=2}^{\infty} k(k-1) \left(\dfrac{7}{8}\right)^{k-2} = 16.$

13 (2014, I) 设总体 X 的分布函数 $F(x, \theta) = \begin{cases} 1 - \mathrm{e}^{-x^2/\theta}, & x \geqslant 0, \\ 0, & x < 0, \end{cases}$ 其中未知参数 $\theta > 0$, $X_1, X_2, \cdots, X_n$ 为来自总体 X 的简单随机样本.

(1) 求 E(X), E(X^2);

(2) 求 θ 的最大似然估计量 $\hat{\theta}_n$;

(3) 是否存在实数 a, 使得对任何 $\varepsilon > 0$, 都有 $\lim\limits_{n \to \infty} P(|\hat{\theta}_n - a| \geqslant \varepsilon) = 0$?

解析　(1) 先求出 X 的概率密度函数为　$f(x; \theta) = (2x/\theta)\mathrm{e}^{-x^2/\theta} I_{(0,\infty)}(x).$ 于是,

$$\mathrm{E}(X) = \int_0^{\infty} x \frac{2x}{\theta} \mathrm{e}^{-x^2/\theta} \mathrm{d}x = \frac{\sqrt{\theta\pi}}{2}; \quad \mathrm{E}(X^2) = \int_0^{\infty} x^2 \frac{2x}{\theta} \mathrm{e}^{-x^2/\theta} \mathrm{d}x = \theta.$$

(2) 样本 $X_1, X_2, \cdots, X_n$ 的观测值 $x_1, x_2, \cdots, x_n$ 对应的似然函数 (非零部分) 为

$$L(\theta) = \prod_{i=1}^n f(x_i; \theta) = \frac{2^n}{\theta^n} (x_1 x_2 \cdots x_n) \mathrm{e}^{-\theta^{-1} \sum\limits_{i=1}^n x_i^2},$$

取对数得

$$\ln L(\theta) = n \ln 2 - n \ln \theta + \sum_{i=1}^n \ln x_i - \frac{1}{\theta} \sum_{i=1}^n x_i^2.$$

令 $\dfrac{\mathrm{d} \ln L(\theta)}{\mathrm{d}\theta} = -\dfrac{n}{\theta} + \dfrac{1}{\theta^2} \sum\limits_{i=1}^n x_i^2 = 0$, 可得 $\hat{\theta} = \dfrac{1}{n} \sum\limits_{i=1}^n x_i^2.$ 进一步可以验证该值为似然函数的最大值点, 故 θ 的最大似然估计量为

$$\hat{\theta}_n = \frac{1}{n} \sum_{i=1}^n X_i^2.$$

(3) 因为 $X_1, X_2, \cdots, X_n$ 独立同分布, 可知 $X_1^2, X_2^2, \cdots, X_n^2$ 也是独立同分布, 又由 (1) 知 $E(X_i^2) = \theta$, 利用辛钦大数定律, 可得

$$\lim_{n \to \infty} P \left\{ \left| \frac{1}{n} \sum_{i=1}^n X_i^2 - \theta \right| \geqslant \varepsilon \right\} = 0,$$

所以存在常数 $a = \theta$, 使得对任意的 $\varepsilon > 0$ 都有 $\lim\limits_{n \to \infty} P\left\{|\hat{\theta}_n - a| \geqslant \varepsilon\right\} = 0$.

14 (2014, I, III) 设随机变量 X 的概率分布为 $P\{X = 1\} = P\{X = 2\} = 1/2$, 在 $X = i$ 条件下, 随机变量 Y 服从均匀分布 $U(0, i)$ $(i = 1, 2)$, 求: (1) Y 的分布函数 $F_Y(y)$; (2) $E(Y)$.

解析　(1) 易知 Y 的有效取值范围是 $(0, 2)$, 因此, 当 $y < 0$ 时, $F_Y(y) = 0$; 当 $y \geqslant 2$ 时, $F_Y(y) = 1$. 由于

$$F_Y(y) = P\{Y \leqslant y\} = P\{X = 1\}P\{Y \leqslant y | X = 1\} + P\{X = 2\}P\{Y \leqslant y | X = 2\}$$

$$= \frac{1}{2}P\{Y \leqslant y | X = 1\} + \frac{1}{2}P\{Y \leqslant y | X = 2\}.$$

当 $0 \leqslant y < 1$ 时,

$$F_Y(y) = \frac{1}{2} \int_0^y 1 \mathrm{d}y + \frac{1}{2} \int_0^y \frac{1}{2} \mathrm{d}y = \frac{3y}{4}.$$

当 $1 \leqslant y < 2$ 时,

$$F_Y(y) = \frac{1}{2} \int_0^1 1 \mathrm{d}y + \frac{1}{2} \int_0^y \frac{1}{2} \mathrm{d}y = \frac{1}{2} + \frac{y}{4}.$$

综上, Y 的分布函数为 $F_Y(y) = \begin{cases} 0, & y < 0, \\ 3y/4, & 0 \leqslant y < 1, \\ 1/2 + +y/4, & 1 \leqslant y < 2, \\ 1, & y \geqslant 2. \end{cases}$

(2) 随机变量 Y 的概率密度为 $f_Y(y) = F_Y'(y) = \begin{cases} 3/4, & 0 \leqslant y < 1, \\ 1/4, & 1 \leqslant y < 2, \\ 0, & \text{其他.} \end{cases}$ 于是

$$E(Y) = \int_{-\infty}^{+\infty} y f_Y(y) \mathrm{d}y = \int_0^1 \frac{3}{4} y \mathrm{d}y + \int_1^2 \frac{1}{4} y \mathrm{d}y = \frac{3}{4}.$$

15 (2014, III) 设随机变量 X, Y 的概率分布相同, X 的概率分布为 $P\{X = 0\} = 1/3$, $P\{X = 1\} = 2/3$, 且 X, Y 的相关系数 $\rho_{XY} = 1/2$. 求: (1) (X, Y) 的概率分布; (2) $P\{X + Y \leqslant 1\}$.

解析 (1) 设二维随机变量 (X, Y) 的概率分布为

X \ Y	0	1
0	a	b
1	c	d

, 由题

设知, X, Y 都服从 $\mathrm{B}(1, 2/3)$, 因此 $a + b = 1/3$, $a + c = 1/3$, $E(X) = E(Y) = 2/3$, $D(X) = D(Y) = 2/9$. 又

$$\mathrm{Cov}(X, Y) = E(XY) - E(X)E(Y) = P\{X = 1, Y = 1\} - 4/9 = d - 4/9.$$

由 $1/2 = \rho_{XY} = \dfrac{\mathrm{Cov}(X, Y)}{\sqrt{\mathrm{D}(X)\mathrm{D}(Y)}} = \dfrac{9}{2} d - 2$ 可得 $d = 5/9$.

进一步可解得 $c = b = 1/9$, $a = 2/9$. 因此, (X, Y) 的概率分布为

X \ Y	0	1
0	2/9	1/9
1	1/9	5/9

(2) $P\{X + Y \leqslant 1\} = 1 - P\{X + Y > 1\} = 1 - P\{X = 1, Y = 1\} = 4/9.$

参 考 文 献

陈斌, 高彦梅. 2013. Excel 在统计分析中的应用. 北京: 清华大学出版社.

陈希孺. 2002. 数理统计学简史. 长沙: 湖南教育出版社.

邓集贤, 杨维权, 司徒荣, 等. 2009. 概率论及数理统计. 4 版. 北京: 高等教育出版社.

金勇进, 杜子芳, 蒋妍. 2008. 抽样技术. 2 版. 北京: 中国人民大学出版社.

茆诗松, 程依明, 濮晓龙. 2011. 概率论与数理统计教程. 2 版. 北京: 高等教育出版社.

茆诗松, 汤银才. 2012. 贝叶斯统计. 2 版. 北京: 中国统计出版社.

盛骤, 谢式千, 潘承毅. 2008. 概率论与数理统计. 4 版. 北京: 高等教育出版社.

汤银才. 2008. R 语言与统计分析. 北京: 高等教育出版社.

王松桂, 史建红, 尹素菊, 等. 2004. 线性模型引论. 北京: 科学出版社.

魏立力, 刘国军, 张选德. 2020. 概率统计引论. 2 版. 北京: 科学出版社.

吴文俊. 2003. 世界著名数学家传记. 北京: 科学出版社.

严士健, 王隽骧, 刘秀芳. 2009. 概率论基础. 2 版. 北京: 科学出版社.

赵选民. 2006. 试验设计方法. 北京: 科学出版社.

周概容. 2009. 概率论与数理统计 (经管类). 北京: 高等教育出版社.

Casella G, Berger R L. 2009. 统计推断. 原书第 2 版. 张忠占, 傅莺莺, 译. 北京: 机械工业出版社.

Chatterjee S, Hadi A S. 2013. 例解回归分析. 原书第 5 版. 郑忠国, 等, 译. 北京: 机械工业出版社.

Feller W. 2006. 概率论及其应用. 原书第 3 版. 胡迪鹤, 译. 北京: 人民邮电出版社.

Lehmann E L. 2010. 大样本理论基础. 影印版. 北京: 世界图书出版公司.

Lehmann E L, Casella G. 2004. 点估计理论. 原书第 2 版. 郑忠国, 等, 译. 北京: 中国统计出版社.

Ross S M. 2007. 统计模拟. 原书第 4 版. 王兆军, 等, 译. 北京: 人民邮电出版社.

Ross S M. 2014. 概率论基础教程. 原书第 9 版. 童行伟, 梁宝生, 译. 北京: 机械工业出版社.

Huber P J. 1981. Robust Statistics. New York: John Wiley & Sons, Inc.